渔业遥感应用理论与技术

陈雪忠 樊 伟 等 编著

科学出版社

北京

内 容 简 介

本书围绕着渔业遥感应用的主题,共分为三部分。第一部分为第1~3章,主要介绍渔业遥感技术应用现状与发展趋势、遥感技术的理论基础知识和渔业应用相关的空间观测技术。第二部分为第4~6章,也是本书的重点内容,在介绍海洋遥感环境因子反演模型及数据融合方法的基础上,详细总结卫星遥感渔场分析的技术与方法,并结合大洋渔场预报研究实例,说明利用遥感技术开展渔情分析预报的模型与方法。第三部分为第7~9章,主要针对渔业应用需求,在总结他人相关研究成果的基础上,介绍高分辨率资源遥感卫星的水产养殖与渔业栖息地监测应用、渔业灾害遥感监测、空间信息技术的渔船监测与管理应用技术。

本书可供从事渔业生产及管理的技术人员、海洋及渔业相关机构科研人员、高等院校教师和学生参考使用。

图书在版编目 CIP 数据

渔业遥感应用理论与技术/陈雪忠等编著. —北京:科学出版社,2014.12

ISBN 978-7-03-042442-6

Ⅰ.①渔… Ⅱ.①陈… Ⅲ.①遥感技术-应用-渔业-研究 Ⅳ.①S951.2

中国版本图书馆 CIP 数据核字(2014)第 261728 号

责任编辑:彭胜潮 / 责任校对:韩 杨
责任印制:肖 兴 / 封面设计:黄华斌

科 学 出 版 社 出版

北京东黄城根北街 16 号
邮政编码:100717
http://www.sciencep.com

中国科学院印刷厂 印刷

科学出版社发行 各地新华书店经销

*

2015 年 1 月第 一 版 开本:787×1092 1/16
2015 年 1 月第一次印刷 印张:14 1/2
字数:344 000

定价:139.00 元

前　　言

　　渔业作为传统产业，是人类社会最早的生产活动之一，不仅是人类社会物质生产的一部分，而且由渔业生产活动产生的鱼文化等也是人类社会重要的精神财富，对于构建和谐社会具有重要意义。联合国粮农组织(The Food and Agriculture Organization of the United Nations，FAO)最近出版的 2010 年度《世界渔业和水产养殖状况》报告中指出，2009 年全球渔业总产量为 1.45 亿 t，水产品约占全球居民摄入动物蛋白的 15%，全球约 4500 万人直接从事捕捞渔业或水产养殖。渔业仍是世界上以及我国重要的食物来源、财政收入来源和就业途径，对全球粮食安全以及经济增长具有重要意义。2008 年全球发展中心(Center for Global Development，CGD)发表的重要国家环境职责的量化评价指标中，把渔业与全球变化和生物多样性一起列为三个一级评价指标，这也说明渔业在人类社会健康可持续发展以及生态安全等方面中具有重要的地位与作用。

　　信息技术是当前发展最为迅速的科学技术，该技术极大地改变了人类社会的生活，引领着时代的发展与进步。随着信息技术的高速发展，信息对科学技术、经济和社会的发展正在发挥着越来越关键的作用。以"3S"技术应用为代表的空间信息技术作为信息技术的主要核心技术之一，也渗透到社会发展的方方面面。通过将遥感与地理信息系统技术应用到渔业生产及管理领域，也有力地促进了渔业产业的发展。渔业遥感信息技术的主要研究应用重点包括有海洋遥感渔场环境监测的渔业资源评估和渔场渔情分析预报应用、水产养殖与渔业栖息地等的渔业监测、专题制图与评估分析，渔船监测、渔业资源与环境的渔业管理技术应用等。近年随着"智慧地球""物联网"等新概念的不断提出，空间信息技术的应用更加受到人们的关注与重视。

　　早在 20 世纪初期，人们就依据捕捞经验尝试进行海洋渔场渔情分析及预测，并逐步发展形成了渔场海洋学学科。20 世纪 60 年代随着卫星遥感技术的出现及快速发展，自 80 年代开始，渔场渔情分析预报逐渐由试验研究走向实用化。尤其是 20 世纪 90 年代开始，随着卫星遥感和信息技术的飞速发展，遥感数据源的获取更为便捷，日、美、法等渔业发达国家的渔场渔情分析预报工作逐渐进入业务化应用阶段。

　　新中国成立之后，我国海洋渔业迅速发展。20 世纪 60 年代开始，我国学者就依据渔场生产及调查数据，尝试进行渔业资源评估和渔汛预报。20 世纪 80 年代初期，开始利用飞机侦查和卫星遥感技术开展渔场水温监测，并进行渔情分析预报研究。但限于当时信息技术的发展水平等因素制约，渔场渔情分析预报主要处于科学试验研究阶段，难以进入业务化应用。80 年代后期，中国水产科学研究院东海水产研究所根据所收集到的渔场气象水文等信息，制作发布了我国黄东海区的渔场海况速报图，较早实现了业务化应用。

　　"九五"计划开始，我国将海洋技术列入国家高科技 863 计划研究领域，利用卫星遥感技术开展渔场分析及渔情预报应用也随即成为主要研究任务之一。1997 年以来，中国水产科学研究院东海水产研究所先后主持承担了"海洋渔业遥感信息与资源评估服务技术及系统集成、示范试验"(863-818-07)、"北太平洋鱿鱼渔场信息应用服务系统及示范试验"(863-818-11)、"大洋金枪鱼渔场渔情速预报技术"(2003AA637030)等多项课题的研究工作。通过课题研究,逐步形成了以渔业遥感信息技术应用为主要研究方向的科研团队,以我国海洋渔业应用需求为牵引,使我国渔业遥感应用研究不断深入。研究海域从我国东黄海近海逐步扩展到西北太平洋及太平洋大洋渔场区,研究重心逐步由近海渔场向我国远洋捕捞渔场转移,促进了我国远洋渔业的发展。本书正是在开展上述有关研究的基础上,总结前人研究成果,试图在渔业遥感技术应用方面进行梳理,完善有关技术、理论、方法,为进一步拓宽渔业遥感应用奠定基础。

本书围绕着渔业遥感应用的基础理论、技术方法和专题应用等展开,各章节的具体内容与撰写分工如下:第1章主要介绍渔业遥感应用的发展现状,由陈雪忠、樊伟执笔;第2章主要介绍卫星遥感技术的基础知识,由周为峰执笔;第3章介绍渔业遥感应用相关的地理信息系统等空间观测技术,由樊伟执笔;第4章详细总结海洋遥感渔场环境监测的要素、反演模型及数据融合方法等,由伍玉梅、杨胜龙执笔;第5章综合分析渔场海况分析技术与方法,由张衡、杨胜龙执笔;第6章重点以渔场渔情预报研究实例为基础,说明了渔场预报的技术方法等,由陈雪忠、樊伟、崔雪森执笔;第7章主要综述高分辨率资源遥感卫星在水产养殖及渔业栖息地监测方面的应用现状,由周为峰执笔;第8章概述主要渔业灾害遥感监测的技术方法,由张胜茂执笔;第9章针对渔船生产管理的需求,综述渔船导航实时监测、遥感监测等的技术方法,由樊伟执笔。最后由陈雪忠和樊伟负责全书定稿。

本书中多数成果已在国内外刊物上发表。在本书撰写过程中,参考了国内外众多的优秀图书、研究论文及网站资料,在此我们表示衷心感谢。虽然试图在参考文献中全部列出并在文中标明出处,但难免有疏漏之处,我们诚恳地希望诸位同仁专家谅解。由于编者才学疏浅,书中难免存在错漏与不足之处,殷切希望同行专家和读者给予批评指正。

本书的出版得到了农业部东海与远洋渔业资源开发利用重点实验室、中国水产科学研究院渔业资源遥感信息技术重点开放实验室的大力支持,在此表示衷心的感谢。

目　　录

第1章 绪 论

1.1 卫星遥感技术及其发展

1. 遥感技术的起源

遥感(remote sensing，RS)作为一门综合技术，是美国海军研究办公室的学者Evelyn Pruitt 在 1960 年提出的(李小文，2008)。为了比较全面地描述这种技术和方法，Evelyn Pruitt 把遥感定义为"以摄影方式或非摄影方式获得被探测目标的图像或数据的技术"。遥感，顾名思义，就是遥远的感知，可定义为通过不接触被探测的目标，利用传感器获取目标数据，并通过对数据进行分析，获取被探测目标、区域和现象的有用信息。人类通过大量的实践，发现地球上每一个物体都在不停地吸收、发射和反射信息与能量，其中之一就是电磁波，并发现不同物体的电磁波特性是不同的。遥感就是根据这个原理来探测地表物体对电磁波的反射和自身发射的电磁波，从而提取这些物体的信息，完成远距离的识别物体。

当代的遥感技术可追溯到 19 世纪中期摄像机的发明。19 世纪 40 年代，为了绘制地形图，系留气球携带摄像机拍下了一组地球表面的照片，自此人们开始思考通过照相技术来观测地球表面。进入 20 世纪后，直到人造地球卫星发射上天，遥感主要以航空摄影为主，成为观测地表的有力工具。

卫星遥感技术最早起始于采用几种类型的传感器从航天器上获得地球表面信息。1946 年纳粹德国制造的 V-2 火箭发射升空，虽然火箭并未到达预定轨道，但在升空过程中拍摄了大量图片。其后，随着人造卫星的成功发射和宇宙飞船的上天，人类从太空观察地球成为现实，也标志着卫星遥感时代的到来。1957 年 10 月 4 日，苏联第一颗人造地球卫星发射成功，标志着航天时代的到来。1959 年 9 月美国发射的"先驱者 2 号"探测器拍摄了地球云图，同年 10 月苏联的"月球 3 号"航天器拍摄了月球背面的照片，开创了人类卫星遥感的新纪元，但真正从航天器上对地球进行长期观测是从 1960 年美国发射气象卫星 TIROS-1 和太阳同步气象卫星 NOAA-1 开始的。从此，卫星遥感技术及其应用得到飞速发展，也使得遥感技术逐渐在许多行业得到广泛应用，从而进一步推动了卫星遥感技术的向前发展。

2. 卫星轨道与分辨率

卫星轨道就是卫星在太空中运行的轨迹。具体来说，就是卫星在太空中围绕着它的"主体"运行的时候所形成的路径，一般都是椭圆形的。通常情况下，这个轨道相对于其"主体"是固定的。卫星轨道平面与地球赤道平面的夹角叫"轨道倾角"，它是确定卫星轨道空间位置的一个重要参数。轨道倾角小于90°为顺行轨道，轨道倾角大于90°为逆行轨道；轨道倾角为0°则为赤道轨道；轨道倾角等于90°，则轨道平面通过地球南北极，也称"极轨道"。人造地球卫星绕地球运行，当它从地球南半球向北半球运行时，穿过地球赤道平面的那一点叫"升交点"。所谓升交点赤经，就是从春分点到地心的连线与从升交点到地心的连线的夹角。近地点幅角、半长轴、偏心率、倾角、升交点赤经和近地点时间这六个参数合称为人造地球卫星轨道的六要素。

卫星轨道中有一些特殊意义的轨道，如赤道轨道、地球同步轨道、对地静止轨道、极地轨道和太阳同步轨道等。轨道高度为35 786 km时，卫星的运行周期和地球的自转周期相同，这种轨道叫地球同步轨道。如果地球同步轨道的倾角为0°，则卫星正好在地球赤道上空，以与地球自转相同的角速度绕地球飞行，从地面上看，好像是静止的，这种卫星轨道叫对地静止轨道，它是地球同步轨道的特例。轨道倾角为90°时，轨道平面通过地球两极，这种轨道叫极地轨道。如果卫星的轨道平面绕地球自转轴的旋转方向、角速度与地球绕太阳公转的方向和角速度相同，则它的轨道叫太阳同步轨道。太阳同步轨道为逆行轨道，倾角大于90°。

卫星搭载的各种传感器所获取的遥感图像具有三方面的特征：几何特征、物理特征和时间特征。这三方面特征的表现参数即为空间分辨率、波谱分辨率、辐射分辨率和时间分辨率。空间分辨率是指遥感图像的像素所代表的地面范围的大小。波谱分辨率是指传感器在接收目标辐射的波谱时能分辨的最小波长间隔。辐射分辨率是指传感器接收波谱信号时，能分辨的最小辐射度差。时间分辨率是指对同一地点进行遥感采样的时间间隔，即采样的时间频率。

1.2 遥感卫星分类及其应用

经过30多年来的发展，卫星遥感技术应用的范畴已经从当初的单一遥感技术发展到今天包括遥感(RS)、地理信息系统(GIS)、全球定位系统(GPS)等技术在内的空间信息技术，逐渐深入到国民经济、社会生活与国家安全的各个方面，使社会可持续发展和经济增长方式发生了深刻变化。

卫星遥感技术的分类，按照遥感波段，可以划分光学遥感与微波遥感。按照成像信号能量来源，可分为主动式遥感和被动式遥感两种，被动式可分为反射式(反射太阳光)与发射式(被感目标本身的辐射)两种；而主动式又可分为反射式(反射闪光灯的照射)与受激发射两种。按照遥感应用，可以有多种划分，如按照地表类型划分，可以有海洋遥感、陆地遥感、大气遥感；按照行业应用领域，可以分为环境遥感、农业遥感、林业遥感、气象遥感等。

1. 气象卫星及其应用

气象卫星主要应用多通道、高分辨率扫描辐射计和红外分光计、微波辐射计等遥感器对地球及其大气层进行气象观测，它将观测到的红外、可见光云图，经分析处理后向工农业生产、航空航海、科学试验、军事保障和人民日常生活提供服务。

气象卫星一般按照运行轨道可分为太阳同步轨道气象卫星(又称极轨气象卫星)和地球同步轨道气象卫星。极轨气象卫星绕地球极地轨道运转,运行高度一般在 1 000 km 左右,运行周期约 115 分钟,每天间隔 12 小时飞经同一地区上空两次,可以进行全球连续观测。如选择不同轨道,同时发射两颗卫星,则对全球任何固定地区,每天可定时取得四次观测资料。地球同步轨道卫星也可称为静止气象卫星,卫星高度约为 35 860 km。因此,它视野广阔,可对南纬 70°到北纬 70°、约占地球表面三分之一的球面形地区进行气象观测。每隔 30 分钟左右可对大气层完成一次近 1 亿 km² 的观测。

这两类气象卫星各有特点,不能相互取代。太阳同步轨道气象卫星获取全球大气环境资料,而地球同步轨道气象卫星则可定点获取地球表面三分之一区域的大气环境资料;前者对天气系统细微结构和地表状况更清楚,后者可以根据需要进行多时次频繁的重复观测,更适应于变化快的天气系统监测。

气象卫星从外层空间遥感探测地球大气参数,拍摄地球图像,不仅可以获得大范围云系分布的定性资料,而且可以得到云顶温度、洋面温度、大气温度和湿度的垂直分布、风矢量及臭氧含量等定量数据。通过气象卫星获取的资料,对保护地球生态环境、海洋捕捞、农作物生长状况,以及防止或减少自然灾害的发生有着十分重要的意义。因此,气象卫星在遥感技术应用中最早得到推广,应用前景十分广阔,将在人类应对全球气候变化、防灾减灾等国际重大研究领域发挥重要作用。

2. 资源卫星及其应用

资源卫星指具有较高空间分辨率的用于勘测和研究地球自然资源的卫星。它能"看透"地层,发现人们肉眼看不到的地下宝藏、历史古迹、地层结构,能普查农作物、森林、海洋、空气等资源,预报各种严重的自然灾害。资源卫星利用星上装载的多光谱遥感设备,获取地面物体辐射或反射的多种波段电磁波信息,然后把这些信息发送给地面站。由于每种物体在不同光谱频段下的反射不一样,地面站接收到卫星信号后,便根据所掌握的各类物质的波谱特性,对这些信息进行处理、判读,从而得到各类资源的特征、分布和状态等详细资料。

资源卫星分为两类:一是陆地资源卫星;二是海洋资源卫星。陆地资源卫星以陆地勘测为主,而海洋资源卫星主要是寻找海洋资源。

资源卫星一般采用太阳同步轨道运行,这能使卫星的轨道面每天顺地球自转方向转动 1°,与地球绕太阳公转每天约 1°的距离基本相等。这样既可以使卫星对地球的任何地点都能观测,又能使卫星在每天的同一时刻飞临某个地区,实现定时勘测。1972 年美国发射了第一颗地球资源卫星,即陆地卫星(Landsat),是最早得到应用的资源卫星,此后法国发射的 SPOT 卫星也是应用最广泛的资源卫星。当前,商业化的资源遥感卫星众多,且空间分辨率大为提高,从较早的 30 m 提高到目前的 1.0 m 量级,最高的空间分辨率可达到 0.6 m。2005 年美国谷歌公司 Google Earth 的发布具有里程碑的意义,使得资源遥感卫星的应用从专业领域走向了大众化,推动了资源遥感卫星的产业化发展和应用的普及。

3. 海洋卫星及其应用

海洋卫星主要用于海洋水温、海洋水色、海洋动力环境探测的遥感卫星，是为海洋生物的资源开发利用、海洋污染监测与防治、海岸带资源开发、海洋科学研究等领域服务，设计发射的一种人造地球卫星。迄今为止，国际上已发射的海洋卫星大体上可分为以下三类。

1）海洋水色卫星

海洋水色卫星用于探测海洋水色要素（如海水叶绿素浓度、悬浮泥沙含量、可溶有机物和污染物等），从而可获得海洋初级生产力、水体混浊度和有机/无机污染等信息。这些信息对了解全球气候、海洋捕捞渔场、海洋工程环境、河口和航道、海水养殖场以及水下军事工程建设和潜艇探测等都是十分重要的。此外，海洋水色卫星也可获得海冰外缘线，从而了解海冰分布，为船只提供航路信息。美国于 1997 年 8 月发射的 SeaStar 卫星是最具代表性的水色卫星，所携带的宽视场海洋观测传感器（SeaWiFS）获取的海洋叶绿素等信息成为应用最广泛的卫星数据之一，也在渔业资源评估和渔场渔情分析方面得到广泛应用。

2）海洋地形卫星

主要用于探测海平面高度的空间分布。此外，还可探测海冰、有效波高、海面风速和海流等。美、法合作于 1992 年 8 月发射的 Topex/Poseidon 卫星和 GFO 卫星是目前最精确的海洋地形探测卫星。此外，美国 EOS 发射的 Laser ALT-1 和 ALT-2 可用于精确测量陆表和冰面地形。2011 年我国发射的海洋二号（HY-2）也属于海洋地形卫星。通过海面高度的测量，一方面可获得洋流、潮汐以及厄尔尼诺等海洋动力环境信息；另一方面又可获得大地水准面、海洋重力场、海底地形和地层结构等信息。这些信息对了解全球气候变化、灾害性天气、海床构造、海底矿物资源开发以及海上军事活动都是至关重要的。

3）海洋动力环境卫星

主要用于探测海洋动力环境要素，如海面风场、浪场、流场、海冰等，此外，还可获得海洋污染、浅水水下地形、海平面高度等信息。海洋动力环境卫星通常安装有 3 台遥感器，即微波散射计、合成孔径雷达和红外辐射计，其功能各不相同。如微波散射计用于测量海面风速和风向；而合成孔径雷达可用于海冰、波浪、中尺度过程、内波、浅海地形及溢油污染等监测；红外辐射计则是测量海面温度的仪器。欧洲空间局（Europen Space Agency）于 1991 年 7 月和 1995 年 4 月相继发射的 ERS-1 和 ERS-2 是这类卫星中最具代表性的。此外，除了海洋卫星以外，还有不少海洋探测器被搭载到其他卫星上，但功能不外乎海洋水色、海平面和海洋动力环境等的监测。

4. 侦察卫星及其应用

侦察卫星指用于获得军事情报的人造卫星。它利用卫星的光、电遥感器或无线电接收机等侦查设备,从轨道上搜集地面、海洋和空中目标的有关信息,对目标实施侦查、监视和跟踪,获取情报。侦查设备收集到的电磁波信息,或由胶卷、磁带等记录存储于返回舱内,在地球上回收;或通过无线电传输方法送到地面接收站进行处理工作,从中获取情报。具有侦查面积大、范围广、速度快、效果好、可长期或连续监视,以及不受国界和地理条件限制等优点。

侦察卫星按用途可分为 4 类:照相侦察卫星、电子侦察卫星、导弹预警卫星和海洋监视卫星。

照相侦察卫星是利用安装在卫星上的照相机、摄像机或其他成像装置,对地面摄影以获取信息。获取的情报通常记录在胶片或磁记录器上,通过回收舱回收或接收无线电传输的图像获取信息,经加工处理后,判读和识别目标的性质,并确定其地理位置。

电子侦察卫星主要用于无线电信号的侦察。卫星上安装有无线电接收与监测设备,主要用于截获雷达、通信等系统的传输信号,可侦察对方雷达、无线电台的位置、使用频率等参数。

导弹预警卫星是以导弹发射为特定目标的侦察卫星。卫星上装有红外探测仪,用于探测敌方导弹飞行时发动机尾焰的红外辐射,配合电视摄像机及时准确地判断导弹飞行方向,迅速报警。导弹预警卫星一般运行在地球静止轨道,并由几颗卫星组成一个预警网。

海洋监视卫星主要用于对海上舰船和潜艇进行探测、跟踪、识别和监视,卫星上装有雷达、无线电接收机、红外探测器等侦察设备。卫星轨道一般为 1 000 km 左右的近圆形轨道,并需要由多颗卫星组成海洋监视网。

5. 导航卫星及其应用

导航卫星(navigation satellite)指从卫星上连续发射无线电信号,为地面、海洋、空中和空间用户导航定位的人造地球卫星。导航卫星装有专用的无线电导航设备,用户接收导航卫星发来的无线电导航信号,通过时间测距或多普勒测速分别获得用户相对于卫星的距离或距离变化率等导航参数,并根据卫星发送的时间、轨道参数,求出在定位瞬间卫星的实时位置坐标,从而定出用户的地理位置坐标(二维或三维坐标)和速度矢量分量。由数颗导航卫星构成导航卫星网(导航星座),具有全球和近地空间的立体覆盖能力,实现全球无线电导航。导航卫星按是否接收用户信号分为主动式导航卫星和被动式导航卫星;按导航方法分为多普勒测速导航卫星和时差测距导航卫星;按轨道分为低轨道导航卫星、中高轨道导航卫星、地球同步轨道导航卫星。世界四大卫星导航系统指美国的全球定位系统(GPS)、苏联/俄罗斯的全球导航卫星系统(GLONASS)、欧洲航天局的伽利略卫星定位系统和中国的北斗导航卫星定位系统。

1.3　渔业遥感技术的应用发展及趋势

自 20 世纪 60 年代以来的半个世纪,卫星遥感技术突飞猛进,取得了举世瞩目的成绩。遥感技术的渔业应用也从海洋渔场环境监测的渔场预报逐步拓展到水产养殖规划选址、鱼类栖息地监测和渔船管理等多个领域。进入 21 世纪以来,随着遥感等空间观测技术、信息技术和互联网应用的飞速发展,渔业遥感应用的技术方法也从单一的遥感数据解译分析扩展到空间观测与信息技术的集成应用,渔业遥感可应用的数据源也从单一的海洋气象卫星扩展到不同时空尺度的卫星遥感数据,形成了多源和多元遥感数据的渔业综合应用。渔业遥感的产业化应用,也从初期的试验探索逐步发展到业务化或准业务化应用,从实验室的科研成果推广到了渔业生产与管理中。针对我国和世界渔业的应用发展需求,这里对渔业遥感技术等进行较为全面的回顾和应用前景分析,以期能为今后我国渔业遥感技术的应用发展提供借鉴。

1. 海渔况的遥感监测及渔情分析预报

20 世纪 60 年代美国成功发射泰罗斯(TIROS)系列实验气象卫星后,人类开始认识到卫星遥感在渔业上的应用潜力。纵观遥感技术的渔业应用发展历程看,基于卫星遥感技术的海洋渔场环境监测与渔情分析预报自 20 世纪 70 年代初期的试验应用研究发展至今,仍然是渔业遥感应用的最主要领域之一。

海洋渔场渔情的分析与判读主要就是通过收集获取的多源遥感监测环境信息和现场环境信息,研究确定渔场鱼群的最适温度、浮游生物浓度、海流等渔场环境特征参数,从而为渔场渔情预报提供依据。20 世纪 70 年代前期,少数学者(Kemmerer et al.，1974；Savastano，1975)开始应用卫星遥感技术进行渔业研究。20 世纪 70 年代后期到 80 年代,卫星遥感技术在海洋渔业领域的应用得到了较快发展(Miguel and Santos,2000；Laurs and Polovina,2001),但早期主要以遥感反演海表温度(SST)的渔场分析判读应用为主。

1978 年 10 月美国雨云-7 号(Nimbus-7)卫星的发射(虽然该年 6 月 Seasat-1 海洋卫星较早发射,但不久因故障失效),装载了世界上第一台海岸带水色扫描仪(CZCS),且一直运行到 1986 年 6 月,获取了 6 万多幅海洋水色影像,大大促进了海水叶绿素遥感反演算法的研究和应用,也展现了在海洋渔业方面的应用前景。此后,随着海洋水色遥感技术的进步和信息提取,也通过海水叶绿素浓度含量特征和所示踪的海流信息用于渔场分析判读。1997 年美国的 SeaWIFS 发射成功,可靠稳定的海洋水色信息源有了保障,海水叶绿素信息开始被广泛应用到渔场海洋学研究和渔情分析预报中。

1991 年欧洲的 ERS-1 卫星和 1992 年海面高度计卫星(Topex/Poseidon)的发射,反映海水动力特征的海面高度(SSH)数据及其所计算的地转流信息也逐步应用到渔场分析判读中。到目前为止,卫星遥感反演 SST 信息、海水叶绿素等水色信息和海洋动力环境(SSH)等信息都已成功应用到渔场分析判读和渔场渔情预报中。此外,遥感反演获取的海面风场、海浪等信息也在渔场分析中得到了一定的应用。海洋环境遥感的技术发展及成熟大大促进了渔场分析预报、渔业资源评估、渔业生态系统动力学和渔业管理等的深入发展。卫星遥感的海洋渔场应用研究已经从单一要素进入多元分析及综合应用阶段,并且从试验应用研究进入到业务化运行阶段,美、日、法等渔业发达国家代表着最高的应用水平。

从其发展过程看,大致可分为三个阶段。

第一阶段为探索实验研究阶段,是遥感海渔况观测及渔场渔情分析应用的起步阶段,大致为 1970 年至 20 世纪 80 年代初期。主要随着载人飞船试验、气象卫星(TIROS-N、DMSP 系列卫星和 GOES 系列卫星等)、陆地卫星(Landsat 等)等遥感卫星的成功发射,针对所探测获取的海洋信息,结合海洋渔场学研究和捕捞生产需求,探索试验开展了海洋渔场分析和预报的研究,此阶段大量的研究不仅建立了海洋环境参数的遥感反演理论和算法,而且还表明了遥感技术在海洋探测和渔场分析预报应用中的潜力。

第二阶段为实验应用研究阶段,是渔业遥感应用的快速发展阶段,大致从 20 世纪 80 年代前期至 90 年代中期。此阶段一方面进一步完善了海洋遥感反演算法;另一方面将海洋环境反演信息在实际捕捞生产中进行了较广泛的推广应用。如 1983 年美国海洋咨询委员会(The Sea Grant Marine Advisory Service)和罗德岛大学海洋研究所(The Graduate School of Oceanography,University of Rhode Island,URI)运用 AVHRR 反演的 SST 数据对整个海区温度、水平温度梯度等进行研究分析,并制作产品图像分发给渔民,减少了渔船寻鱼时间。

第三阶段为业务化应用阶段,是遥感海洋渔场分析应用的成熟应用阶段,主要从 20 世纪 90 年代中期至今。主要是随着 IT 技术进步和互联网应用的逐渐普及,遥感渔海况监测应用的人力和物力成本大幅下降,技术也更加成熟,海洋遥感信息也越来越丰富,各国也认识到应用遥感技术服务渔业的潜力,相继成立了专门的渔业遥感研究机构和企业,开展遥感海渔况监测和渔场渔情信息服务的业务化应用,如日本的日本渔情信息服务中心(JAFIC)和环境模拟实验室(ESL)、法国的 CLS 公司、美国的轨道影像公司(Orbimage)等。

我国应用卫星遥感技术进行渔情信息服务的研究最早始于 20 世纪 80 年代初东海水产研究所进行的气象卫星红外云图在海洋渔业上应用的可行性研究。利用美国 NOAA 卫星红外影像所提供的信息,反演得到海面温度图,并与黄海、东海底拖网渔场、对马海域马面鲀渔场进行相关分析,得到卫星遥感信息与渔场中心位置、渔汛早晚的对应关系;再结合同期渔获量资料,建立了我国黄海、东海渔情遥感分析预报模式。“七五”期间,我国进一步利用 NOAA 卫星红外遥感资料,结合海况环境信息和渔场生产信息,制作成黄海、东海渔海况速报图,并开始转入业务化运行,定期(每周)连续向渔业生产单位和渔业管理部门提供信息服务。“八五”期间,我国的有关科研院所又进一步合作开展卫星海渔况情报业务系统的应用研究,包括卫星海面信息的接收处理、海渔况信息的实时收集、处理、黄海、东海环境历史资料的统计与管理、海渔况速报图与渔场预报的实时制作与传输。“九五”期间,国家 863 计划海洋领域,开展了以我国东海为示范海区的海洋遥感与资源评估服务系统研究,初步建成了东海区渔业遥感与资源评估服务系统,其智能化、可视化和应用的广度和深度等技术水平接近日本同类水平;同时开展了北太平洋鱿鱼渔场信息应用服务系统及示范试验研究,直接为我国该海域作业生产的 400 余艘渔船提供信息服务。“十五”期间国家 863 计划资源与环境领域开展了大洋渔业资源开发环境信息应用服务系统,分别建立了大洋渔场环境信息获取系统和大洋金枪鱼渔场渔情速预报技术等方面的研究,并开展了大洋金枪鱼渔场的试预报。

2. 鱼类生境与水产养殖的遥感监测及应用

　　鱼类生境与水产养殖的遥感监测及应用主要是利用遥感技术、地理信息系统、专家系统等信息技术,充分利用获取的包括遥感数据在内的各类多源时空数据,进行渔业制图、水产养殖选址及规划、鱼类基本生境监测评估、养殖环境容量评估研究,开发或建立业务化应用的渔业管理决策支持系统等(苏奋振等,2002)。如利用遥感技术可以监测海洋温度场、洋流、叶绿素分布状况、沿岸居民点分布可能带来的污染、可能形成的赤潮区域等,结合地理信息系统形成决策系统。同时,遥感信息可提供潮间带宽度、潮间带的底质类型、环境交通状况、人文情况、邻近海域污染情况等信息。依据这些信息与滩涂水产养殖有关的参数可更好地对滩涂养殖的选址、养殖品种、劳动力成本等进行评估。关于内陆水域大水面水产养殖,遥感技术可以测定水域形态、周长、水体面积、水生植物分布及数量、富营养化及污染情况、已有网箱养殖位置及分布、叶绿素总量及初级生产力评估。依据大水面的河道出入口可以推断和评估水体的营养来源、水质变化的原因等,同时遥感技术可以很方便地监测破坏渔业生产的污染源等。

　　通过遥感影像快速提取所需水产养殖专题信息,可以用来帮助养殖场选址、决定养殖品种和养殖密度、养殖水体污染(赤潮、水质等)监测,结合 GIS,还可对养殖区进行规划和管理,评估水产养殖区对环境的影响,加深对鱼类等水生生物栖息地的理解和认识。早在1985 年 Kapetsky 和 Caddy(1985)、Mooneyhan 等就将遥感应用于水产养殖和内陆渔业。1987 年 Kepetsky、McGregor 和 Nanne 运用遥感进行了养殖规划和选址的尝试。1986 年联合国粮农组织(FAO)出版了遥感技术在水产养殖中的应用研究专著。

　　栖息地对鱼类资源的维持和持续利用起着至关重要的作用,利用遥感和地理信息系统等空间监测技术与分析手段结合现场环境和生物数据进行栖息地的识别,可以了解那些影响到物种分布的重要的海洋过程,洞悉其分布模式和对环境变化的响应;在特定的海洋环境中通过生态区的设计识别需保护的优选站位,逐一建立保护框架。20 世纪 90 年代开始,美国国家海洋渔业服务部门(NMFS)就广泛将遥感和 GIS 技术用于识别和评价内陆湖泊的鱼类基础生境(essential fish habitat,EFH)。如美国 1996 年重申了 Maguson-Stevens 渔业养护与管理法,要求修改所有美国联邦渔业管理计划,描述、鉴别、保护、改善 EFH,指定 EFH 要对栖息地的特征进行描述和制图分析。Long 等(1994)也在澳大利亚 Torres 海峡建立了 Torres Strait GIS 系统,该系统可为许多目的提供图件,如按TIN 插值对海草顶枯面积的变化进行计算。Eastwood 和 Meaden(2000)则按不同季节对英吉利海峡舌鳎(*Solea solea*)的栖息地进行评价。在海洋鱼类栖息地的研究中,也应用 SST、叶绿素 a(Chl-a)等多元海洋环境遥感监测信息,建立了渔业栖息地指数等。如Bertignac 等(1998)基于 SST、饵料因子栖息地指数,对太平洋热带金枪鱼渔场和栖息地进行了分析。Nishida 等(2003)提出开发基于印度洋鱼类栖息地的海洋生态模型,研究各种海洋要素对鱼类分布的综合影响。

　　1999 年在美国召开了第一届国际渔业 GIS 会议,标志着 GIS 技术在渔业上得到初步成功的应用。2008 年召开的第四届国际渔业 GIS 会议,进行了 GIS、遥感及制图方法在基于生态系统的水产养殖中的应用和 GIS 技术在基于生态系统的渔业管理中应用潜力的主题研讨,标志着在渔业上综合应用空间观测技术的进一步成熟。与此同时,近年来

FAO 还推出了互联网渔业信息系统，涵盖了包括渔业资源、渔业经济、渔业社区等在内的基于 WebGIS 系统的各类渔业信息服务。《国际生物多样性公约》也已将遥感和地理信息系统列为水生生态系统生物多样性调查的重要技术手段之一。

近年我国也开展了许多遥感监测水产养殖的应用研究，如杨英宝等借助六景 TM 图像和三期高精度航空像片，利用人机交互式判读方法分析了东太湖 20 世纪 80 年代以来网围养殖的时空变化情况；樊建勇等借助增强处理后的 SAR 图像，对胶州湾海域养殖区进行了交互跟踪矢量化；林桂兰等利用方差算法对厦门海湾海上的网箱养殖和吊养进行了纹理分析，得到养殖专题图。技术层面上分析，由于受研究时间、研究区域、数据源等客观因素的限制，很难得到普适性的数据源和提取方法，目前常用的水产养殖区分布信息的提取方法主要有目视解译、比值指数分析、对应分析、空间结构分析等方法。在海洋渔业栖息地研究中，Chen 等（2009）利用遥感获取的海水表温、表层盐度、海面高度距平值和 Chl-a 数据对东中国海鲐鱼（*Scomber japonicus*）进行了研究；郭爱等（2010）运用非线性模型，分别建立 1990 年、2001 年的 SST 单因子 HSI 模型，对中西太平洋鲣鱼栖息地质量进行评估，并使用 2003 年的 SST 数据预测当年的鲣鱼栖息地状况。胡振明等（2010）运用 SST、表温梯度、SSS、SSH、Chl-a 浓度建立综合栖息地指数模型对秘鲁外海茎柔鱼（*Dosidicus gigas*）渔场进行分析。

3. 渔船的导航、动态监测与管理应用

20 世纪 90 年代后，由于世界性主要传统经济渔业资源的衰退，国际社会要求加强渔业资源养护与管理，各沿海国对其所辖海域内渔业资源的管理也逐渐加强。《联合国海洋法公约》等要求船旗国发展与采用卫星通信的渔船监测系统（vessel monitoring system，VMS）（曹世娟等，2002）。渔船监测系统（VMS）便逐渐成为进行海洋渔业资源管理和保护的有效手段之一。目前，许多渔业国家和国际组织主要集成了海洋卫星通信、导航定位、海洋自动观测传感器等技术，对渔船进行动态监测和加强渔业管理。

1993 年澳大利亚渔业管理局在渔船上装载 GPS，在岸台建立渔船动态监测中心，对渔船进行分区监控。船载 GPS 通过海事卫星 INMARSAT-C 自动向岸台通报船位和渔获量，从而确定最佳的捕捞努力量及其在空间中的配置，为渔业生产、资源保护和休养措施的制订提供决策支持（苏奋振等，2002）。澳大利亚昆士兰州渔业船舶船位监测系统自 1998 年开始使用，主要用于监督在 200 海里专属经济区进行商业捕鱼的拖网渔船（黄其泉等，2006）。澳大利亚渔业管理局同时也要求在渔船上装载 GPS，在岸台建立渔船动态监测中心，对渔船进行分区监控。船载 GPS 通过海事卫星自动向岸台通报船位和渔获量，从而确定最佳的捕捞努力量及其在空间中的配置，为渔业生产、资源保护和休养措施的制订提供决策支持。加拿大海洋渔业局在 1997~1999 年针对大西洋鲨鱼生产的综合管理计划中应用 GPS 监控捕捞点，岸台记录船位与捕捞量，从而控制捕捞量的方案（Meaden and Kemp，1996）。美国国家海洋渔业服务（NMFS）将船只监测系统装载在渔船上，利用 GPS 监测其航行轨迹，管理部门可以通过航速判断船只在特定区域是通过还是作业，系统已经被用于新英格兰的乔治湾和夏威夷禁渔区管理，这就为渔业管理提供了科学依据（Richard et al.，1994）。目前美国使用的渔船监测系统有 ARGOS、Boatrace Eutelsat、INMARSAT、Mobile Datacom 等。

　　欧盟早在 1993 年就通过决议要求进行卫星监测船位计划,2000 年 1 月 1 日起,渔船安装船舶监控系统(VMS)作为欧盟共同渔业政策的一部分,要求长度超过 24m 的渔船(CE No 686/97)必须安装 VMS。2004 年 1 月 1 日起,长度超过 18m 的渔船,2005 年 1 月 1 日起,长度超过 15m 的渔船(CE No 2244/2003)都安装了渔船船位监测系统(Lee et al.,2010;田巳睿等,2007)。西班牙、日本与韩国也在部分渔船安装了监测系统设备进行渔船监测。另外,南太平洋各岛国、阿根廷、秘鲁、摩洛哥等也已实施或计划建立自己的渔船动态监测系统。与此同时,信息技术的渔业数据自动收集系统也从电子日志记录、船舶管理系统发展到手持输入系统、光学扫描自动识别等,有效地促进了渔业发展及应用研究。

　　VMS 系统自应用以来,已经成为打击非法渔业捕捞最有力的技术手段。目前,世界上远洋渔业发达国家(如美国、日本、法国等)在渔船监控、渔业信息获取及通信技术领域已达到很高水平,相对比较成熟。主要的技术手段是以 GPS 定位技术为主,同时结合高分辨率遥感光学影像监测、雷达卫星监测信息综合提高渔船识别效率。此外,美国还利用其军事国防卫星 DMSP/OLS 传感器,开展了夜晚渔船捕捞生产活动的监测,用于进行渔捞努力量的评估和渔场监测研究(Rodhouse et al.,2001)。

　　我国自 2000 年左右也开始进行渔船和渔政船的监控技术研究和管理应用,利用 GPS 技术在渔政船上开展船舶监控试验研究。在近海渔船监控方面,利用船舶自动识别(AIS)技术和移动通信网络(CDAM/GPRS),也开展了近海渔船的监控和通信应用。2005 年后,随着我国北斗导航卫星快速发展,我国在南海区和东海区先后开展了北斗导航技术的渔船监控应用研究。目前,安装我国北斗导航卫星系统的渔船已经超过 3 万艘,对渔船生产安全和救助等发挥了重要作用。在远洋渔船方面,我国渔政指挥中心自 2009 年起也要求远洋渔船逐步安装并使用渔船监控系统终端(Argos、海事卫星等)。但与我国庞大的渔船数量相比,我国在渔船动态监控管理方面仍然较为落后,如技术标准缺乏规范、技术手段多元使得集成管理难度大等。

4. 多源海洋渔业遥感数据源及业务化应用

　　20 世纪 90 年代之前,由于遥感卫星数量少,可应用的卫星数据源非常有限,如海洋渔场环境分析主要以 NOAA 气象卫星反演海表温度为主。随着近 20 年来卫星遥感等空间信息技术的飞速发展,卫星遥感这一由少数发达国家垄断的先进技术逐步扩散到其他国家,截至目前,发射或拥有卫星的国家达 20 多个。因此,海洋及渔业可应用的卫星数据源越来越多,形成了多个卫星系列,如可供海洋渔业应用的海洋卫星、气象卫星、海洋动力卫星、雷达卫星、盐度计卫星等,卫星数量与种类也多达 20 余种。这诸多卫星共同组成了全球海洋监测的人造卫星星座,数据获取频率和数据量大大增加。

　　前已述及,海洋渔业的遥感应用主要以气象卫星和海洋卫星为主,用于监测获取海表温度、海洋水色、海面高度、海洋风场、海流等相关信息,为渔船寻找判断渔场或渔船作业安全提供依据。但从业务化应用来讲,由于气象卫星或海洋卫星的时空分辨率差异、卫星寿命等多种原因,有些卫星并未形成业务化的数据产品,因此也就无法进行海洋渔场分析的业务化应用。尽管如此,目前已经形成业务化产品的可用于海洋渔场分析应用的卫星数据产品也有十余种,具体见表 1.1。

表 1.1 海洋渔业应用的主要卫星及传感器

海洋监测要素	运营机构	传感器	卫星平台	时间分辨率	空间分辨率	数据期限
海表温度(SST)	美国 NASA OBPG	MODIS	EOS AQUA	天,3天,8天,月	9km,4.5km	2002年7月—
海表温度(SST)	美国 NASA PO-DAAC	Pathfinder V5	NOAA AVHRR	天,周,月,年	4.5km	1985年1月—2005年12月
海表温度(SST)	美国 NASA PO-DAAC	Pathfinder V4,V5	NOAA AVHRR	周,月	9km	1985年1月—2003年8月
海表温度(SST)	欧盟 OSI-SAF-EUMETSAT	SEVIRI	MSG,GOES-east	3~12小时,小时	1/10°,1/20°	2004年7月—
海表温度(SST)	欧盟 OSI-SAF-EUMETSAT	METOP	AVHRR	天	1/20°	2007年7月—
海表温度(SST)	欧盟 OSI-SAF-EUMETSAT	METOP(Level 2)	AVHRR	天,季度	1km	2009年11月—
海表温度(SST)	美国 NASA REMSS	TRMM AQUA	TMI AMSR-E	天,3天,周,季度	1/4°	1997年11月—2002年8月
海表温度(SST)	国家海洋卫星中心(NSOAS)	海洋水色扫描仪	海洋1号(HY-1)	天,月	9km	2007年8月—
海表盐度(SSS)	欧盟 ESA CNES	MIRAS(Level 1/2)	SMOS	10~30天	50~200km	2010年1月—
海表盐度(SSS)	美国 NASA PO-DAAC	PALS	Aquarius/ SAC-D	7~30天	150km	2011年8月—
海水叶绿素 a(Chl-a)	美国 NASA OBPG	MODIS	EOSAQUA	天,3天,8天,月	9km,4.5km	2002年7月—
海水叶绿素 a(Chl-a)	美国 NASA OBPG	SeaWIFS	Seastar	8天,月	9km	1997年12月—
海水叶绿素 a(Chl-a)	美国 NASA OBPG	MODIS(Level 2)	EOSAQUA	天,5个月	250m,500m,1km	2002年7月—
海水叶绿素 a(Chl-a)	欧盟 ESA GLOBCOLOR	MERIS	ENVISAT	天,周,月	300m,1km	2002年3月—
海水叶绿素 a(Chl-a)	韩国 KOSC	GOCI	COMS-1	小时	500m	2011年1月—
风速/风向	欧盟 IFREMER CERSAT	ERS	AMI	8天,月	1°	1991年8月—2002年4月

续表

海洋监测要素	运营机构	传感器	卫星平台	时间分辨率	空间分辨率	数据期限
风速/风向		QuickScat	Seawind		1/2°	1999 年 12 月— 2009 年 11 月
	美国 NASA REMSS	QuickScat	Seawind	天、3 天、周、月	1/2°	1999 年 12 月— 2009 年 11 月
风速	美国 NASA REMSS	SSM/I	DMSP series	天、3 天、周、月	1/4°	1987 年 7 月—
		TMI	TRMM			1997 年 12 月—
		AMSR-E	EOS-AQUA			2002 年 8 月—
海面高度(SSH)	法国 CLS AVISO	ERS-TOPEX/ JASON		周(延时数据)	1/3°	1992 年 10 月—
海面高度异常(SLA)				天(实时数据)		
海面高度(SSH)	国家海洋卫星中心(NSOAS)	雷达高度计	海洋 2 号(HY-2)	天(实时数据)	1/3°	2012 年 4 月—
海洋初级生产力(PP)	美国 NASA OBPG	SeaWIFS(Chl-a、 PAR、SST)		8 天、月	9km、18km	1997 年 10 月— 2008 年 12 月
海洋初级生产力(PP)	美国 NASA OBPG	MODIS(Chl-a、 PAR、SST)		8 天、月	9km、18km	2002 年 7 月— 2007 年 12 月

自 21 世纪以来,全球海洋捕捞渔业发展由于渔业资源的衰退、全球环境变化等因素,渔业捕捞量进入相对稳定期,海洋渔业已从简单的注重资源开发转向了捕捞开发和渔业资源养护管理并重的发展阶段。因此,利用海洋卫星遥感信息,除了进行渔场分析预报应用外,在渔业资源的时空分布、渔船分布监测、渔业资源评估模型构建、大洋鱼类栖息地评估、基于生态系统的渔业管理、渔业气候变化影响等方面有巨大的应用潜力。从海洋遥感技术发展趋势及其在海洋渔业上的应用来看,主要表现为:①海洋卫星类型越来越多,从最初的气象卫星和海洋卫星,逐步发展到专门的海洋水色卫星、海洋动力卫星、海洋盐度卫星乃至海洋监视卫星等。②业务化的海洋卫星数据产品越来越丰富,从初期的业务化海表温度产品,逐步形成了业务化的海洋水色、海流、海冰等多种数据产品。③卫星数据产品的时空分辨率越来越高,由于卫星的组网和系列化,海温、水色等海洋渔场环境信息,由过去的同一地点每天 2 幅影像提高到每天 10 余幅影像,如韩国的水色卫星(KOSC)白天实现了每小时接收 1 幅水色影像的目标。海洋环境数据产品空间覆盖范围也实现了全球无缝覆盖。④海洋遥感产品的业务化能力得到极大提高,由于各国对海洋权益和海洋卫星日益重视,海洋卫星基本从发射后均形成了 2 颗或多颗卫星组网运行,数据量数倍增加,数据缺失大为减少;微波辐射计等微波遥感的应用,也弥补了云层等覆盖造成的数据缺失,从而使得海洋遥感数据产品形成了业务化系列数据,保持了数据在时间上和空间上的连续性。

一般来讲,某系统的业务化应用越成熟,其应用就越有价值,应用潜力也就更大。海洋遥感技术用于渔场渔情分析及预报是遥感技术在渔业中最早得到业务化应用,且应用最成熟的一个应用领域。日本是将遥感技术用于渔情分析预报业务化应用最好的国家之一。在日本科学技术厅、水产厅等政府部门的大力推动下,日本的卫星遥感渔业应用技术水平自 20 世纪 80 年代开始便居于国际前列。目前,日本渔情预报中心每年定期对三大洋海域发布海况及其渔业信息,主要有每周发布 2 次近海太平洋海况、太平洋外海海况、北部太平洋海况、南部太平洋海况情报等;每月发布 3 次太平洋北部海域海况、北太平洋西南部海域海况、北太平洋南东部海域海况、东南太平洋海域海况、南西太平洋海域海况、印度洋海域海况、南大西洋海域海况、北大西洋海域海况、地中海海域海况等。2006 年开始,渔情预报中心还为日本金枪鱼延绳钓渔船建立了 24 小时内提供海况数据,48 小时内取得渔获数据的信息网络系统,利用遥感信息为渔船提供水温、漩涡动向、水色等,实现了高效的遥感渔情预报业务化应用。自 20 世纪 90 年代以来,美国、法国、加拿大、挪威等世界海洋渔业大国也都先后建立了基于卫星资料的渔海况预报系统,通常每天发布一次渔海况速报。遥感渔场渔情分析的业务化发展趋势是构建全球实时、多参数渔场环境信息的快速报系统。国外发达渔业国家的遥感渔场信息服务的业务化应用工作,主要分两种方式:一类是以日本为代表;另一类是以法国、美国为代表。

(1) 政府资助为主的公益性服务。日本的渔场信息服务工作主要由日本专门的水产机构即日本渔业情报服务中心来完成,是日本专门从事渔场分析预报研究与运行的机构。其业务化运行经费主要以政府资助为主,信息种类和信息服务海域多样,内容丰富。

(2) 美国、法国的半商业化企业模式。通常这些国家建立有完善的自主卫星对地观测体系,海洋渔业应用只是其海洋重要的应用领域之一。通常以商业公司体系运作,渔场环境分析是公司的服务内容之一,如美国 ROFFS 公司、空间成像公司和法国 CATSAT 公司。

与美国、日本、法国等相比,我国在遥感渔情信息服务方面所提供的信息种类、信息要素、信息产品精度等仍存在较大差距,主要表现为以下几方面。

(1) 卫星数据获取能力较薄弱。美国、法国等国家拥有气象卫星、海洋卫星、水色卫星、动力卫星等多种自主卫星数据获取能力,建设有完善的空间海洋观测体系与技术系统,我国仅有海洋 1 号卫星和海洋 2 号卫星,且处于业务化运行的起步发展阶段;除去我国周边海域外的其他境外大洋海域的数据接收能力小以外,全球海域的时空覆盖能力差。

(2) 数据获取要素和覆盖范围差距显著。国外的渔业应用卫星数据种类多样,获取包括水温、水色、海流、风场等多种要素在内的海洋环境信息,我国由于自主卫星较单一,获取的渔场环境要素信息局限于水温、水色和海面高度。国外的渔场渔情信息应用产品覆盖了几乎全部的大洋渔场作业海域。

(3) 国内信息产品类型较单一。国际上应用信息产品类型多样,现有渔场信息产品包括各主要海域的温度图、温度距平图、较差图、涡漩图、水色图、海流图、气象信息、综合文字分析等,能够做到多要素信息叠加分析等。而国内应用则受数据获取能力和现场信息获取等的限制,仅为海表温度等值线图、简单文字分析等,总体上信息简单,不够深入。

参 考 文 献

曹世娟,黄硕琳,郭文路. 2002. 我国渔业管理运用船舶监控系统的探讨. 上海水产大学学报,11(1):89-93.
郭爱,陈新军,范江涛. 2010. 中西太平洋鲣鱼时空分布及其与 ENSO 关系探讨. 水产科学,29(10):591-596.
胡振明,陈新军,周应祺,等. 2010. 利用栖息地适宜指数分析秘鲁外海茎柔鱼渔场分布. 海洋学报,32(5):67-74.
黄其泉,周劲峰,王立华. 2006. 澳大利亚的渔业管理与信息技术应用. 中国渔业经济,(2):23-26.
李小文. 2008. 遥感原理与应用. 北京:科学出版社.
苏奋振,周成虎,杜云艳,等. 2002. "3S" 空间信息技术在海洋渔业研究与管理中的应用. 上海水产大学学报,26(2):169-174.
田已睿,王超,张红. 2007. 星载 SAR 舰船检测技术及其在海洋渔业监测中的应用. 遥感技术与应用,22(4):503-512.
Bertignac M,Lehodey P,Hampton J. 1998. A spatial population dynamics simulation model of tropical tunas using a habitat index based on environmental parameters. Fesh Oceanogr,7(3/4):326-334.
Chen X J,Li G,Feng B, et al. 2009. Habitat suitability index of Chub mackerel(*Scomber japonicus*) in the East China Sea. Journal of Oceanography,65(1):93-102.
Eastwood P,Meaden G J. 2000. Spatial modelling of spawning habitat suitability for the sole(Solea solea L.)in the eastern English Channel and southern North Sea. The ICES Annual Science Conference. Bruges,Belgium. September No. CM2000/N:25-29.
Kapetsky J M,Caddy J F. 1985. Applications of remote sensing to fisheries and aquaculture. FAO Report of the 11th Session of the Advisory Committee on Marine Resources Research,Supplement. FAO,Rome. FAO Fisheries Report,(338)Suppl. :37-48.
Kapetsky J M. 1989. A geographical information system for aquaculture development in Johor State. FAO Technical Cooperation Programme Project. Land and Water Use Planning for Aquaculture Development. TCP/MAL/6754. Field Document. FAO,Rome.
Kemmerer A J,Benigno J A,Reese G B, et al. 1974. Summary of selected early results from the ERST-1 menhaden

experiment. Fish. Bull. 72(2): 375-389.

Laurs R M, Polovina J J. 2001. Satellite Remote Sensing: An important tool in fisheries oceanography. Fisheries oceanography: an integrative approach to fisheries ecology and management. Oxford, Blackwell Science Ltd. 146-160.

Long B. 1994. Torres Strait marine geographic information system. In: Bellwood O, Choat H, Saxena N. Recent advances in marine science and technology. Hawaii, USA: Pacon International. 231-239.

Lee J, South A B, Jennings S. 2010. Developing reliable, repeatable, and accessible methods to provide high-resolution estimates of fishing-effort distributions from vessel monitoring system(VMS) data. ICES Journal of Marine Science, 67: 1260-1271.

Miguel A, Santos P. 2000. Fisheries oceanography using satellite and airborne remote sensing methods: a review. Fisheries Research, 49: 1-20.

Meaden G J, Kemp Z. 1996. Monitoring fisheries effort and catch using a geographical information system and a global positioning system. In: Hancock D A, Smith D C, Grant A, et al. Developing and Sustaining World Fisheries Resources: The State of Science and Management. Second World Fisheries Congress, Risbane, Australia: 238-244.

Nishida T, Bigelow K, Mohri M, et al. 2003. Comparative study on Japanese tuna longline CPUE standardization of yellow fin tuna(*Thunnus albacares*)in the Indian Ocean based on two methods: general linear model(GLM)and habitat-based model(HBM)/GLM combine. IOTC Proceedings, 6: 48-69.

Richard K W, William H, Stephen T S. 1994. Fisheries Management for Fishermen: A manual for helping fishermen understand the Federal management process. Auburn University Marine Extension & Research Center.

Rodhouse P G, Elvidge C D, Trathan P N. 2001. Remote sensing of the global light-fishing fleet: an analysis of interactions with oceanography other fisheries and predators. Adv. Mar. Biol. 39: 261-303.

Savastano K J. 1975. Application of remote sensing for fishery resource assessment and monitoring. An investigation of Skylab EREP data—Final report of NASA skylab EREP investigation. No. 240(SEFC contribution No. 433). MARMAP contribution, No. 105, 80.

Stuart V, Platt T, Sathyendranath S, et al. 2011. Remote sensing and fisheries: an introduction. ICES Journal of Marine Science, 68: 639-641.

第2章 遥感技术的理论基础

在地学应用领域,遥感技术一般指从人造卫星或飞机对地表进行观测的一系列技术,主要通过电磁波(包括光波)的传播与接收,感知目标的某些特性并加以进行分析的技术。传感器之所以能收集地表的信息,是因为地表任何物体表面都辐射电磁波,同时也反射入照的电磁波。电磁波遥感的理论基础在于检测电磁波与大气、电磁波与地表物质间的相互作用,从而达到识别地物的目的。

根据遥感平台分类,遥感可分为机载(airborne)遥感和星载(satellite-borne)遥感以及地面测量,其中机载遥感是飞机携带传感器(CCD相机或非数码相机等)对地面的观测,又被称为航空遥感;星载遥感是指传感器被放置在大气层外的卫星上,又被称为航天遥感。根据传感器感知电磁波波长的不同,遥感又可分为可见光-近红外(visible-near infrared)遥感、红外(infrared)遥感及微波(microwave)遥感等;根据接收到的电磁波信号的来源,遥感可分为主动式(信号由感应器发出)和被动式(信号由目标物体发出或反射太阳光波)。遥感的最大优点是能在短时间内取得大范围的数据,信息可以图像与非图像方式表现出来,以及代替人类前往难以抵达或危险的地方观测。本章简要介绍电磁辐射基础知识、遥感光学基本概念、遥感传感器及成像原理和遥感信息解译与判读等几方面的遥感技术以及相关的理论基础;更详细的理论基础,读者可查阅相关书籍。

2.1 电 磁 辐 射

1. 电磁波的波段

电磁波(又称电磁辐射)是由同相振荡且互相垂直的电场与磁场在空间中以波的形式移动,其传播方向垂直于电场与磁场构成的平面,有效地传递能量和动量。电磁波不需要依靠介质传播,各种电磁波在真空中的速率固定,速度为光速,在电磁波谱中各种电磁波由于频率或波长不同而表现出不同的特性。电磁波谱频率从低到高分别列为无线电波、微波、红外线、可见光、紫外线、X射线和伽马射线(图2.1),可见光只是电磁波谱中一个很小的部分。电磁波谱波长有长到数千千米,也有短到只有原子的一小段。短波长的极限被认为,几乎等于普朗克长度,长波长的极限被认为,等于整个宇宙的大小。人眼可接收到的电磁辐射,波长大约为380~780 nm,称为可见光。只要是本身温度大于绝对零度的物体,都可以发射电磁辐射。因此,人们周边所有的物体时刻都在进行电磁辐射。尽管如此,只有处于可见光频域以内的电磁波,才是可以被人们看到的。

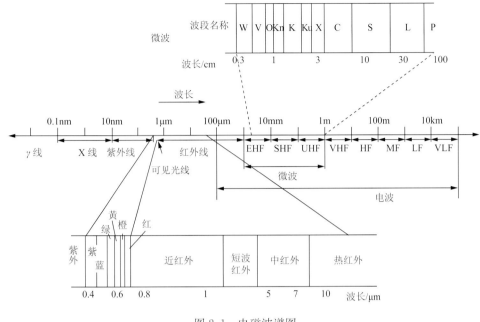

图 2.1　电磁波谱图

2. 电磁波的波动方程

描述光波的一个很重要的物理参数是频率。一个波的频率是它的振荡率,国际单位是赫兹(Hertz),即每秒钟振荡一次的频率是一赫兹。

波是由很多前后相继的波峰和波谷所组成,两个相邻的波峰或波谷之间的距离称为波长。电磁波的波长有很多不同的尺寸,从非常长的无线电波(数十米至百米)到非常短的伽马射线(比原子半径还短)频率与波长成反比

$$\upsilon = \nu\lambda \tag{2.1}$$

式中,υ 是波速(在真空里是光速;在其他介质里,小于光速);ν 是频率;λ 是波长。

当波从一个介质透射至另一个介质时,波速会改变,但是频率不变。

干涉是两个或两个以上的波,叠加形成新的波样式。假若几个电磁波的电场同方向,磁场也同方向,则这干涉是建设性干涉;反之,则是摧毁性干涉。

电磁波的能量,又称为辐射能(radiant energy)。其一半存储于电场;另一半存储于磁场。用方程表达

$$u = \frac{1}{2\mu_0}B^2 + \frac{\varepsilon_0}{2}E^2 \tag{2.2}$$

式中,u 是单位体积的能量;E 是电场值;B 是磁场值;ε_0 是真空电容率;μ_0 是真空磁导率。

3. 电磁辐射概念

在电动力学里,根据麦克斯韦方程组,随着时间变化的电场产生了磁场,反之亦然。

因此，一个振荡中的电场会产生振荡的磁场，而一个振荡中的磁场又会产生振荡的电场，这些连续不断同相振荡的电场和磁场共同形成了电磁波。

当电磁波从一种介质入射于另一种介质时，假若两种介质的折射率不相等，则会产生折射现象，电磁波的方向和速度会改变。斯涅尔定律专门描述了折射的物理行为。假设，由很多不同频率的电磁波组成的光波，从空气入射于棱镜，因为棱镜内材料的折射率相依于电磁波的频率，会产生色散现象，光波会色散成一组可观察到的电磁波谱。

量子电动力学是描述电磁辐射与物质之间的相互作用的量子理论。电磁波不但会展示出波动性质，也会展示出粒子性质（参阅波粒二象性）。这些性质已经在很多物理实验中证实。当用比较大的时间尺度和距离尺度来测量电磁辐射时，波动性质会比较显著；而用比较小的时间尺度和距离尺度来测量时，则粒子性质比较显著。有时候，波动性质和粒子性质会出现于同一个实验，例如，在双缝实验里，当单独光子被发射于两条细缝时，单独光子会穿过这两条细缝，自己与自己干涉，就好像波动运动一样。可是，它只会被光电倍增管侦测到一次。当单独光子被发射于迈克耳逊干涉仪或其他种干涉仪（interferometer）时，也会观测到类似的自我干涉现象。

4. 基尔霍夫定律

一般研究辐射时采用的黑体模型由于其吸收比等于 1（$\alpha=1$），而实际物体的吸收比则小于 1（$1>\alpha>0$）。基尔霍夫热辐射定律则给出了实际物体的辐射出射度与吸收比之间的关系。

$$\alpha = \frac{M}{M_b} \tag{2.3}$$

式中，M 为实际物体的辐射出射度；M_b 为相同温度下黑体的辐射出射度。

而发射率 ε 的定义即为

$$\varepsilon = \frac{M}{M_b} \tag{2.4}$$

所以，$\varepsilon=\alpha$，在热平衡条件下，物体对热辐射的吸收比恒等于同温度下的发射率。而对于漫灰体，无论是否处在热平衡下，物体对热辐射的吸收比都恒等于同温度下的发射率。

对于定向的光谱，其基尔霍夫热辐射定律表达式为

$$\varepsilon(\lambda,\theta,\phi,T) = \alpha(\lambda,\theta,\phi,T) \tag{2.5}$$

对于半球空间的光谱，其基尔霍夫热辐射定律表达式为

$$\varepsilon(\lambda,T) = \alpha(\lambda,T) \tag{2.6}$$

对于全波段的半球空间，其基尔霍夫热辐射定律表达式为

$$\varepsilon(\lambda,T) = \alpha(\lambda,T) \tag{2.7}$$

式中，θ 为纬度角；ϕ 为经度角；λ 为光谱的波长；T 为温度。

5. 黑体辐射

黑体（blackbody）辐射指黑体发出的电磁辐射。黑体不仅能全部吸收外来的电磁辐

射,且发射电磁辐射的能力比同温度下的任何其他物体强。黑体辐射能量按波长的分布仅与温度有关。对于黑体的研究,使得自然现象中的量子效应被发现。或许我们换一个角度来说,所谓黑体辐射其实就是当地的状态光和物质达到平衡所表现出的现象。物质达到平衡,所以可以用一个温度来描述物质的状态,而光和物质的交互作用很强,这样光和光之间也可以用一个温度来描述(光和光之间本身不会有交互作用,但光和物质的交互作用很强),描述这关系的便是普朗克分布(Plank distribution)。但是,在现实上黑体辐射是不存在的,只有非常近似的黑体(好比在一颗恒星或一个只有单一开口的空腔之中)。

2.2 散射与吸收

1. 遥感光学基本概念

1) 散射

当传播中的辐射,像光波、音波、电磁波或粒子,在通过局部性的位势时,由于受到位势的作用,必须改变其直线轨迹,其物理过程,称为散射。其局部性位势称为散射体或散射中心。局部性位势包括各式各样的种类,例如粒子、气泡、液珠、液体密度涨落、晶体缺陷、粗糙表面等。在传播的波动或移动的粒子的路径中,这些特别的局部性位势所造成的效应,都可以放在散射理论(scattering theory)的框架里来描述。

2) 单散射和多重散射

大多数物体都可以被看见,主要是因为两个物理过程:光波散射和光波吸收。有些物体几乎散射了所有入射光波,这造成了物体的白色外表。光波散射也可以给予物体颜色,例如不同色调的蓝色,像天空的天蓝、眼睛的虹膜、鸟的羽毛等。

假若辐射只被一个局部性散射体散射,则称此为单散射。假若许多散射体集中在一起,辐射可能会被散射很多次,称此为多重散射。单散射可以被视为一个随机现象;而多重散射通常是比较命定性的。这是两种散射的主要不同点。

由于单独的散射体的位置,相对于辐射路径,通常不会明确地知道。所以,散射结果强烈地依赖于入射轨道参数。对于观测者,散射结果显得相当的随机。一个标准案例是电子的被发射于原子核。由于不确定性原理,相对于电子的入射路径,原子的确定位置是个未知数,无法准确地测量出来,碰撞后,电子的散射行为是随机的。所以,单散射时常用概率分布来描述。

电磁波散射可以清楚地分为不同的领域,弹性散射(涉及极微小的能量转移)主要有瑞利散射和米氏散射(Mie scattering)。非弹性散射包括布里渊散射(Brillouin scattering)、拉曼散射(Raman scattering)、非弹性 X-光散射、康普顿散射等。

在瑞利散射里,电磁辐射(包括光波)被一个小圆球散射,圆球可能是一个粒子、泡沫、水珠或甚至于密度涨落。物理学家瑞利最先发现这散射效应的正确模型,因此称为瑞利散射。为了要符合瑞利模型的要求,圆球的直径必须超小于入射波的波长,通常上界大约是波长的 1/10。在这个尺寸范围内,散射体的形状细节并不重要,通常可以视为一个同

体积的圆球。当阳光入射于大气层时,气体分子对于阳光的瑞利散射,使得天空呈现蓝色。这就是著名的瑞利方程:

$$I \propto \frac{1}{\lambda^4} \tag{2.8}$$

式中,I 是强度;λ 是波长。

阳光的蓝色光波部分波长比较短,散射强度比较大;而红色光波部分波长比较长,散射强度比较小。外太空的辐射通过地球大气层时,衰减的主要原因是辐射吸收和瑞利散射。但瑞利散射不适用于直径较大的散射体,大于瑞利尺寸的圆球的散射被称为米氏散射(Mie scattering)。在米氏区域内,散射体的形状变得很重要。

瑞利散射和米氏散射都可以被视为弹性散射,光波的能量并没有大幅度地改变。可是,移动的散射体所散射的电磁波会产生多普勒效应,能量会稍微改变。这效应可以被用来侦测和测量散射体的速度,可以应用于激光雷达(LiDAR)和雷达这一类科技仪器。

3) 反射

反射是一种物理现象,是指波从一个介质进入另一个介质时,其传播方向突然改变,而回到其来源的介质。波被反射时会遵从反射定律,即反射角等于其入射角。光线进入时反射的角度必与光线进入的角度相等。

按介质的特点,可分为单向反射和漫反射。单向反射(specular reflection 或 regular reflection)在平滑的表面反射,反射时反射角会以同一方向进行,镜射时平滑的表面会出现清晰的影像。漫反射(diffuse reflection)在不平滑的表面反射,各条光线的反射角方向会混乱,因此漫射时会出现较模糊的影像。不论镜射或漫射,影像都与真实物体倒转。

4) 吸收

吸收,在物理学上是光子的能量由另一个物体(通常是原子的电子)拥有的过程。因此电磁能会转换成为其他的形式,如热能。波传导的过程中,光线的吸收通常称为衰减。例如,一个原子的价电子在两个不同能阶之间转换,在这个过程中光子将被摧毁,被吸收的能量会以辐射能或热能的形式再释放出来。虽然在某些情况下(通常是光学中),介质会因为穿过的波强度和饱和吸收(或非线性吸收)发生时会改变它透明度;但通常情况下,波的吸收与强度无关(线性吸收)。

吸收率是物体吸收入多少射光的量化(不是所有的光子都被吸收,有些是被反射或折射所取代)。这与物质的一些性质有关,可以经由比尔兰伯特定律推算。地球表面对于电磁波吸收有几个重要的指标,显示出一些特殊现象,这些现象包括地表水和低层大气的温度变化。在地球表面的变化,像是冰河作用、砍伐森林、极冰的融化,都会影响地球表面对电磁辐射吸收的量和选择性,相对应的,气候上的变化,例如全球暖化也许伴随着电磁辐射吸收或反射,也就是反照率。

5) 折射

折射,指光从一种介质进入另一种具有不同折射率之介质,或者在同一种介质中折射率不同的部分运行时，由于波速的差异，使光的运行方向改变的现象。例如当一条木棒插在水里面时，单用肉眼看会以为木棒进入水中时折曲了，这是光进入水里面时，产生折射，才带来这种效果。

光在发生折射时入射角与折射角符合斯涅尔定律（Snell's law）。此定律指出光从真空进入某种介质发生折射时，入射角 i 的正弦跟折射角 r 的正弦之比数，等于这种介质的折射率 n。这项定律以如下公式表达：

$$\frac{\sin i}{\sin r} = n \tag{2.9}$$

或者，光从介质 1 进入另一不同折射率之介质 2 时，其入射角的正弦（θ）与其折射率（n）之乘积会相等：

$$n_1 \sin \theta_1 = n_2 \sin \theta_2 \tag{2.10}$$

这两个公式被称为斯涅尔定律。

2. 辐射传输方程

电磁波在大气层中传输时受到大气的吸收、散射等作用会发生衰减作用。大气消光系数是描述这种衰减作用的重要参数。大气消光系数指电磁波辐射在大气中传播单位距离时的相对衰减率。其定义式如下：

$$K_\lambda(s) = -\frac{\mathrm{d}\,I_\lambda}{\rho(s)\,I_\lambda \mathrm{d}s} \tag{2.11}$$

大气消光系数中，$\mathrm{d}I_\lambda$ 为电磁波辐射经 $\mathrm{d}s$ 后的强度变化值。经积分运算可得电磁波辐射在大气中传输时的衰减方程，即大气辐射传输方程。它描述了辐射能在空间或媒质中传输过程、特性及其规律的数学方程。其中的指数项即为相应的透射率。

$$I_\lambda(s) = I_{s_1}\,\mathrm{e}^{-\int_{s_1}^{s_2} K_\lambda(s)\rho(s)\mathrm{d}s} \tag{2.12}$$

3. 太阳辐射和大气窗口

太阳辐射是地球表层能量的主要来源。太阳辐射在大气上界的分布是由地球的天文位置决定的，称此为天文辐射。由天文辐射决定的气候称为天文气候。天文气候反映了全球气候的空间分布和时间变化的基本轮廓。

太阳辐射随季节变化呈现有规律的变化，形成了四季。除太阳本身的变化外，天文辐射能量主要决定于日地距离、太阳高度角和昼长。地球绕太阳公转的轨道为椭圆形，太阳位于两个焦点中的一个焦点上。因此，日地距离时刻在变化。每年 1 月 2 日至 5 日经过近日点，7 月 3 日至 4 日经过远日点。地球上接受到的太阳辐射的强弱与日地距离的平方成反比。

太阳光线与地平面的夹角称为太阳高度角，它有日变化和年变化。太阳高度角大，则太阳辐射强。白昼长度指从日出到日落之间的时间长度。赤道上四季白昼长度均为 12 小时，赤道以外昼长四季有变化；南北纬 23.5° 在春、秋分日昼长 12 小时，夏至和冬至日昼长分别为 14 小时 51 分和 9 小时 09 分；南北纬 66°34′ 出现极昼和极夜现象。南北半球的冬夏季节时间正好相反。

大气对太阳辐射的削弱作用包括大气对太阳辐射的吸收、散射和反射。太阳辐射经过整层大气时,0.29 μm 以下的紫外线几乎全部被吸收,在可见光区大气吸收很少,在红外区有很强的吸收带。大气中吸收太阳辐射的物质主要有氧、臭氧、水汽和液态水,其次有二氧化碳、甲烷、一氧化二氮和尘埃等。云层能强烈吸收和散射太阳辐射,同时还强烈吸收地面反射的太阳辐射,云的平均反射率为 0.50~0.55。太阳的辐射波谱见图 2.2。

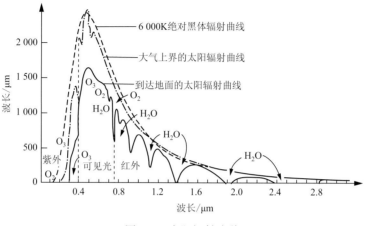

图 2.2　太阳辐射波谱

太阳常数是进入地球大气的太阳辐射在单位面积内的总量,要在地球大气层之外,垂直于入射光的平面上测量。人造卫星测得的数值是每平方米大约 1 366 W,地球的截面积是 127 400 000 km^2,因此整个地球接收到的能量是 1.74×10^{17} W。由于太阳表面常有黑子等太阳活动的缘故,太阳常数并不是固定不变的,一年当中的变化幅度在 1‰ 左右。

太阳常数是一个相对稳定的常数,太阳常数包括所有形式的太阳辐射,不是只有可见光的范围(更详细的内容可以参考电磁频谱),它可以联系到太阳的视星等是 -26.8 等。太阳常数和太阳的视星等是描述太阳亮度的两种方法,但是视星等只有测量太阳在可见光部分的能量输出。

从太阳看地球的角直径只有 1/11 000 rad,所以从太阳看地球的立体角只有 1/140 000 000 球面度。因此,太阳辐射出的能量是地球获得的 20 亿倍,也就是大约 3.826×10^{26} W。

2.3　遥感传感器及成像原理

安装在各种遥感平台上,远距离测地物辐射特性的传感器或仪器。按观测的波段,可分为紫外遥感器、可见光遥感器、红外遥感器、微波遥感器和激光遥感器等。

1. 传感器的概念及分类

遥感传感器是测量和记录被探测物体的电磁波特性的工具,是遥感技术系统的重要组成部分。遥感器通常由收集器、探测器、信号处理和输出设备四部分组成。收集器由透射镜、反射镜或天线等构成;探测器指测量电磁波性质和强度的元器件;典型的信号处理器是负荷电阻和放大器;输出包括影像胶片、扫描图、磁带记录和波谱曲线等。根据不同工作的波段,适用的传感器是不一样的。摄影机主要用于可见光波段范围,红外扫描器、多谱段扫描器除了可见光波段外,还可记录近紫外、红外波段的信息,雷达则用于微波波段。

通常安装在各种不同类型和不同高度(如飞机、高空气球和航天器)上的一切物体都在不断地发射和吸收电磁波。向外发射电磁波的现象通常称为热辐射。辐射强度与物体的温度和其他物理性质有关,并且是按波长分布的。一切物体都能反射外界来的、照射在它表面上的电磁波,反射强度与物体的性质有关。利用各种波段的不同的遥感器可以接收这种辐射的电磁波或反射的电磁波,经过处理和分析,有可能反映出物体的某些特征,借以识别物体种类。按设计时选用的频率或波段来划分,常用的遥感器有紫外遥感器、可见光遥感器、红外遥感器和微波遥感器等,遥感器分类具体见表 2.1。

表 2.1　遥感器分类

遥感器名称 波段(波长)	无源(被动式)遥感器		有源(主动式)遥感器		
	摄影式成像	扫描式成像	非成像	成像式	非成像式
近紫外波段 (0.3~0.4 μm)	紫外摄影机	紫外扫描仪			
可见光波段 (0.38~0.76 μm)	常规照相机 (全色、彩色); 多光谱照相机(可见光波段部分)	返束视像管摄像机; 可见光波段多光谱扫描仪; 专题制图仪(TM-1、2、3); 可见光波段电荷耦合器件刷式扫描仪	可见光辐射计	激光扫描仪	激光高度计
红外波段: 反射红外波段 (0.7~2.5 μm); 热红外波段 (3~14 μm)	多光谱照相机 (近红外波段部分)	红外波段多光谱扫描仪; 专题制图仪(TM-4、5、6、7); 近红外波段电荷耦合器件扫描仪	红外辐射计		
微波波段 (1 mm~100 cm)	微波扫描辐射计		微波辐射计	真实孔径测试雷达(8 mm~3 cm);合成孔径测试雷达(3~25 cm)	微波散射计 微波辐射计

紫外遥感器:使用近紫外波段,波长选在 0.3~0.4 μm。常用的紫外遥感器有紫外摄影机和紫外扫描仪两种。近紫外波段的多光谱照相机也属于这一类。

可见光遥感器:接收地物反射的可见光,波长选在 0.38~0.76 μm。这类遥感器包括各种常规照相机,以及可见光波段的多光谱照相机、多光谱扫描仪和电荷耦合器件(CCD)扫描仪等;此外,还包括可见光波段的激光高度计和激光扫描仪等。

红外遥感器:接收地物和环境辐射的或反射的红外波段的电磁波已使用的波段在

$0.7 \sim 14 \, \mu m$。其中 $0.7 \sim 2.5 \, \mu m$ 波长称为反射红外波段,如红外摄影机采用的波段 $(0.7 \sim 0.9 \, \mu m)$,多光谱照相机中的近红外波段;"陆地卫星"上多光谱扫描仪(MSS)中的第 6 波段 $(0.7 \sim 0.8 \, \mu m)$ 和第 7 波段 $(0.8 \sim 1.1 \, \mu m)$,专题制图仪(TM)中的第 4 波段 $(0.76 \sim 0.9 \, \mu m)$、第 5 波段 $(1.55 \sim 1.75 \, \mu m)$ 和第 7 波段 $(2.08 \sim 2.35 \, \mu m)$ 等。$3 \sim 14 \, \mu m$ 波长称为热红外波段,Landsat 卫星 4 号和 5 号上多光谱扫描仪中第 8 波段 $(10.2 \sim 12.6 \, \mu m)$ 和专题制图仪的第 6 波段 $(10.4 \sim 12.5 \, \mu m)$、NOAA 卫星的第 4 波段 $(10.3 \sim 11.3 \, \mu m)$ 与第 5 波段 $(11.5 \sim 12.5 \, \mu m)$ 等,都属热红外波段。

微波遥感器:通常有微波辐射计、散射计、高度计、真实孔径侧视雷达和合成孔径侧视雷达等。

按记录数据的不同形式划分,遥感器又可分为成像遥感器和非成像遥感器两类。成像遥感器又细分为摄影式成像遥感器和扫描式成像遥感器两种。

按遥感器本身是否带有探测用的电磁波发射源来划分,遥感器分为有源(主动式)遥感器和无源(被动式)遥感器两类。

2. 扫描成像类传感器

当前,航天遥感中扫描式主流传感器有两大类:光机扫描仪和扫帚式扫描仪。

1)光机扫描仪

光机扫描仪是对地表的辐射分光后进行观测的机械扫描型辐射计,它把卫星的飞行方向与利用旋转镜式摆动镜对垂直飞行方向的扫描结合起来,从而收到二维信息。这种遥感器基本由采光、分光、扫描、探测元件、参照信号等部分构成。光机扫描仪所搭载的平台有极轨卫星及飞机。Landsat 上的多光谱扫描仪(MSS)、专题成像仪(TM)及气象卫星上的甚高分辨率辐射计(AVHRR)都属这类遥感器。这种机械扫描型辐射计与推帚式扫描仪相比,具有扫描条带较宽、采光部分的视角小、波长间的位置偏差小、分辨率高等特点,但在信噪比方面劣于像面扫描方式的扫帚式扫描仪。

2)扫帚式扫描仪

扫帚式扫描仪也叫刷式扫描仪,它采用线列或面阵探测器作为敏感元件,线列探测器在光学焦面上垂直于飞行方向作横向排列,当飞行器向前飞行完成纵向扫描时,排列的探测器就好像刷子扫地一样扫出一条带状轨迹,从而得到目标物的二维信息。光机扫描仪是利用旋转镜扫描,一个像元一个像元地进行采光,而扫帚式扫描仪是通过光学系统一次获得一条线的图像,然后由多个固体光电转换元件进行电扫描。扫帚式扫描仪代表了新一代遥感器的扫描方式,人造卫星上携带的扫帚式扫描仪由于没有光机扫描那样的机械运动部分,所以结构上可靠性高,因此在各种先进的遥感器中均获得应用。但是由于使用了多个感光元件把光同时转换成电信号,所以当感光元件之间存在灵敏度差时,往往产生带状噪声,线性阵列遥感器多使用电荷偶合器件 CCD,它被用于 SPOT 卫星上的高分辨率遥感器 HRV,日本的 MOS-1 卫星上的可见光-红外辐射计 MESSR 等上。

3. 雷达成像仪

雷达成像仪是指能发射一定波段的微波，并接收其后向反射能量而产生目标图像的雷达系统。它是通过向目标地物发射微波并接受其后向辐射信号来实现对地观测的遥感方式。

微波成像雷达的工作波长为 1mm～1m 的微波波段，由于微波雷达是一种自备能源的主动传感器，微波具有穿透云雾的能力，所以微波雷达成像具有全天时、全天候的特点。在城市遥感中，这种成像方式对于那些对微波敏感的目标物的识别具有重要意义。通常的雷达成像仪主要包括以下几种。

真实孔径雷达：侧视雷达向侧面发射一束脉冲，地物的反射回波，由天线收集、记录。

合成孔径雷达：利用一个小天线作为单个辐射单元，沿一条直线方向不断移动，在移动中选择若干位置发射信号，接收相应的发射位置的回波信号，存储接收信号的振幅和相位。

微波散射计：测量地物表面(体积)的散射或反射特性，用于研究极化和波长变化对目标散射特征的影响。

雷达高度计：根据往返双程的时延，测量计算到目标距离。

无线电地下探测器：测量地下及其分界的装置，如煤层探测仪。

2.4　遥感信息解译与判读

1. 遥感信息与遥感影像特征

凡是记录各种地物电磁波大小的胶片(或像片)，都称为遥感影像，在遥感中主要是指航空像片和卫星像片。用计算机处理的遥感图像必须是数字图像。以摄影方式获取的模拟图像必须用图像扫描仪等进行模/数(A/D)转换；以扫描方式获取的数字数据必须转存到一般数字计算机都可以读出的硬盘等通用载体上。计算机图像处理要在图像处理系统中进行，图像处理系统是由硬件(计算机、显示器、数字化仪、磁带机等等)和软件(具有数据输入、输出、校正、变换、分类等功能)构成。图像处理内容主要包括校正、变换和分类。

1) 空间分辨率

空间分辨率(spatial resolution)又称地面分辨率。后者是针对地面而言，指可以识别的最小地面距离或最小目标物的大小。前者是针对遥感器或图像而言的，指图像上能够详细区分的最小单元的尺寸或大小，或指遥感器区分两个目标的最小角度或线性距离的度量。它们均反映对两个非常靠近的目标物的识别、区分能力，有时也称分辨力或解像力。

2) 光谱分辨率

光谱分辨率(spectral resolution)指遥感器接受目标辐射时能分辨的最小波长间隔。间隔越小，分辨率越高。所选用的波段数量的多少、各波段的波长位置及波长间隔的大小，这三个因素共同决定光谱分辨率。光谱分辨率越高，专题研究的针对性越强，对物体的识别精度越高,遥感应用分析的效果也就越好。但是,面对大量多波段信息以及它所提供的这些微小的差异,人们要直接地将它们与地物特征联系起来,综合解译是比较困难的;而多波段的数据分析,可以改善识别和提取信息特征的概率和精度。

3) 辐射分辨率

辐射分辨率(radiant resolution)指探测器的灵敏度——遥感器感测元件在接收光谱信号时能分辨的最小辐射度差,或指对两个不同辐射源的辐射量的分辨能力。一般用灰度的分级数来表示,即最暗—最亮灰度值(亮度值)间分级的数目——量化级数。它对于目标识别是一个很有意义的元素。

4) 时间分辨率

时间分辨率(temporal resolution)是关于遥感影像间隔时间的一项性能指标。遥感探测器按一定的时间周期重复采集数据,这种重复周期又称回归周期。它是由飞行器的轨道高度、轨道倾角、运行周期、轨道间隔、偏移系数等参数所决定。这种重复观测的最小时间间隔称为时间分辨率。

5) 像元

亦称像素或像元点,即影像单元(picture element),是组成数字化影像的最小单元。在遥感数据采集,如扫描成像时,它是传感器对地面景物进行扫描采样的最小单元;在数字图像处理中,它是对模拟影像进行扫描数字化时的采样点。像元是反映影像特征的重要标志,是同时具有空间特征和波谱特征的数据元。几何意义是其数据值确定所代表的地面面积,物理意义是其波谱变量代表该像元内在某一特定波段中波谱响应的强度,即同一像元内的地物,只有一个共同灰度值。像元大小决定了数字影像的影像分辨率和信息量。像元小,影像分辨率高,信息量大;反之,影像分辨率低,信息量小。如陆地卫星 MSS 影像像元为 56×79,单波段像元数为 7 581 600;而 TM 影像像元大小为 30×30,单波段像元数为 38 023 666,相当于 MSS 的 5 倍。

6) 灰度

灰度使用黑色调表示物体。每个灰度对象都具有从 0(白色)到 100%(黑色)的亮度值。使用黑白或灰度扫描仪生成的图像通常以灰度显示。使用灰度还可将彩色图稿转换为高质量黑白图稿。在这种情况下,Adobe Illustrator 放弃原始图稿中的所有颜色信息,转换对象的灰色级别(阴影)表示原始对象的亮度。

将灰度对象转换为 RGB 时,每个对象的颜色值代表对象之前的灰度值。也可以将灰度对象转换为 CMYK 对象。自然界中的大部分物体平均灰度为 18%。在物体的边缘呈现灰度的不连续性,图像分割就是基于这个原理。一般来讲,像素值量化后用一个字节(8 byte)来表示。如把有黑-灰-白连续变化的灰度值量化为 256 个灰度级,灰度值的范围为 0~255,表示亮度从深到浅,对应图像中的颜色从黑到白。黑白照片包含了黑白之间的所有的灰度色调,每个像素值都是介于黑色和白色之间的 256 种灰度中的一种。

2. 灰度波谱与纹理分析

遥感图像分析和解译的基本依据是基于灰度（波谱）和纹理（空间）两方面信息，目前在分类识别上用得最多的是图像的波谱信息。随着遥感图像处理的深入，仅仅使用波谱信息已经不能满足遥感应用的需要，而作为遥感图像重要信息之一的空间信息——纹理信息的提取和分析，在遥感图像分类与识别中呈现出日益重要的作用。

1）遥感影像波谱与分类

通常我们所指的遥感图像是指卫星探测到的地物亮度特征，它们构成了光谱空间。每种地物有其固有的光谱特征，它们位于光谱空间中的某一点。但由于干扰的存在，环境条件的不同，例如阴影、地形上的变化、扫描仪视角、干湿条件、不同时间拍摄及测量误差等，使得测得的每类物质的光谱特征不尽相同，同一类物质的各个样本在光谱空间是围绕某一点呈概率分布，而不是集中到一点，但这仍使我们可以划分边界来区分各类。分类方法可以分为统计决策法（判别理论识别法）模式识别和句法模式识别。

统计决策法模式识别是基于模式特性的一组测量值来组成特征向量，用决策理论划分特征空间的方法进行分类。它的方法主要有：监督分类中的最大似然法和最小距离法、平行六面体法、盒式分类法、逐次参数估计法、梯度法、最小均方误差法、费歇准则法等；非监督分类中的 K-均值聚类法、ISODATA 算法聚类分析、平行管道法聚类分析、等混合距离法（ISOMIX）等。句法模式识别则需要了解图像结构信息，从而对其进行分类。它基于描述模式的结构特征，用形式语言中的规则进行分类。句法模式识别系统通常由四部分组成。待识别的输入图像，经过增强、数据压缩等处理后，按识别的具体对象分割成子图（如三角体和长方体），再将子图分割成更简单的模式基元（即组成三角体和长方体的各个面），并判别基元之间的关系。通过对基元的识别，进而识别子模式，最终识别该复杂地物。

统计决策模式法和句法模式识别原理框图分别如图 2.3 和图 2.4 所示。

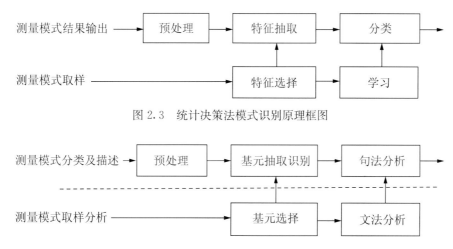

图 2.3　统计决策法模式识别原理框图

图 2.4　句法模式识别原理框图

相比而言,统计决策法模式识别方法(特别是基于光谱特征的统计分类方法)发展的更为成熟,也是在实践中遥感应用处理采用的主要方法。下面介绍一些常用的统计决策法模式识别方法以及分类识别的新方法。

(1) 监督分类(supervised classification)。监督分类是基于人们对遥感图像上样本区内地物的类别已知,于是可以利用这些样本类别的特征作为依据来识别非样本数据的类别。其分类思想是:首先根据已知的样本类型和类别的先验知识,确定判别函数和相应的判别准则,其中利用一定数量的已知类别的样本的观测值求解待定参数的过程称之为学习或训练,然后将未知类别的样本的观测值代入判别函数,再依据判别准则对该样本的所属类别做出判定。

各个类别的判别区域确定后,某个特征矢量属于哪个类别可以用一些函数来表示和鉴别,这些函数就称为判别函数。一般来说,不同的类别都有各自不同的判别函数。当计算完某个矢量在不同类别判别函数中的值后,若要确定该矢量属于哪一类,就必须给出一个判别的依据,这种判别依据即为判别规则。常用的监督分类有最大似然法和最小距离法。

(2) 最大似然分类法(maximum likelihood classification)。最大似然分类法是根据概率判别函数和贝叶斯判别规则来进行分类的方法。根据特征空间概念可知,地物点可以在特征空间找到相应的特征点,并且同类地物在特征空间中形成一个从属于某种概率分布的集群。由此,我们把某特征矢量 X 落入某类集群的条件概率 $P(\omega_i/X)$ 称为概率判别函数,把 X 落入某集群的条件概率最大的类作为 X 的类别判别规则称为贝叶斯判别规则。

假设同类地物在特征空间服从正态分布,根据贝叶斯公式,得到判别函数为

$$d_i(\boldsymbol{X}) = -\frac{1}{2}(\boldsymbol{X}-M_i)^{\mathrm{T}}\sum_i^{-1}(\boldsymbol{X}-M_i) - \frac{1}{2}\ln P(\omega_i) \tag{2.13}$$

相应的贝叶斯判别规则为:若对于所有可能的 $j=1,2,\cdots,m;j\neq i$ 有 $d_i(\boldsymbol{X}) > d_j(\boldsymbol{X})$,则 $\boldsymbol{X}$ 属于 ω_i 类。

2) 纹理特征分析与抽取

为了能够用计算机进行纹理分析和形成统一的尺度,需将遥感图像中的纹理,即相邻像元的空间变化特征及组合情况进行量化,形成纹理变量或纹理图像,以便于遥感图像的分类和解译。定量的纹理信息不能由遥感图像数据直接得到,必须经过图像纹理分析进行抽取。

图像纹理分析指的是通过一定的图像处理技术抽取出纹理特征,从而获得纹理的定量或定性描述的处理过程。目前已出现了许多纹理分析方法,主要有统计法、结构法、模型法和空间/频率域联合分析法等四类。统计描述法是遥感图像纹理信息提取的基本方法,最早应用于遥感图像纹理信息提取。由于地物的组成、空间分布的复杂性和多样性,使得遥感图像的纹理不具有规则不变的局部模式和简单的周期重复,其纹理信息及重复往往只有统计学上的意义,使得纹理分析方法中的结构法在遥感图像中的应用效果不佳,

所以遥感图像纹理信息提取主要采用的是基于统计的纹理分析方法。下面介绍遥感图像纹理信息分析提取的一些主要方法。

（1）基于统计描述的遥感图像纹理信息提取。统计描述法主要包括灰度直方图、灰度共生矩阵、灰度差分统计法等。这类方法一般原理简单，较易实现，但适用范围受到限制。通过灰度直方图可以直观地了解遥感影像的特征及图像的灰度分布规律，但不能很好地反映像素之间的灰度级空间相关的规律。而以灰度级的空间相关矩阵为基础的共生矩阵法显然优于灰度直方图法，它反映的是不同像素相对位置的空间信息，在遥感图像的分类中应用广泛。1973 年 Haralick 在其文章中详细列举了 14 个灰度共生纹理矩阵特征并将其应用到图像的分类中（Haralick et al.，1973）。Acqua 和 Gamba 借助共生矩阵纹理分析方法对意大利帕维亚城区的 ESR-1 影像进行市中心、城郊、市郊的分类提取，通过对不同时相的 SAR 图像分析结果表明对基于灰度分析法而言，纹理分析法可以提高分类精度（Fabio and Paolo，2003）。Zhang（1999）用灰度共生矩阵提取纹理特征后结合光谱信息，对上海的 SPOT 和 TM 融合图像进行城区的提取，结果表明该方法大大提高了提取精度。

（2）基于小波变换的纹理信息提取。基于小波的纹理分析法，主要是利用小波对图像进行多尺度分解，然后在每个尺度上独立地提取特征，进而对其进行组合，形成一个特征向量，最后对纹理图像进行分类，这些方法的区别仅在于提取特征时，所提取的方式和数量不同。

许多文献讨论了小波理论在图像信息提取中的应用。这些讨论对遥感图像信息提取有一定的借鉴之处，但也有其局限性。遥感数据具有复杂性、统计性和随机性，同时，遥感图像中的地学信息，如地质构造、蚀变信息及岩性分界等高频信息具有一定的方向性；而小波变换具有"变焦性"、对称性、多尺度性等特点，可以快速、有效地检测到图像的高频奇变信号，从而得到不同分辨率、多方向性的纹理特征。尤其针对 SAR 遥感图像，小波变换更有优势。胡召玲等（2007）作了基于小波纹理信息提取的 SAR 遥感图像分类技术研究，取得了很好的分类效果。单新建等（2002）根据 SAR 图像的纹理特征利用正交小波变换纹理提取方法，将 SAR 纹理特征与 TM 图像及 DEM 进行复合，揭示长白山天池火山近代喷发物空间分布特征。试验结果表明，小波变换方法适用于具有规则和较强方向性的纹理结构影像分类，利用它可以正确识别主要人造地物类型（如房屋、道路等）的纹理结构特征。

总的来说，小波在遥感图像纹理信息提取中的应用表现在两方面：①基于小波分解的影像纹理信息提取；②基于小波变换的影像边缘检测。因此，小波理论在遥感纹理信息提取中有很大的应用潜力。

3. 信号与数字图像处理

数字图像处理（digital image processing）又称为计算机图像处理，它是指将图像信号转换成数字信号并利用计算机对其进行处理的过程。数字图像处理最早出现于 20 世纪 50 年代，数字图像处理作为一门学科大约形成于 20 世纪 60 年代初期。早期的图像处理目的是改善图像的质量,它以人为对象,以改善人的视觉效果为目的。图像处理中,输入的是质量低的图像,输出的是改善质量后的图像,常用的图像处理方法有图像增强、复原、编码、压缩等。首次获得实际成功应用的是美国喷气推进实验室(JPL),他们对航天探测器徘徊者 7 号在 1964 年发回的几千张月球照片使用了图像处理技术,如几何校正、灰度变换、去除噪声等方法进行处理,并考虑了太阳位置和月球环境的影响,由计算机成功地绘制出月球表面地图,获得了巨大成功。随后又对探测飞船发回的近十万张照片进行更为复杂的图像处理,获得了月球的地形图、彩色图及全景镶嵌图,获得了非凡成果,为人类登月创举奠定了坚实基础,也推动了数字图像处理这门学科的诞生。

随着图像处理技术的深入发展,从 20 世纪 70 年代中期开始,由于计算机技术和人工智能、思维科学研究的迅速发展,数字图像处理向更高、更深层次发展。人们已开始研究如何用计算机系统解释图像,实现类似人类视觉系统理解外部世界,这被称为图像理解或计算机视觉。很多国家,特别是发达国家投入更多的人力、物力到这项研究,取得了不少重要的研究成果。其中代表性的成果是 20 世纪 70 年代末 MIT 的 Marr 提出的视觉计算理论,这个理论成为计算机视觉领域其后十多年的主导思想。

一般来讲,对图像进行处理(或加工、分析)的主要目的有三个方面:①提高图像的视感质量,如进行图像的亮度、彩色变换、增强、抑制某些成分、对图像进行几何变换等,以改善图像的质量。②提取图像中所包含的某些特征或特殊信息,这些被提取的特征或信息往往为计算机分析图像提供便利。提取特征或信息的过程是模式识别或计算机视觉的预处理。提取的特征可以包括很多方面,如频域特征、灰度或颜色特征、边界特征、区域特征、纹理特征、形状特征、拓扑特征和关系结构等。③图像数据的变换、编码和压缩,以便于图像的存储和传输。无论是何种目的的图像处理,都需要由计算机和图像专用设备组成的图像处理系统对图像数据进行输入、加工和输出。

数字图像处理主要研究的内容有以下几个方面。

1) 图像变换

图像变换由于图像阵列很大,直接在空间域中进行处理,涉及计算量很大。因此,往往采用各种图像变换的方法,如傅里叶变换、沃尔什变换、离散余弦变换等间接处理技术,将空间域的处理转换为变换域处理,不仅可减少计算量,而且可获得更有效的处理(如傅里叶变换可在频域中进行数字滤波处理)。目前,新兴研究的小波变换在时域和频域中都具有良好的局部化特性,它在图像处理中也有着广泛而有效的应用。

2) 图像压缩

图像编码压缩技术可减少描述图像的数据量(即比特数),以便节省图像传输、处理时间和减少所占用的存储器容量。压缩可以在不失真的前提下获得,也可以在允许的失真条件下进行。编码是压缩技术中最重要的方法,它在图像处理技术中是发展最早且比较成熟的技术。

3）图像增强和复原

图像增强和复原的目的是提高图像的质量，如去除噪声、提高图像的清晰度等。图像增强不考虑图像降质的原因，突出图像中所感兴趣的部分，如强化图像高频分量，可使图像中物体轮廓清晰，细节明显；如强化低频分量可减少图像中噪声影响。图像复原要求对图像降质的原因有一定的了解，一般来讲，应根据降质过程建立“降质模型”，再采用某种滤波方法，恢复或重建原来的图像。

4）图像分割

图像分割是数字图像处理中的关键技术之一。图像分割是将图像中有意义的特征部分提取出来，其有意义的特征有图像中的边缘、区域等，这是进一步进行图像识别、分析和理解的基础。虽然目前已研究出不少边缘提取、区域分割的方法，但还没有一种普遍适用于各种图像的有效方法。因此，对图像分割的研究还在不断深入之中，是目前图像处理中研究的热点之一。

5）图像描述

图像描述是图像识别和理解的必要前提。作为最简单的二值图像可采用其几何特性描述物体的特性，一般图像的描述方法采用二维形状描述，它有边界描述和区域描述两类方法。对于特殊的纹理图像可采用二维纹理特征描述。随着图像处理研究的深入发展，已经开始进行三维物体描述的研究，提出了体积描述、表面描述、广义圆柱体描述等方法。

6）图像分类（识别）

图像分类（识别）属于模式识别的范畴，其主要内容是图像经过某些预处理（增强、复原、压缩）后，进行图像分割和特征提取，从而进行判决分类。图像分类（识别）常采用经典的模式识别方法，有统计模式分类和句法（结构）模式分类，近年来新发展起来的模糊模式识别和人工神经网络模式分类在图像分类（识别）中也越来越受到重视。

数字图像处理的工具可分为三大类：第一类包括各种正交变换和图像滤波等方法，其共同点是将图像变换到其他域（如频域）中进行处理（如滤波）后，再变换到原来的空间（域）中；第二类方法是直接在空间域中处理图像，它包括各种统计方法、微分方法及其他数学方法；第三类是数学形态学运算，它不同于常用的频域和空域的方法，是建立在积分几何和随机集合论的基础上的运算。

由于被处理图像的数据量非常大且许多运算在本质上是并行的，所以图像并行处理结构和图像并行处理算法也是图像处理中的主要研究方向。

4. 模式识别与人工智能

模式识别（pattern recognition）是人类的一项基本智能。随着 20 世纪 40 年代计算机的出现以及 50 年代人工智能的兴起，人们当然也希望能用计算机来代替或扩展人类的部分脑力劳动。（计算机）模式识别在 20 世纪 60 年代初迅速发展并成为一门新学科，模式识别在文字和语音识别、遥感和医学诊断等方面得到广泛应用。

模式识别是指对表征事物或现象的各种形式的(数值、文字、逻辑关系等)信息进行处理和分析,以对事物或现象进行描述、辨认、分类和解释的过程,是信息科学和人工智能的重要组成部分。模式识别又常称作模式分类,从处理问题的性质和解决问题的方法等角度,模式识别分为有监督的分类(supervised classification)和无监督的分类(unsupervised classification)两种。两者的主要差别在于,各实验样本所属的类别是否预先已知。一般说来,有监督的分类往往需要提供大量已知类别的样本;但在实际问题中这是存在一定困难的,因此研究无监督的分类就变得十分有必要了。

模式识别研究主要集中在两方面:一是研究物体(包括人)是如何感知对象的,属于认识科学的范畴;二是在给定的任务下,如何用计算机实现模式识别的理论和方法。前者是生理学家、心理学家、生物学家和神经生理学家的研究内容,后者通过数学家、信息学专家和计算机科学工作者近几十年来的努力,已经取得了系统的研究成果。

应用计算机对一组事件或过程进行辨识和分类,所识别的事件或过程可以是文字、声音、图像等具体对象,也可以是状态、程度等抽象对象。这些对象与数字形式的信息相区别,称为模式信息。

模式识别所分类的类别数目由特定的识别问题决定。有时,开始时无法得知实际的类别数,需要识别系统反复观测被识别对象以后才能确定。

模式识别与统计学、心理学、语言学、计算机科学、生物学、控制论等都有关系。它与人工智能、图像处理的研究有交叉关系。例如自适应或自组织的模式识别系统包含了人工智能的学习机制;人工智能研究的景物理解、自然语言理解也包含模式识别问题。又如模式识别中的预处理和特征抽取环节应用图像处理的技术;图像处理中的图像分析也应用模式识别的技术。

1) 模式识别的方法

(1) 决策理论方法又称统计方法,是发展较早也比较成熟的一种方法。被识别对象首先数字化,变换为适于计算机处理的数字信息。一个模式常常要用很大的信息量来表示。许多模式识别系统在数字化环节之后还进行预处理,用于除去混入的干扰信息并减少某些变形和失真。随后是进行特征抽取,即从数字化后或预处理后的输入模式中抽取一组特征。所谓特征是选定的一种度量,它对于一般的变形和失真保持不变或几乎不变,并且只含尽可能少的冗余信息。特征抽取过程将输入模式从对象空间映射到特征空间。这时,模式可用特征空间中的一个点或一个特征矢量表示。这种映射不仅压缩了信息量,而且易于分类。在决策理论方法中特征抽取占有重要的地位,但尚无通用的理论指导,只能通过分析具体识别对象决定选取何种特征。特征抽取后可进行分类,即从特征空间再映射到决策空间。为此而引入鉴别函数,由特征矢量计算出相应于各类别的鉴别函数值,通过鉴别函数值的比较实行分类。

(2) 句法方法又称结构方法或语言学方法。其基本思想是把一个模式描述为较简单的子模式的组合,子模式又可描述为更简单的子模式的组合,最终得到一个树形的结构描述,在底层的最简单的子模式称为模式基元。在句法方法中选取基元的问题相当于在决策理论方法中选取特征的问题。通常要求所选的基元能对模式提供一个紧凑的反映其结构关系的描述，又要易于用非句法方法加以抽取。显然，基元本身不应该含有重要的结构信息。模式以一组基元和它们的组合关系来描述，称为模式描述语句，这相当于在语言中，句子和短语用词组合，词用字符组合一样。基元组合成模式的规则，由所谓语法来指定。一旦基元被鉴别，识别过程可通过句法分析进行，即分析给定的模式语句是否符合指定的语法，满足某类语法的即被分入该类。

模式识别方法的选择取决于问题的性质。如果被识别的对象极为复杂，而且包含丰富的结构信息，一般采用句法方法；如果被识别对象不很复杂或不含明显的结构信息，一般采用决策理论方法。这两种方法不能截然分开，在句法方法中，基元本身就是用决策理论方法抽取的。在应用中，将这两种方法结合起来分别施加于不同的层次，常能收到较好的效果。

2）统计模式识别

统计模式识别（statistic pattern recognition）的基本原理是：有相似性的样本在模式空间中互相接近，并形成"集团"，即"物以类聚"。其分析方法是根据模式所测得的特征向量 $\boldsymbol{X}_i = (x_{i1}, x_{i2}, \cdots, x_{id})^{\mathrm{T}}, (i = 1, 2, \cdots, N)$，将一个给定的模式归入 C 个类 $\omega_1, \omega_2, \cdots, \omega_c$ 中，然后根据模式之间的距离函数来判别分类。其中，T 表示转置；N 为样本点数；d 为样本特征数。

统计模式识别的主要方法有判别函数法、近邻分类法、非线性映射法、特征分析法和主因子分析法等。

在统计模式识别中，贝叶斯决策规则从理论上解决了最优分类器的设计问题，但其实施却必须首先解决更困难的概率密度估计问题。BP 神经网络直接从观测数据（训练样本）学习，是更简便有效的方法，因而获得了广泛的应用，但它是一种启发式技术，缺乏指定工程实践的坚实理论基础。统计推断理论研究所取得的突破性成果导致现代统计学习理论——VC 理论的建立，该理论不仅在严格的数学基础上圆满地回答了人工神经网络中出现的理论问题，而且导出了一种新的学习方法——支持向量机(SVM)。

模式识别从 20 世纪 20 年代发展至今，人们的一种普遍看法是不存在对所有模式识别问题都适用的单一模型和解决识别问题的单一技术，我们现在拥有的只是一个工具袋，所要做的是结合具体问题把统计的识别和句法的识别结合起来，把统计模式识别或句法模式识别与人工智能中的启发式搜索结合起来，把统计模式识别或句法模式识别与支持向量机的机器学习结合起来，把人工神经元网络与各种已有技术以及人工智能中的专家系统、不确定推理方法结合起来，深入掌握各种工具的效能和应有的可能性，互相取长补短，开创模式识别应用的新局面。

对于识别二维模式的能力，存在各种理论解释。模板说认为，我们所知的每一个模式，在长时记忆中都有一个相应的模板或微缩副本。模式识别就是与视觉刺激最合适的模板进行匹配。特征说认为，视觉刺激由各种特征组成，模式识别是比较呈现刺激的特征和储存在长时记忆中的模式特征。特征说解释了模式识别中的一些自下而上过程，但它不强调基于环境的信息和期待的自上而下加工。基于结构描述的理论可能比模板说或特征说更为合适。

3) 人工智能

著名的美国斯坦福大学人工智能研究中心尼尔逊教授对"人工智能"下了这样一个定义："人工智能是关于知识的学科——怎样表示知识以及怎样获得知识并使用知识的科学"。而另一个美国麻省理工学院的温斯顿教授认为："人工智能就是研究如何使计算机去做过去只有人才能做的智能工作。"这些说法反映了人工智能学科的基本思想和基本内容。即人工智能是研究人类智能活动的规律,构造具有一定智能的人工系统,研究如何让计算机去完成以往需要人的智力才能胜任的工作,也就是研究如何应用计算机的软、硬件来模拟人类某些智能行为的基本理论、方法和技术。

人工智能(artificial intelligence,AI)是计算机学科的一个分支,20 世纪 70 年代以来被称为世界三大尖端技术之一(空间技术、能源技术、人工智能),也被认为是 21 世纪(基因工程、纳米科学、人工智能)三大尖端技术之一。这是因为近 30 年来它获得了迅速的发展,在很多学科领域都获得了广泛应用,并取得了丰硕成果,人工智能已逐步成为一个独立的分支,无论在理论和实践上都已自成一个系统。

人工智能是研究使计算机来模拟人的某些思维过程和智能行为(如学习、推理、思考、规划等)的学科,主要包括计算机实现智能的原理、制造类似于人脑智能的计算机,使计算机能实现更高层次的应用。人工智能将涉及计算机科学、心理学、哲学和语言学等学科。可以说几乎是自然科学和社会科学的所有学科,其范围已远远超出了计算机科学的范畴,人工智能与思维科学的关系是实践和理论的关系,人工智能是处于思维科学的技术应用层次,是它的一个应用分支。从思维观点看,人工智能不仅限于逻辑思维,要考虑形象思维、灵感思维才能促进人工智能的突破性的发展,数学常被认为是多种学科的基础科学,数学也进入语言、思维领域,人工智能学科也必须借用数学工具,数学不仅在标准逻辑、模糊数学等范围发挥作用,而且数学进入人工智能学科,它们将互相促进而更快地发展。

参 考 文 献

陈述彭,赵英时. 1990. 遥感地学分析. 北京:测绘出版社,10-215.

胡文英,角媛梅. 2007. 遥感影像纹理信息提取方法综述. 云南地理环境研究,5:66-71.

胡召玲,郭达志,盛业华. 2007. 基于小波纹理信息的星载 SAR 图像分类研究. 遥感信息,(4):21-23.

姜青香,刘慧平. 2004. 利用纹理分析方法提取图像信息. 遥感学报,8(5):458-464.

李金莲,刘晓玫,李恒鹏. 2006. SPOT 5 影像纹理特征提取与土地利用信息识别方法. 遥感学报,11:926-931.

李小文,刘素红. 2008. 遥感原理与应用. 北京:科学出版社.

马晓川,侯朝焕,唐姗,等. 1999. 新的纹理分类算法. 中国图象图形学报,4(5):387-390.

舒宁,1998. 卫星遥感影像纹理分析与分形分维方法. 武汉测绘科技大学学报,23(4):370-373.

单新建,叶洪,陈国光. 2002. 利用 ERS-2 SAR 图像纹理分析方法揭示长白山天池火山近代喷发物空间分布特征.
　　第四纪研究,22(2):123-130.

孙家抦. 2003. 遥感原理与应用. 武汉:武汉大学出版社,1-284.

吴高洪,章毓晋,林行刚,等. 2001. 利用小波变换和特征加权进行纹理分割. 中国图象图形学报,6(4):333-337.

肖志涛,于明. 2000. 纹理图像分类系统的设计及实现. 计算机应用,20(9):39-41.

颜梅春,张友静,鲍艳松. 2004. 基于灰度共生矩阵法的 IKONOS 影像中竹林信息提取. 遥感信息,(2):31-34.

张荣，王勇，杨榕. 2005. 图像中道路目标识别方法的研究. 遥感学报，9(2)：220-224.

Carr J R. 1996. Spectral and textural classification of single and multiple and digital image. Computers & Geosciences. 228：849-865.

Fabio Dell Acqua，Paolo Gamba. 2003. Texture based characterization of urban environments on satellite SAR images. IEEE Tranctions on Geoscience and Remote Sensing，41(1)：153-159.

Haralick R M，Shanmugam K，Dinstain I. 1973. Texture feature image for classification. IEEE Tranctions on Systems. Man，and Cybermatics，3：610-621.

Zhang Y. 1999. Optimization of building detection in satellite images by combining multi-spectral classification and texture filtering. ISPRS Journal of Photo Grammetry & Remote Sensing，54：50-60.

第3章 空间对地观测信息技术

遥感技术的渔业应用研究,除了遥感技术本身外,离不开地理信息系统等相关空间信息技术的应用。随着现代信息技术的发展,越来越多的专题应用与行业应用需要依靠多技术的综合集成应用来实现,如渔场海况图的制作、渔船导航、渔业栖息地评估等都需要地理信息系统、全球定位系统相关技术的集成应用。鉴于此,本章在第 2 章重点介绍遥感技术的基础上,对渔业研究中相关的空间观测技术或对地观测技术也分别进行概述介绍,便于从总体上掌握渔业遥感及空间技术的渔业应用。

3.1 地理信息系统

1. 地理信息系统概念

地理信息系统简称 GIS(geographic information system),通常认为 GIS 是在计算机硬、软件系统支持下,对整个或部分地球表层(包括大气层)空间中的有关地理分布数据进行采集、储存、管理、运算、分析、显示和描述的技术系统。地理信息系统处理、管理的对象是多种地理空间实体数据及其关系,包括空间定位数据、图形数据、遥感图像数据和属性数据等,用于分析和处理在一定地理区域内分布的各种现象和过程,解决复杂的规划、决策和管理问题。它不仅把地理位置和相关属性信息有机结合起来,满足城市建设、企业管理、居民生活对空间信息的要求,而且借助其独有的空间分析功能和可视化表达功能,为土地利用、环境监测、交通运输、经济建设、城市规划以及政府部门行政管理提供辅助决策。

鉴于 GIS 本身的发展过程不同和应用领域极其广泛,人们对其认识也呈现出多元化特点,因此学术界对于 GIS 的定义也不尽相同。一般来说,可将其分为四大类型:过程型、应用型、工具型和数据库型(孔云峰,2004)。过程型 GIS 定义强调其空间信息处理的功能过程,如数据输入、存储、显示、分析和应用;应用型注重 GIS 在各个领域解决问题的能力;工具型将 GIS 当作处理地理空间信息的工具箱(拿来即可使用);数据库型则把 GIS 当作空间数据库系统,突显空间数据的独特性和重要性。Maguire(1991)认为,可以从地图、数据库和空间分析的视点考察 GIS。然而,Carter(1989)、Dueker 和 Kjerne(1989)则注意到了 GIS 应用的组织管理背景。随着 GIS 在 20 世纪 90 年代的广泛使用,Pickles(1995)、Chfisman(1999)等学者又试图从组织和社会的角度重新定义 GIS。

结合 GIS 的发展过程和计算机与网络技术的发展阶段,可以看出对 GIS 的认识有以下的共同特点。

(1) 学者对于 GIS 的定义比较多元化。来自不同学科领域的学者,为不同的研究目的,给出的 GIS 定义存在一定差异。

（2）人员、组织机构、社会背景等要素逐步被吸收到 GIS 概念中。学者们以前注重从系统和技术的角度考察 GIS，20 世纪 90 年代逐步关注到 GIS 应用中的人员（知识）问题、组织管理问题和社会背景问题，GIS 的定义也直接或间接地增添了人、组织、社会的要素。

（3）地理空间是 GIS 的独特标志。无论是将 GIS 定义为计算机系统、空间数据工具，或者数据库系统、应用系统，都涉及处理地理空间数据。正是处理地图或地理空间信息的能力，将 GIS 与其他系统区别开来。

2. 地理信息系统的发展

地理信息系统（GIS）从 20 世纪 60 年代计算机辅助绘制地图起步，到现在仅仅经历了半个多世纪，从实验室软件工具到现在无所不在的地理信息服务，从单纯的计算机软件技术到现在形成地理信息科学研究体系，不管其内涵还是表现形式，都发生了深刻的变化。

1）国际上地理信息系统发展过程

20 世纪 60 年代是地理信息系统的提出与初期发展阶段。GIS 最初是脱胎于绘图工具的革新。1950 年，麻省理工学院制造了第一台图形显示器，1958 年美国一家公司研制成第一架滚筒式绘图仪，1962 年麻省理工学院研究人员首次提出了计算机图形学，并论证了交互式计算机图形学是一个可行的、有用的研究领域，从而为 GIS 的发展奠定了最初的理论基础。随着计算机图形学理论的建立以及相应技术的发展，出现数字地图的雏形——把传统的纸质线画地图转变成数字形式的地图。数字地图的出现，为用计算机处理、分析和管理地理数据带来了可能。1963 年加拿大著名地理学家 Tomlinson 博士首先提出了 GIS 这一术语和理论（邬伦等，2005），并为此进行了实施，建立了世界上第一个GIS——加拿大地理信息系统（CGIS），用于自然资源的管理和规划。

这一阶段注重于空间数据的地学处理，例如，处理人口统计局数据（如美国人口调查局建立的 DIME）、资源普查数据（如加拿大统计局的 GRDSR）等。许多大学研制了一些基于栅格系统的软件包，如哈佛的 SYMAP、马里兰大学的 MANS 等。综合来看，初期地理信息系统发展的动力来自于诸多方面，如学术探讨、新技术的应用、大量空间数据处理的生产需求等。对于这个时期地理信息系统的发展来说，专家兴趣以及政府的推动起着积极的引导作用，并且大多地理信息系统工作限于政府及大学的范畴，国际交往甚少。

20 世纪 70 年代为地理信息系统的巩固发展阶段。此阶段的发展主要归结于以下几方面的原因：一是资源开发、利用乃至环境保护问题成为政府首要解决之疑难，而这些都需要一种能有效地分析、处理空间信息的技术、方法与系统。二是计算机技术迅速发展，数据处理加快，内存容量增大，超小型、多用户系统的出现，政府部门、学校以及科研机构等开始配置计算机系统。在软件方面，第一套利用关系数据库管理系统的软件问世，新型的地理信息系统软件不断出现。三是专业化人才不断增加，许多大学开始提供地理信息系统培训，一些商业性的咨询服务公司开始从事地理信息系统工作，如美国环境系统研究所（ESRI）成立于 1969 年。这个时期地理信息系统发展的总体特点是注重于空间地理信息的管理，主要在继承 60 年代技术基础之上，充分利用了新的计算机技术，但系统的数据分析能力仍然很弱,在地理信息系统技术方面未有新的突破,系统的应用与开发多限于某个机构,专家个人的影响削弱,而政府影响增强。

20世纪80年代至90年代中期为地理信息系统大发展时期,注重于空间决策支持分析。伴随着这一时期计算机软、硬件技术的发展和个人计算机的逐渐普及,地理信息系统的应用领域迅速扩大,涉及了许多的学科与领域,如古人类学、景观生态规划、森林管理、土木工程以及计算机科学等。为土地利用、资源评价与管理、环境监测、经济建设、城市规划等行业提供了分析问题的新方法和新视野。许多国家制定了本国的地理信息发展规划,建立了一些政府性、学术性机构。如中国于1985年成立了资源与环境信息系统国家重点实验室,美国于1987年成立了国家地理信息与分析中心(NCGIA),英国于1987年成立了地理信息协会。同时,商业性的咨询公司、软件制造商大量涌现,并提供系列专业性服务。这个时期地理信息系统发展最显著的特点是商业化实用系统进入市场。

1992年美国著名地理学家Goodchild(1992)在IJGISystem杂志上发表了 *Geographical information science*,标志着以GIS技术应用为主要推动力的地理信息科学作为一个学科正式成立。自此,关于地理信息科学的理论、方法等相关研究,在国际上也逐渐展开。地理信息科学理论的建立,将GIS的发展提升到了一个新的高度。GIS作为一门综合性的边缘学科,它的发展汲取了地理学、测量学、制图学、电子学和计算机科学等学科的养分,特别是计算机制图、数据库管理、计算机辅助设计、遥感和计量地理学等学科的进展,为GIS的发展创造了有利条件。

20世纪90年代后期开始为地理信息系统的用户时代。一方面,地理信息系统已成为许多机构必备的工作系统,尤其是政府决策部门在一定程度上由于受地理信息系统影响而改变了现有机构的运行方式、设置与工作计划等;另一方面,随着互联网的应用发展与普及,社会对地理信息系统需求大幅度增加,从而导致地理信息系统应用的扩大与深化。国家级乃至全球性的地理信息系统已成为公众关注的问题,例如1998年美国提出的"数字地球"战略、我国的"21世纪议程"和"三金工程"也包括地理信息系统。因此,地理信息系统也逐步从专业机构应用逐步发展成为现代社会最基本的信息服务系统。随着网络的发展,针对系统相对独立、内部耦合度强、互操作性差、集成能力匮乏等不足,2000年前后年出现了"地理信息服务"这一新技术,旨在实现网络环境下地理信息的集成应用,以满足普通民众对地理信息的需求,从真正意义上实现GIS从专业化向大众化的转变,近年来随着Goolge Earth等的出现,改变了人们对地理信息需求的获取方式,体现了GIS的大众化、网络化、全球化的发展趋势。

2)我国地理信息系统的发展阶段

我国地理信息系统的起步稍晚,但发展势头相当迅猛,大致可分为以下三个阶段。

第一为起步阶段:20世纪70年代初期,我国开始推广计算机在测量、制图和遥感领域中的应用。国家测绘局推出了一系列航空摄影和地形测量成图,为建立地理信息系统数据库打下了坚实基础。1977年诞生了第一张由计算机输出的全要素地图,1978年召开了全国第一届数据库学术讨论会,这些为GIS的研制和应用作了技术上的准备。

第二为试验阶段:1980年之后,国民经济全面发展,在大力开展遥感应用的同时,GIS

也全面进入试验阶段。主要研究数据标准和规范、空间数据库建设、数据处理、分析算法及应用软件开发等。在专题试验和应用方面,建成了全国 1：100 万地理数据库系统和全国土地信息系统、1：400 万全国资源和环境信息系统等,在学术交流和人才培养方面得到很大发展。1985 年中国科学院建立了资源与环境信息系统国家级重点开放实验室,1988 年和1990 年武汉测绘科技大学先后建立了信息工程专业和测绘遥感信息工程国家级重点开放实验室。与此同时,我国许多大学也开设了遥感方面的课程和不同层次的讲习班。

第三为全面发展阶段:20 世纪 90 年代中期以来,我国 GIS 进入了全面发展阶段。全国 1：25 万、1：10 万地形图数据库建设陆续完成,省级 1：1 万基础地理信息系统也逐步建立,数字摄影测量和遥感应用从典型试验逐步走向运行系统。科技部将遥感、地理信息系统和全球定位系统的综合应用列入国家重点科技攻关项目。同时,沿海、沿江等经济开发区的建设也有力地促进了城市地理信息系统的发展。随之用于城市规划、土地管理、交通、电力及各种基础设施管理的城市信息系统在我国许多城市相继建立。国内也涌现出多个能参与市场竞争的国产地理信息系统软件,如 GeoStar、MapGIS、SuperMap等。中国 GIS 协会和中国海外 GIS 协会也相继成立。

3. 地理信息系统的技术构成与功能

1) GIS 的组成与功能

一个完整的地理信息系统主要由 5 部分组成:硬件、软件、数据、人员和方法(图3.1)。其中硬件包括有 GIS 主机、外部设备和网络设备等,软件包括 GIS 专业软件、数据库软件及系统管理软件等,人员包括系统开发人员和 GIS 技术的最终用户等,数据主要指各类空间数据及属性数据,方法则是用到的数据处理及空间分析模型等。

GIS 的基本功能包括数据输入、数据编辑与处理、数据存储与管理、空间查询与空间分析和可视化表达与输出(图 3.2)。其中,空间查询与分析是 GIS 的核心,也是 GIS 有别于其他信息系统的本质特征。

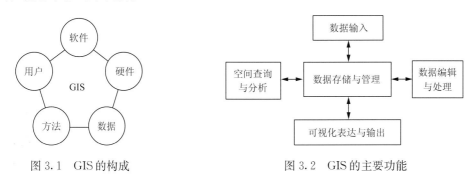

图 3.1　GIS 的构成　　　　　　　图 3.2　GIS 的主要功能

2) 地理信息系统的数据结构

(1) 地理空间及其表达。地理空间(geo-spatial)一般包括地理空间定位框架及其联结的特征实体。地理空间定位框架即大地测量控制,由平面控制网和高程控制网组成。

目前,我国采用的大地坐标系为 1980 年中国国家大地坐标系,该坐标系选用 1975 年国际大地测量协会推荐的国际椭球,其具体参数为:赤道半径$(a)=6\ 378\ 140.0\ m$,极半径$(b)=6\ 356\ 755.29\ m$,地球扁率$(f)=(a-b)/a=1/298.257$。

空间实体的表达主要分为矢量法和栅格法。如果采用一个没有大小的点(坐标)来表达基本点元素时,称为矢量表示法;如果采用一个有固定大小的点(面元)来表达基本点元素时,称为栅格表示法。

(2) 地理空间数据及其特征。地理空间数据的基本特征可概括为空间特征和属性特征。一般地,空间特征数据包括地理实体或现象的定位数据和拓扑数据;属性特征数据包括地理实体或现象的专题属性(名称、分类、数量等)数据和时间数据,而空间特征数据和属性特征数据统称为空间数据或地理数据。GIS 空间数据来源和数据类型繁多,主要有地图数据、影像数据、地形数据、属性数据和元数据等。此外,空间数据根据表示对象的不同还可分为类型数据、面域数据、网络数据、样本数据、曲面数据、文本数据和符号数据等。

(3) 空间数据结构的类型。空间数据结构包括矢量数据结构、栅格数据结构及矢量与栅格一体化数据结构。

基于矢量模型的数据结构简称为矢量数据结构。矢量数据结构是利用欧几里得(Euclid)几何学中的点、线、面及其组合体来表示地理实体空间分布的一种数据组织方式。矢量数据结构可分为简单数据结构、拓扑数据结构及曲面数据结构等类型。

基于栅格模型的数据结构简称为栅格数据结构,指将空间分割成有规则的网格,在各个网格上给出相应的属性值来表示地理实体的一种数据组织形式。栅格数据结构与矢量数据结构相比较,用栅格数据结构表达地理要素比较直观,容易实现多元数据的叠合操作,便于与遥感图像及扫描输入数据相匹配建库和使用等。栅格数据结构的类型包括有栅格矩阵结构、游程编码结构、四叉树数据结构、八叉树和十六叉树结构等。

矢量与栅格一体化数据结构的特点主要有点状目标和结点只有位置,没有形状和面积;线状目标只要将其通过的栅格地址全部记录下来即可;面状目标应包含边界和边界所包围的整个区域。

(4) 空间数据结构的建立。空间数据结构的建立是指根据确定的数据结构类型,形成与该数据结构相适应的 GIS 空间数据,为空间数据库的建立提供物质基础。这主要涉及空间数据的分类和编码,包括有空间数据的分类、空间数据的编码、矢量数据的输入与编辑、栅格数据的输入与编辑等。

3) 空间数据的处理

数据处理涉及的内容很广泛,主要取决于原始数据的特点和用户的具体要求,一般包括数据变换、数据重构和数据提取等内容。数据变换指数据从一种数学状态到另一种数学状态的变换,包括几何纠正、投影转换和辐射纠正等,以解决空间数据的几何配准。数据重构指数据从一种格式到另一种格式的转换,包括结构转换、格式变换和类型替换等,以解决空间数据在结构、格式和类型上的统一,实现多源和异构数据的联接与融合。数据提取指对数据进行某种有条件的提取,包括类型提取、窗口提取、空间内插等,以解决不同用户对数据的特定需求。

(1) 空间数据的坐标变换。空间数据坐标变换的实质是建立两个平面点之间的一一对应关系,包括几何纠正和投影转换,它是空间数据处理的基本内容之一。几何纠正是为了实现对数字化数据的坐标系转换和图纸变形误差的改正。仿射变换是 GIS 数据处理中使用最多的一种几何纠正方法,其主要特性为:同时考虑到 x 和 y 方向上的变形,因此纠正后的坐标数据在不同方向上的长度比将发生变化。投影转换指当系统使用的数据取自不同地图投影的图幅时,需要将一种投影的数字化数据转换为所需要投影的坐标数据。投影转换的方法可采用正解变换、反解变换和数值变换等。

(2) 空间数据结构的转换。矢量数据结构和栅格数据结构应用一般原则是数据采集采用矢量数据结构,有利于保证空间实体的几何精度和拓扑特性的描述;而空间分析则主要采用栅格数据结构,有利于加快系统数据的运行速度和分析应用的进程。

由矢量向栅格转换的根本任务是通过一个有限的工作存储区,使得矢量和栅格数据之间不可避免的读写操作,限制在最短的时间范围内。根据转换处理时,基于弧段数据文件和多边形数据文件的不同,可分别采用基于弧段数据的栅格化和基于多边形数据的栅格化算法。由栅格向矢量的转换的目的,是为了将栅格数据分析的结果,通过矢量绘图装置输出,或者为了数据压缩的需要,将大量的面状栅格数据转换为由少量数据表示的多边形边界,但是主要目的是能将自动扫描仪获取的栅格数据加入矢量形式的数据库。转换处理时,基于图像数据文件和再生栅格数据文件的不同分别采用不同的算法。

(3) 多源空间数据的融合。主要包括遥感与 GIS 数据的融合和不同格式数据的融合。遥感与 GIS 数据的融合常用方法有遥感图像与图形的融合、遥感数据与 DEM 的融合、遥感图像与地图扫描图像的融合等。不同格式数据的融合主要有:基于转换器的数据融合、基于标准的数据融合、基于公共接口的数据融合和基于直接访问的数据融合。

(4) 空间数据的压缩与综合。所谓数据压缩,即从所取得的数据集合 S 中抽出一个子集 A,这个子集作为一个新的信息源,在规定的精度范围内最好地逼近原集合,而又取得尽可能大的压缩比。主要的数据压缩方法有曲线上点的压缩和面域栅格数据的压缩。当进行专门的数据分析时,常需要对从数据库中提取的数据作定向处理,包括数据属性的重新分类,空间图形的化简和图形特征的内插,以形成数据新的使用形式。

(5) 空间数据的内插方法。通过已知点或分区的数据,推求任意点或分区数据的方法就称为空间数据的内插,包括点的内插和区域的内插。点的内插可分为数据取样、数据处理和数据记录等过程。区域的内插包括有叠置法和比重法。

(6) 图幅数据边沿匹配处理。图幅数据边沿匹配处理的目的主要是将分幅数字地图拼接,以便加入大型数据库或输出较大范围的图形。由于数字化误差等原因,需要边缘精确处理,主要包括识别和检索相邻图幅的数据、相邻图幅边界点坐标数据的匹配和相同属性多边形公共界线的删除。

4) 地理信息系统空间数据库

(1) 空间数据库的概念。完整的空间数据库系统包括空间数据库、空间数据库管理系统和空间数据库应用系统等三个部分组成。其实现过程涉及空间数据库的设计,空间数据库的实现、运行与维护。

（2）空间数据库概念模型设计——传统的数据模型。传统的数据模型主要指层次、网状和关系三种模型。层次数据模型主要描述了各类客体及客体类之间的联系。包括层次关系、层次数据结构和层次数据结构的数据存取。网状数据模型以系结构为基础，包括网状数据结构、网状数据模型的实现和网状数据模型数据库的记录存取。关系数据模型涉及关系模式、关系数据库、关系完整性、空间数据库关系数据模型的概念设计和逻辑设计等。传统数据库的不足之处在于以记录为基础的结构不能很好地面向用户和应用，不能以自然的方式表示客体之间的联系，语义贫乏，数据类型太少，难以满足应用需要。

（3）空间数据库概念模型设计——语义模型和面向对象数据模型。语义模型的模型结构是由若干种抽象所组成，用这些抽象来描述客体的基本语义特性，再根据语义模型结构规则把这些抽象有机地组织起来。最常用的语义模型之一是实体联系模型（entity-relationship model，E-R 模型）。E-R 模型具有一些明显的优点，即接近人的思想，易于理解，同时又与计算机具体的实现无关。面向对象的方法为数据模型的建立提供了分类、概括、联合和聚集等四种数据处理技术，这些技术对复杂空间数据的表达较为理想，最基本的概念包括对象、消息和类。

（4）空间数据库逻辑模型设计和物理设计。逻辑设计的目的是从概念模型导出特定的数据库管理系统可以处理的数据库的逻辑结构（数据库的模式和外模式），这些模式在功能、性能、完整性和一致性约束及数据库可扩充性等方面均应满足用户提出的要求。空间数据库逻辑模型设计的步骤和内容包括初始模式形成、子模式设计、模式评价和优化模式等。关系数据库的逻辑设计包括：导出初始关系模式、规范化处理、模式评价、优化模式、形成数据库的逻辑设计说明书、存储记录的格式设计、存储方法设计、访问方法设计、完整性和安全性考虑、应用设计和形成物理设计说明书等。

（5）GIS 空间时态数据库。空间时态数据库技术，主要表现为以下三个主要方面：空间时态数据的表达、空间时态数据的更新、空间时态数据的查询。其关键是构建时空一体化的数据模型，如时间片快照（time-slice snapshots）模型、底图叠加（base map with overly）模型、时空合成（space-time composites）模型和全信息对象模型。

5）空间分析的原理与方法

空间分析的定义是指基于空间数据的分析技术，它以地学原理为依托，通过分析算法，从空间数据中获取有关地理对象的空间位置、空间分布、空间形态、空间形成、空间演变等信息。空间分析不仅是地理信息系统科学内容的重要组成部分，也是评价一个地理信息系统功能的主要指标之一，其根本目的在于通过对空间数据的深加工或分析，获取新的信息。空间分析是 GIS 区别于其他类型系统的一个最主要的功能特征。空间分析分为两大类：产生式分析——可获取新的信息，尤其是综合性信息；咨询式分析——回答问题。

（1）数字地面模型分析。数字地面模型（digital terrain model，DTM）是定义于二维区域上的一个有限项的向量序列，它以离散分布的平面点来模拟连续分布的地形。数字地面模型包括地形因子（坡度、坡向、曲面面积、地表粗糙度等）的自动提取，地表形态的自动分类及地学剖面的绘制和分析等。

（2）空间叠加分析。空间叠加分析（spatial overlay analysis）是指在统一空间参照系统条件下，每次将同一地区两个地理对象的图层进行叠加，以产生空间区域的多重属性特征，或建立地理对象之间的空间对应关系。包括有点与多边形叠加（point-in-polygon overlay）、线与多边形叠加（line-in-polygon overlay）、多边形与多边形叠加（polygon-on-polygon overlay）等。空间叠加分析方法有基于矢量数据的叠合分析和基于栅格数据的叠合分析。

（3）空间缓冲区分析。空间缓冲区分析（spatial buffer analysis）是指根据分析对象的点、线、面实体，自动建立它们周围一定距离的带状区，用以识别这些实体或主体对邻近对象的辐射范围或影响，以便为某项分析或决策提供依据。缓冲区分析涉及三个要素，即分析的主体，一般分点、线、面源三种类型；邻近对象，指受主体影响的客体；作用条件，表示主体对邻近对象施加作用的影响条件或强度。根据主体对邻近作用性质的不同，可采用线性模型、二次模型和指数模型等三种不同的分析模型。

（4）空间网络分析。网络是由点、线的二元关系构成的系统，通常用来描述某种资源或物质在空间上的运动。图是一个以抽象的形式来表达确定的事物，以及事物之间是否具备某种特定关系的数学系统。空间网络的类型一般可分为平面网络和非平面网络。平面网络又分为道路型、树型、环网型、细胞型 4 种，前 3 种为线型"流"系统，第 4 种为线型栅格系统。非平面网络主要是交错型网络，也称为线型立体系统。空间网络的构成要素包括：结点、链或弧段、障碍、拐角、中心和站点。空间网络分析方法主要有路径分析（path analysis）和定位-配置分析（location-allocation analysis）。

（5）空间统计分析。空间统计分析是基于地理对象的位置和形态特征的空间数据分析技术，其目的在于提取和传输空间信息，包括"空间数据的统计分析"和"数据的空间统计分析"。空间统计分析的主要内容包括基本统计量、探索性数据分析、分级统计分析、空间插值、空间回归和空间分类等。

（6）空间数据的集合分析和查询。空间数据的集合分析和查询是指按照给定的条件，从空间数据库中检索满足条件的数据，以回答用户提出的问题，又称为咨询式分析。通常，GIS 的属性数据分为数字型和字符型两种形式，前者包括数量、等级等，用以表述地理实体的定量特征；后者包括名称、分类等，用以表述地理实体的定性特征。对于字符型数据，一般采用逻辑关系进行运算。对于数字型数据，则可以进行"加""减""乘""除""乘方"等数学运算，以产生新的属性值。

空间数据的集合分析是按照两个逻辑子集给定的条件进行逻辑运算，其基本原理是布尔代数，他的运算符号或算子包括 AND、OR、XOR、NOT 及其组合等，逻辑运算的结果为"真"或"假"。空间数据的查询定义为从数据库中找出所有满足属性约束条件和空间约束条件的地理对象。查询方法有：基于关系查询语言扩充的空间查询方法、可视化空间查询方法、基于自然语言的查询方法和超文本查询方法。

3.2　全球卫星定位系统

1. GPS 起源及其组成

全球卫星定位系统 GPS(global positioning system),是通过人造卫星对地面上的目标进行测定并进行定位和导航的技术,其实质是导航卫星测时和测距/全球定位系统(navigation satellite timing and ranging/global positioning system),是具有海陆空全方位实时三维导航与定位能力的卫星导航与定位系统,它可在全球、全天候情况下,为陆海空用户提供连续、实时、高精度的三维位置、三维速度和时间信息。

为解决海军舰艇的定位导航问题,自 1957 年人类发射第一颗卫星开始,美国海军就着手卫星定位的研究,产生了子午仪卫星导航系统(Transit),尽管子午仪卫星导航系统得到广泛应用,并显示出巨大的优越性,但在实际应用方面仍存在缺陷,如观测时间较长、定位精度不高,有经纬度,无高程。鉴于此,1973 年 12 月美国国防部批准了 GPS 的研制计划,1978 年 2 月 22 日第一颗 GPS 试验卫星的入轨运行,开创了以导航卫星为动态已知点的空间无线电导航定位的新时代。整个研制计划分三个阶段实施:第一个阶段(1973~1979 年)为系统可行性验证阶段;第二个阶段(1979~1984 年)为系统研制与试验阶段;第三个阶段(1985 年开始)为系统实用组网阶段,并于 1993 年全面组网实用。1993年底建成实用的 GPS 网,即(21+3)GPS 星座,由分布在互成 120°轨道平面上的 24 颗卫星组成,每个轨道平面平均分布 6 颗卫星。因此,任何地点、任何时刻地平面上空都有 4颗 GPS 卫星。全球卫星定位系统以全天候、高精度、自动化和高效益等特点,成功地应用于大地测量、工程测量、航空摄影、运载工具导航和管制、地壳运动测量、工程变形测量、资源勘察和地球动力学等多种学科,取得了良好的经济效益和社会效益。

GPS 全球卫星定位系统由三部分组成:空间部分——GPS 星座;地面控制部分——地面监控系统;用户设备部分——GPS 信号接收机。

1) 空间部分

GPS 的空间部分是由 24 颗工作卫星组成,它位于距地表 20~200 km 的上空,均匀分布在 6 个轨道面上(每个轨道面 4 颗),轨道倾角为 55°。此外,还有 4 颗有源备份卫星在轨运行。卫星的分布使得在全球任何地方、任何时间都可观测到 4 颗以上的卫星,并能保持良好定位解算精度的几何图像。这就提供了在时间上连续的全球导航能力。GPS 卫星产生两组电码:一组称为 C/A 码(coarse/acquisition code11023MHz);一组称为 P 码(procise code 10123MHz),P 码因频率较高,不易受干扰,定位精度高,因此受美国军方管制,并设有密码,一般民间无法解读,主要为美国军方服务。C/A 码人为采取措施而刻意降低精度后,主要开放给民间使用。

2) 地面控制部分

地面控制部分是由 1 个主控站、5 个全球监测站和 3 个地面控制站组成。监测站均配装有精密的铯钟和能够连续测量到所有可见卫星的接收机。监测站将取得的卫星观测数据,包括电离层和气象数据,经过初步处理后,传送到主控站。主控站从各监测站收集跟踪数据,计算出卫星的轨道和时钟参数,然后将结果送到 3 个地面控制站。地面控制站在每颗卫星运行至上空时,把这些导航数据及主控站指令注入卫星。这种注入对每颗 GPS 卫星每天一次,并在卫星离开注入站作用范围之前进行最后的注入。如果某地面站发生故障,那么在卫星中预存的导航信息还可用一段时间,但导航精度会逐渐降低。对于导航定位来说,GPS 卫星是一个动态已知点。星的位置是依据卫星发射的星历——描述卫星运动及其轨道的参数算得的。每颗 GPS 卫星所播发的星历,是由地面监控系统提供的。卫星上的各种设备是否正常工作,以及卫星是否一直沿着预定轨道运行,都要由地面设备进行监测和控制。地面监控系统另一重要作用是保持各颗卫星处于同一时间标准——GPS 时间系统。这就需要地面站监测各颗卫星的时间,求出钟差。然后由地面注入站发给卫星,卫星再由导航电文发给用户设备。GPS 工作卫星的地面监控系统包括 1 个主控站、3 个注入站和 5 个监测站。

3）用户设备部分

用户设备部分即 GPS 信号接收机。其主要功能是能够捕获到按一定卫星截止角所选择的待测卫星,并跟踪这些卫星的运行。当接收机捕获到跟踪的卫星信号后,即可测量出接收天线至卫星的伪距离和距离的变化率,解调出卫星轨道参数等数据。根据这些数据,接收机中的微处理计算机就可按定位解算方法进行定位计算,计算出用户所在地理位置的经纬度、高度、速度、时间等信息。接收机硬件和机内软件以及 GPS 数据的后处理软件包构成完整的 GPS 用户设备。GPS 接收机的结构分为天线单元和接收单元两部分。接收机一般采用机内和机外两种直流电源。设置机内电源的目的在于更换外电源时不中断连续观测,在用机外电源时机内电池自动充电。关机后,机内电池为 RAM 存储器供电,以防止数据丢失。目前各种类型的接收机体积越来越小,重量越来越轻,便于野外观测使用。

2. GPS 的工作原理及主要类型

1）GPS 工作原理

GPS 导航系统的基本原理是测量出已知位置的卫星到用户接收机之间的距离,然后综合多颗卫星的数据就可知道接收机的具体位置。要达到这一目的,卫星的位置可以根据星载时钟所记录的时间在卫星星历中查出。而用户到卫星的距离则通过记录卫星信号传播到用户所经历的时间,再将其乘以光速得到。由于大气层电离层的干扰,这一距离并不是用户与卫星之间的真实距离,而是伪距(PR)。当 GPS 卫星正常工作时,会不断地用 1 和 0 二进制码元组成的伪随机码(简称伪码)发射导航电文。GPS 系统使用的伪码一共有两种,分别是民用的 C/A 码和军用的 P(Y)码。C/A 码频率 1.023 MHz,重复周期 1 ms,码间距 1 ns,相当于 300 m;P 码频率 10.23 MHz,重复周期 266.4 天,码间距 0.1 ns,相当于 30 m。而 Y 码是在 P 码的基础上形成的,保密性能更佳。导航电文包括卫星星历、工作状况、时钟改正、电离层时延修正、大气折射修正等信息。它是从卫星信号中解调制出,以 50 b/s 调制在载频上发射的。导航电文每个主帧中包含 5 个子帧,每帧长6秒。前3帧各10个字码；每30秒重复一次，每小时更新一次。后两帧共15 000 b。导航电文中的内容主要有遥测码、转换码、第1、2、3数据块，其中最重要的则为星历数据。当用户接受到导航电文时，提取出卫星时间并将其与自己的时钟做对比便可得知卫星与用户的距离，再利用导航电文中的卫星星历数据推算出卫星发射电文时所处位置，用户在WGS-84大地坐标系中的位置速度等信息便可得知。

可见GPS导航系统卫星部分的作用就是不断地发射导航电文。然而，由于用户接收机使用的时钟与卫星星载时钟不可能总是同步，所以除了用户的三维坐标 x、y、z 外，还要引进一个 Δt 即卫星与接收机之间的时间差作为未知数，然后用4个方程将这4个未知数解出来。所以如果想知道接收机所处的位置，至少要能接收到4个卫星的信号。

GPS接收机可接收到可用于授时的准确至纳秒级的时间信息；用于预报未来几个月内卫星所处概略位置的预报星历；用于计算定位时所需卫星坐标的广播星历，精度为几米至几十米（各个卫星不同，随时变化）；以及GPS系统信息，如卫星状况等。

GPS接收机对码的量测就可得到卫星到接收机的距离，由于含有接收机卫星钟的误差及大气传播误差，故称为伪距。对0A码测得的伪距称为UA码伪距，精度约为20 m左右，对P码测得的伪距称为P码伪距，精度约为2 m左右。

GPS接收机对收到的卫星信号，进行解码或采用其他技术，将调制在载波上的信息去掉后，就可以恢复载波。严格而言，载波相位应被称为载波拍频相位，它是收到的受多普勒频移影响的卫星信号载波相位与接收机本机振荡产生信号相位之差。一般在接收机钟确定的历元时刻量测，保持对卫星信号的跟踪，就可记录下相位的变化值，但开始观测时的接收机和卫星振荡器的相位初值是不知道的，起始历元的相位整数也是不知道的，即整周模糊度，只能在数据处理中作为参数解算。相位观测值的精度高至毫米，但前提是解出整周模糊度，因此只有在相对定位、并有一段连续观测值时才能使用相位观测值，而要达到优于米级的定位精度也只能采用相位观测值。

2）GPS类型划分

按GPS接收机的用途可分为导航型、测地型和授时型三种类型接收机。导航型接收机主要用于运动载体的导航，可以实时给出载体的位置和速度。这类接收机一般采用C/A码伪距测量，单点实时定位精度较低，应用广泛。根据应用领域的不同，此类接收机还可以进一步分为车载型、航海型、航空型和星载型等。测地型接收机主要用于精密大地测量和精密工程测量，这类仪器主要采用载波相位观测值进行相对定位，定位精度高。授时型接收机主要利用GPS卫星提供的高精度时间标准进行授时，常用于天文台及无线电通信中时间同步。

按GPS接收机的载波频率可分为单频接收机和双频接收机。单频接收机只能接收L1载波信号，测定载波相位观测值进行定位。由于不能有效消除电离层延迟影响，单频接收机只适用于短基线（<15 km）的精密定位。双频接收机可以同时接收L1、L2载波信号。利用双频对电离层延迟的不一样，可以消除电离层对电磁波信号的延迟的影响，因此双频接收机可用于长达几千千米的精密定位。

按接收机工作原理可分为：码相关型接收机、平方型接收机、混合型接收机和干涉型接收机。码相关型接收机是利用码相关技术得到伪距观测值。平方型接收机是利用载波信号的平方技术去掉调制信号,来恢复完整的载波信号,通过相位计测定接收机内产生的载波信号与接收到的载波信号之间的相位差,测定伪距观测值。混合型接收机是综合上述两种接收机的优点,既可以得到码相位伪距,也可以得到载波相位观测值。干涉型接收机是将 GPS 卫星作为射电源,采用干涉测量方法,测定两个测站间距离。

GPS 接收机能同时接收多颗 GPS 卫星的信号,为了分离接收到的不同卫星的信号,以实现对卫星信号的跟踪、处理和量测,具有这样功能的器件称为天线信号通道。因此,根据接收机所具有的通道种类还可分为多通道接收机、序贯通道接收机和多路多用通道接收机。

3. 主要的全球卫星定位系统

目前世界上已经投入使用或正在研制的全球卫星定位系统,除了前面所述美国的 GPS 系统外,还包括有俄罗斯的 GLONASS 导航系统、欧洲的伽利略卫星定位系统以及中国的北斗卫星导航系统。

1) 俄罗斯 GLONASS 系统

俄罗斯 GLONASS 系统是俄语中“全球卫星导航系统”(global davigation satellite system)的缩写,也由卫星星座、地面支持系统和用户设备三部分组成。

GLONASS 星座由 27 颗工作星和 3 颗备份星组成,所以 GLONASS 星座共由 30 颗卫星组成。27 颗星均匀地分布在 3 个近圆形的轨道平面上,这三个轨道平面两两相隔 $120°$,每个轨道面有 8 颗卫星,同平面内的卫星之间相隔 $45°$,轨道高度 2.36 万 km,运行周期 11 小时 15 分,轨道倾角 $56°$。

地面支持系统由系统控制中心、中央同步器、遥测遥控站(含激光跟踪站)和外场导航控制设备组成。地面支持系统的功能由苏联境内的许多场地来完成。随着苏联的解体,GLONASS 系统由俄罗斯航天局管理,地面支持段已经减少到只有俄罗斯境内的场地了,系统控制中心和中央同步处理器位于莫斯科,遥测遥控站位于圣彼得堡、捷尔诺波尔、埃尼谢斯克和共青城。

GLONASS 用户设备(即接收机)能接收卫星发射的导航信号,并测量其伪距和伪距变化率,同时从卫星信号中提取并处理导航电文。接收机处理器对上述数据进行处理并计算出用户所在的位置、速度和时间信息。GLONASS 系统提供军用和民用两种服务。GLONASS 系统绝对定位精度水平方向为 16 m,垂直方向为 25 m。目前,GLONASS 系统的主要用途是导航定位,当然与 GPS 系统一样,也可以广泛应用于各种等级和种类的定位、导航和时频领域等。

2) 欧洲伽利略(Galileo)卫星定位系统

伽利略定位系统(Galileo positioning system)是欧盟一个正在建造中的卫星定位系统,有“欧洲版 GPS”之称。伽利略系统是世界上第一个基于民用的全球卫星导航定位系统,1999 年欧洲正式提出建立伽利略导航卫星系统的计划,2002 年开始启动实施,预计 2019 年完成组网发射任务。投入运行后,全球的用户将使用多制式的接收机,获得更多的导航定位卫星的信号,将无形中极大地提高导航定位的精度。伽利略系统的基本服务有导航、定位、授时;特殊服务有搜索与救援(SAR 功能);扩展应用服务系统有在飞机导航和着陆系统中的应用、铁路安全运行调度、海上运输系统、陆地车队运输调度和精准农业。

伽利略系统由空间段、地面段、用户三部分组成。空间段由分布在 3 个轨道上的 30 颗中等高度轨道卫星(MEO)构成,每个轨道面上有 10 颗卫星,9 颗正常工作,1 颗运行备用,卫星高度为 24 126 km,位于 3 个倾角为 56°的轨道平面内。地面段包括全球地面控制段、全球地面任务段、全球域网、导航管理中心、地面支持设施和地面管理机构。用户端主要就是用户接收机及其等同产品,伽利略系统考虑将与 GPS、GLONASS 的导航信号一起组成复合型卫星导航系统,因此用户接收机将是多用途、兼容性接收机。

3) 北斗卫星导航定位系统

北斗卫星导航定位系统(Beidou satellite navigation and positioning system,也称 compass navigation system),是中国自行研制开发的区域性有源三维卫星定位与通信系统,是除美国的 GPS、俄罗斯的 GLONASS 之后第三个成熟的卫星导航系统。该系统由 3 颗(2 颗工作卫星、1 颗备用卫星)北斗定位卫星(北斗一号)、地面控制中心为主的地面部分、北斗用户终端三部分组成。可向用户提供全天候、24 小时的即时定位服务,定位精度与 GPS 相当。北斗的第一颗卫星发射于 2000 年 10 月,2003 年自主建成了"北斗一代"卫星导航定位系统。"北斗一代"使用地球同步轨道卫星(美国的 GPS 系统,俄罗斯的 GLONASS 系统和欧洲伽利略卫星定位系统都使用中低轨道卫星),其服务范围是 70°～140°E,5°～55°N 的地区。

北斗卫星导航定位系统的基本工作原理是"双星定位":以 2 颗在轨卫星的已知坐标为圆心,各以测定的卫星至用户终端的距离为半径,形成 2 个球面,用户终端将位于这 2 个球面交线的圆弧上。地面中心站配有电子高程地图,提供一个以地心为球心、以球心至地球表面高度为半径的非均匀球面。用数学方法求解圆弧与地球表面的交点即可获得用户的位置。由于在定位时需要用户终端向定位卫星发送定位信号,由信号到达定位卫星时间的差值计算用户位置,所以被称为"有源定位"。

"北斗一代"系统的三大功能为:①快速定位功能,北斗系统可为服务区域内用户提供全天候、高精度、快速实时定位服务,定位精度 20～100 m;②短报文通信功能,北斗系统用户终端具有双向报文通信功能,用户可以一次传送 40～60 个汉字的短报文信息;③精密授时功能,北斗系统具有精密授时功能,可向用户提供 20～100 ns 时间同步精度。

2007 年 4 月 14 日,中国成功发射了第 1 颗"北斗二代"导航卫星;2012 年 10 月 25 日完成了第 16 颗北斗导航卫星的发射,完成了区域组网并具备了向大部分亚太地区提供服务的能力。"北斗二代"包括 35 颗卫星,其中 5 颗是地球同步轨道卫星,30 颗是非静止的中低轨道卫星。这 30 颗星又细分为 27 颗中轨道(MEO)卫星和 3 颗倾斜同步(IGSO)卫星组成,27 颗 MEO 卫星平均分布在倾角 55°的三个平面上,轨道高度 21 500 km。"北斗二代"导航卫星是一个真正的全球导航系统,对比美国 GPS 系统仅有 24 颗中低轨道卫星(没有地球同步卫星),可以看出"北斗二代"有相当程度的改进。"北斗二代"卫星导航定位系统将提供开放服务和授权服务。开放服务在服务区免费提供定位、测速和授时服务,定位精度为 10 m,授时精度为 50 us,测速精度为 0.2 m/s。授权服务则是军事用途的马甲，将向授权用户提供更安全与更高精度的定位、测速、授时服务，外加继承自北斗试验系统的通信服务功能。

北斗卫星导航定位系统已经被联合国确认为四大全球卫星导航系统核心供应商，已经在汶川地震、北京奥运会等方面投入实际应用。在渔业方面，已经在海洋渔船的监测管理与应急救助方面得到应用，如开发建设的南沙渔船船位监测系统，具有渔船船位监控、自动预警、遇险报警与救助、指挥调度、文字通信、渔船管理以及船岸各类信息沟通等功能，同时，系统留有与其他系统连接扩展接口功能。开发建设的浙江省渔船安全救助信息系统，主要利用北斗卫星定位与多种通信手段相结合，实现对监控载体进行位置报告、求助及与位置相关的增值信息服务，实现对渔船海上生产活动的有效控制和遇险营救指挥；通过该系统获得的渔业生产状况、渔业行业需求和价格信息，使渔业交易各方能够更有效地进行渔货物的及时调配，向参与渔业交易的各方和渔业物流企业提供渔业电子交易服务和交易后期的物流监控服务。

3.3 "3S"综合集成技术

"3S" 技术是指地理信息系统(GIS)、遥感(RS)、全球定位系统(GPS)三种技术的总称。"3S" 技术集成一体化是以 RS、GIS、GPS 为基础，将三种独立技术领域中的有关部分与其他高技术领域(如网络技术、通信技术等)有机地构成一个整体而形成的一项新的综合技术。"3S" 技术是目前对地观测系统中空间信息获取、存储、管理、更新、分析和应用的三大支撑技术，是现代社会持续发展、资源合理规划利用、城乡规划与管理、自然灾害动态监测与防治等重要技术手段，也是地学研究走向定量化的科学方法之一。

一般来说，"3S" 集成技术是以 RS，GIS，GPS 为基础，通过利用 GIS 的空间查询、分析和综合处理能力，RS 的大面积获取地物信息特征，GPS 快速定位和获取数据准确的能力，三者有机结合形成一个集成系统(图 3.3)，其通畅的信息流贯穿于信息获取、信息处理、信息应用的全过程。"3S" 集成技术注重研究其时空特征的兼容性、技术方法的互补性、应用目标的一致性、软件集成的可行性、数据结构的兼容性以及数据库技术的支撑性等方面。

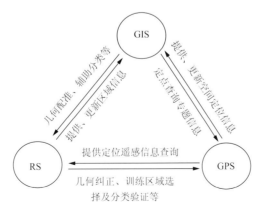

图 3.3 "3S"技术集成关系框架

1. "3S"集成理论与关键技术

为了实现"3S"技术集成,需要研究和解决"3S"集成系统设计、实现和应用过程中出现的共性关键问题,如"3S"集成系统的实时的时空定位技术、一体化数据管理、语义和非语义信息的自动提取方法、数据库自动更新、数据实时通信、图形与影像的空间可视化等。主要的理论与关键技术包括如下方面。

1) 实时的时空定位技术

主要研究"3S"集成系统的传感器实时空间定位、系统行进过程中快速确定相关地面目标的方法和实现技术。包括广域和局域差分 GPS 网的构建方法与实时数据处理的理论与算法,遥感传感器位置和姿态的测定及在航空、航天遥感中的应用,GPS 辅助的遥感地面目标的自动重建与量测方法。

2) 一体化的数据管理

主要研究"3S"数据的集成管理模式和数据模型,设计和发展相应的数据库管理系统,实现图形、图像、属性和 GPS 定位数据等的一体化管理,为"3S"数据的集成处理和综合应用提供基础平台。例如,非均质、多尺度、多时态空间数据的组织与管理,大容量影像数据的无损压缩与还原、建库、传输的理论与方法,面向对象的一体化数据结构、数据模型研究或异构数据的一体化操作等。

3) 语义和非语义信息的自动提取方法

主要研究从航空、航天遥感数据和 CCD 立体像对中自动、快速和实时地提取空间目标的位置、结构、语义信息和相互关系的理论与方法。包括:遥感影像地物结构信息的自动提取和精确图形表达;多种传感器、多分辨率和多时相遥感图像数据的融合理论与方法;基于知识工程的遥感影像解译与分类系统的研究。

4) 全数字化智能系统及数据库自动更新方法

主要研究如何依托已建立的 GIS 来实现航空、航天遥感影像的智能式全数字化过程,并从中快速发现在哪些地区空间信息发生了变化,进而实现 GIS 数据库的自动或半自动快速更新。

5) 系统间的数据通信与交换

数据通信是"3S"技术集成中的一个关键问题。在环境监测、灾害应急、自动导航和自动加强系统中,都需要将 GPS 记录数据和遥感影像监测数据等实时传送到信息处理中心,或将所有数据传送到测量平台。为解决这些问题,需要研究数据单向实时传输的理论和方法、数据双向传输的理论和方法、数据交换的理论和方法等。

6）可视化的理论与方法

主要研究集成系统中大量图形和影像数据的多比例尺和多分辨率在各种介质和终端上的可视化问题。包括空间图形、图像数据库的多级比例尺和多分辨率的存贮、显示和表达；空间数据的自动综合、符号化和多尺度显示的理论与方法；虚拟地形环境仿真中视景数据库的构造理论与方法；可视化空间数据库、虚拟现实系统和 GIS 的集成策略与实现等。

7）集成系统设计方法及 CASE 工具的研究

主要研究基于计算机辅助的软件工程（CASE）技术和"3S"集成系统的设计方法、软件开发、维护的自动化技术，设计和发展专门用于"3S"集成系统设计的 CASE 工具。包括，可视化编程技术的研究和工具开发；利用标准建模语言 UML（unified modeling language）作为面向对象建模语言的软件开发技术及"3S"集成系统的结构化分析和设计规格的自动生成，综合考虑时空关系及语义信息的数据实体关系表达与数据字典生成，"3S"集成中的组件方法与关键技术等。

8）基于 C/S 或 B/S 体系的网络集成环境

"3S"集成系统涉及多用户、多数据、多专业，需要有一个强大而有效的硬、软件及网络环境支持，包括多种软件系统（GIS 软件、全数字摄影测量系统软件、GPS 数据处理软件）的综合使用、多种类型数据的快速传输和多用户工作方式等。根据"3S"集成系统研究的特点与特殊要求，提供一个多种空间数据获取方式与 GIS 融合的基础研究环境，以进一步研究"3S"集成系统网络集成环境的硬、软件组织，分布式多用户间的数据快速传输，多类型数据的数据通信与格式转换等。

2. "3S"技术集成模式

GIS、RS 和 GPS 三者集成利用，构成为整体的、实时的和动态的对地观测、分析和应用的运行系统，提高了系统的应用效率。GIS、RS、GPS 集成的方式可以在不同的技术水平上实现，在实际的应用中，较为常见的是"3S"两两之间的集成，如 GIS/RS 集成、GIS/GPS 集成或者 RS/GPS 集成等。简单的办法是三种系统分开而由用户综合使用，进一步是三者有共同的界面，做到表面上无缝的集成，数据传输则在内部通过特征码相结合，最好的办法是整体有机的集成，成为统一的系统。

1）RS 与 GIS 集成

RS 与 GIS 的集成是"3S"集成中最重要的也是最核心的内容。对于各种 GIS 系统，RS 是其重要的外部信息源，是其数据更新的重要手段。反之，GIS 也可为 RS 的图像处理提供所需要的一切辅助数据。两者结合的关键技术在于栅格数据和矢量数据的接口问题。RS 系统普遍采用栅格格式，其信息是以像元存储的；而 GIS 主要是采用图形矢量格式，是按点、线、面（多边形）存储的。因而由于数据结构的差异，图像数据库和图形数据库之间的集成是两者集成的难点。

目前,RS 与 GIS 一体化的集成应用技术渐趋成熟,在植被分类、灾害估算、图像处理等方面均有应用。高志强等(1998)利用 RS 与 GIS 技术对中国土地利用和土地覆盖的现状进行研究,得出中国植被值的大小分布同中国植被类型分布密切相关,其值的大小分布也反映了中国水热的空间分布格局,中国的东部湿润、半湿润地区的平原、盆地和河冲击扇区是我国土地利用程度最高的地区;吴炳方等(1995)应用 RS 与 GIS 技术进行了植被制图,分析了地理信息系统模型在改善植被分类中精度问题,并得出单纯对遥感数据(TM/SPOT)进行监督分类或非监督分类的精度低于 50%,而通过结合辅助数据和应用地理信息系统模型,其精度将大大提高。

2) GPS 与 GIS 集成

GPS 和 GIS 集成是利用 GIS 中的地图数据和空间分析,结合 GPS 的实时定位技术为用户提供一种组合空间信息服务方式,通常采用实时集成方式。从严格的意义上说,GPS 提供的是空间点的动态绝对位置,而 GIS 提供的是地球表面地物的静态相对位置,两者通过同一个大地坐标系统建立联系。通过 GIS 系统,可使 GPS 的定位信息在电子地图上获得实时、准确而又形象的反映及漫游查询。GPS 可以为 GIS 及时采集、更新或修正数据。

两者集成的主要内容有多尺度的空间数据库技术,金字塔和 LOD 空间数据库技术,真四维的时空 GIS 和实时数据库更新等。GIS 数据库的实时更新技术包括实时动态测量 RTK 技术(real-time kinematic)和虚拟参考站 VRS 技术(virtual reference station)等。在地形可视化这一领域,著名的 LOD 算法之一是微软研究院 Hoppe(1997)提出的基于 TIN 格网的 VDPM 算法,该算法涉及的数据结构复杂,但它的最大优势在于对有分化的地形表面具有较强的表达能力。VRS 技术在国外很早就得到了广泛的推广和运用。丹麦覆盖全国的 VRS 网络是全球第一个 VRS 网络,1999 年就已建成。经过 7 年的发展,VRS 网络几乎覆盖了整个欧洲。亚洲的网络包括日本覆盖全境的网络,韩国、新加坡、马来西亚和中国已建系统的大部分也都是选用的 VRS 技术。

3) GPS 与 RS 集成

两者集成的主要目的是利用 GPS 的精确定位解决 RS 定位困难的问题,GPS 作为一种定位手段,可应用它的静态和动态定位方法,直接获取各类大地模型信息,既可以采用同步集成方式,也可以采用非同步集成方式。GPS 的快速定位为 RS 实时、快速进入 GIS 系统提供了可能,其基本原理是用 GPS/INS 方法,将传感器的空间位置(X,Y,Z)和姿态参数(φ,ω,K)同步记录下来,通过相应软件,快速产生直接地学编码。

李树楷和徐昶(1992)于 20 世纪 80 年代末就开始了 GPS 在 RS 中的定位研究。在他们的研究中,应用 GPS 技术,结合惯性导航系统(INS),探讨了空-地定位模式,即根据测出的空中遥感器的位置和姿态直接求解地面目标点的位置,实现了采用少量的地面控制点或无需控制点而生成 DEM。将 GPS、INS 和激光测距技术进行集成得到机载扫描激光地形系统已成为国内外遥感界研究的热点。如 Matejicek 等(2006)利用激光雷达获取数据对城市环境污染进行时空分析，对布拉格的 Kobylisy 区域利用 LIDAR 扫描来获取臭氧浓度数据，研究了空气污染的分布状况，及其对生存环境的影响。

4）GIS、RS、GPS 整体集成

GIS、RS、GPS 的三者集成可构成高度自动化、实时化和智能化的地理信息系统，这种系统不仅能够分析和运用数据，而且能为各种应用提供科学的决策依据，以解决复杂的用户问题。按照集成系统的核心来分，主要有两种：一是以 GIS 为中心的集成系统，目的主要是非同步数据处理，通过利用 GIS 作为集成系统的中心平台，对包括 RS 和 GPS 在内的多种来源的空间数据进行综合处理、动态存贮和集成管理，存在数据、平台（数据处理平台）和功能三个集成层次，可以认为是 RS 与 GIS 集成的一种扩充；二是以 GPS/RS 为中心的集成，它以同步数据处理为目的，通过 RS 和 GPS 提供的实时动态空间信息结合 GIS 的数据库和分析功能为动态管理、实时决策提供在线空间信息支持服务。该模式要求多种信息采集和信息处理平台集成，同时需要实时通信支持。

"3S"的集成是 GIS、RS 和 GPS 三者发展的必然结果，目前"3S"集成系统已经在交通运输、环境监测、减灾防灾和精细农业等领域获得了广泛的应用。国际上早在 20 世纪 90 年代就开始了"3S"技术的集成应用研究，国内学者李德仁（1997）、毛政元和李霖（2002）也对"3S"技术的集成应用开展系列研究，均取得了较好的应用成果。

"3S"集成技术在海洋渔业领域应用也取得了成功（苏奋振等，2002）。如利用海洋卫星通过对渔场水温、叶绿素、海流等的环境监测，可以推断渔场的分布。因此，遥感技术成了发现渔场的有力工具。同时，在 GIS 支持下，利用遥感技术提供的海洋生态环境参数，结合渔场预测模型和专家知识库，推测海洋鱼群的繁殖、洄游、分布及中心渔场位置，对海洋渔场进行预测、预报。在海洋电子地图上给出中心渔场、渔场边界、鱼群密度分布等信息，并对鱼群维持的时间做出预报，为海洋渔业捕捞提供技术支持。此外，通过 GPS 与 GIS 相结合，GIS 可以将岛屿、暗礁、洋流、主要鱼群的洄游路线和渔场的分布范围等表现在海洋数字地图上，GPS 则提供了当前船只所在的位置，这种信号通过 GPS 与计算机接口，进入 GIS 系统，它可以直观的形象表现为一个箭头或者船只符号，随着船只不停行驶，其航行路线可以记录在地理数据库中，并能够动态地在数字地图上表现出来。

3.4　海洋环境观测技术

1. 海洋基本环境要素的现场观测

1）海水温度和盐度观测

海水温度是影响全球气候变化的最基本环境要素，也是渔场分析最常用的环境要素。由于电磁波难以穿透海水，所以海表温度和海水剖面温度的测量要使用不同的方法。盐度是海水区别于淡水的表征性参数，海水盐度对测定海水密度结构是必不可少的。

海水表层温度的现场观测有电导温度计等测量方法，而大面的海表温度可通过同步定点调查实现。温度剖面现场测量的主要手段有 XBT、CTD、锚系浮标、潜标、剖面浮标、水下自航行器、水下滑翔器等,这些手段是现场观测温盐剖面的基本工具。当前温盐剖面观测最主要有国际 ARGO 计划,旨在全球海洋布放约 3 300 个浮标,其观测密度约一个经纬度格点有一个 ARGO 浮标,可获取从表层到约 2 000 m 深的温盐数据。此外,还发展了海洋环境的数值模拟技术,典型代表是美国海军开发的全球海洋数值模拟系统,它包括模块化海洋数据同化系统(MODAS)、海军分层海洋学模型(NLOM)、海军沿海海洋学模型(NCOM)。它们需要卫星高度计测到的海表高度(SSH)和卫星遥感 SST 数据,通过海洋环境模拟系统和数据同化,可以制作出质量可靠的合成垂直温度剖面。MODAS 每天会制作大约 55 000 个全球合成垂直温度剖面,并用于水深大于 200 m 海域的 NLOM计算。

现代海洋学盐度是由电导率、温度和压力三个参数用公式计算得到的。海水盐度可以用实验室盐度计直接测量;常规现场观测方法是电导率法,将电导率、温度、深度传感器组合在一起,构成 CTD 测量系统,给出盐度剖面。

2) 波浪和海流观测

海洋中的波浪绝大部分是由风对海面的扰动引起的。能够测量的波浪参数包括有效波高、波高、波长、波周期和波向等。海流的测量参数包括流速和流向。波浪和海流在海气交换、海洋内部的物质和能量交换中起到关键作用。

现有多种技术可以现场观测波高和波向:压力式测波仪和声学测波仪适用于在浅水区测量波高;多波束超声传感器可以探测波向;浮标的纵倾横摇角可用于推导波向,利用垂直加速度计可以测量波高;在陆基 GPS 站位可用的区域,锚系浮标上的动态 GPS 可以用于波高观测;高频雷达是波浪观测的重要手段。海啸是一种特殊的海面异常增水现象,其波长可以大于 100 km,周期达数小时,速度可超过 700 km/h。目前海啸现场观测的主要手段是深水底压力记录系统。

表面漂流浮标能够测量海表层的海流流速和流向,是一种拉格朗日测流方法。欧拉法测流主要有电磁海流计、人工磁场海流计和声学海流计等。声学方法测流是目前最有效的测流手段,包括声学多普勒海流计、声学多普勒海流剖面仪(ADCP)和声相关海流剖面仪(ACCP),后两者给出的是海流剖面,其中流速是某一厚度层的平均流速。

高频雷达可用于海面波浪和海流的探测,并可以反演海面风。高频地波雷达主要用于岸基海面动力环境的定点观测。美国 NOAA 主要应用短程高频地波雷达(CODAR)观测港口和海湾内的海流。高频 X 波段或 KU 波段雷达主要用于船舶导航和船基海面动力环境的探测。

3) 潮汐和海平面观测

潮汐观测是沿海国家的常规海洋观测项目,全球布有潮汐观测网。现场观测手段主要有浮子式水位计(验潮仪)、声学水位计、气泡式水位计和压力式水位计等。全球现有的验潮站中大约只有 10% 的数据能够用于制作可靠的谐波分析,为此在过去 40 多年里全球共布设了数百个深水压力式水位计,以弥补沿岸验潮观测数据的缺陷。

4）海表面风观测

在沿海区域，从陆地向海洋移动的风会混合水体，使海水降温；海洋上的风会受海表温度差的影响。风能驱动海流，影响海气间的能量交换和水汽通量，并会影响到区域性和全球性气候。风对波浪和大尺度海流的产生也非常重要。采集海洋风第一手资料的是海上航行的船只。通过志愿观测船（VOS）计划的实施，现有 50 多个国家、近 7 000 艘船只（2000 年统计）在收集气象学和海洋学数据。各种浮标等现场观测系统和雷达遥测系统大大增强了单站观测海上风的能力。

2. 主要的海洋观测技术

1）浮标和潜标技术

海洋资料浮标在海洋动力环境监测、海洋污染监测、卫星遥感数据真实性校验、水声环境监测、水声通信和水下 GPS 定位等海洋环境监测方面起着举足轻重的作用。近几年，海洋资料浮标技术向多参数、多功能及立体监测方向发展。其进展主要表现在以下几个方面。一是新技术、新材料的使用促进了浮标总体技术的发展。如浮标体采用铝、泡沫塑料或玻璃钢混合结构，重量轻，布放和回收方便，可从水面向水下仪器供电，又能将水下仪器的观测数据送回平台进行储存和遥测。二是除资料浮标通常用的气象水文传感器外，增加了测量传感器如光辐射传感器、生物光学传感器、温度传感器、电导率传感器等，功能极大增强。三是先进的数据采集和通信系统，实现水面和水下环境参数的立体监测与数据的实时传输。

漂流浮标是随着全球定位和卫星通信技术的进展而发展起来的一种十分有效的大尺度海洋环境监测手段。近年来，漂流浮标技术的进展主要表现在以下几个方面：一是利用 GPS 和 Argos 双重定位，大大提高了定位精度；二是测量参数迅速增多，功能显著扩大；三是由过去单一的消耗式发展为消耗式和可回收式兼有标型；四是智能自动沉浮式标型大量应用；五是从大洋发展到主要用于近海。如美国海军的业务化 AN/WAQ26 型系列多参数漂流浮标可以测量风速、风向、气温、气压、表层水温、各层水温、全向环境噪声和波浪方向谱等多种海洋气象参数。

20 世纪 80 年代末，美国的戴维斯（R. E. Davis）和韦伯（D. C. Webb）等将斯沃洛浮子技术与卫星定位通信技术相结合，研制了"自持式拉格朗日环流探测器"，使得剖面探测成为可能。目前可用于国际"ARGO"计划的有 PALACE、APEX、SOLO、PROVOR、NEPTUNESC 和 NEPTUNELS 等几种自持式剖面循环探测浮标。

2）岸基台站观测技术

岸基台站观测是指在沿岸或石油平台设站，作为固定式的海洋观测平台，对沿岸海域的水文气象环境进行观测，或对环境质量进行监测。岸基台站观测主要靠海洋观测仪器设备来实现，观测仪器设备主要有压力式无井验潮仪、浮子式数字记录有井验潮仪、空气声学水位计、声学测波仪、加速度计式遥测波浪仪、自动测风仪、感应式实验室盐度计、电极式实验室盐度计、pH 计、DO 测定仪和海洋水文气象自动观测系统等。岸基高频地波雷达可用于测量海冰、海面风场、海浪场和海流场等海面环境参数,它是利用高频电磁波沿导电海水表面的绕射特性,实现对大面积海表状态和海上移动目标的超视距探测。目前,使用高频地波雷达的近海观测系统正在不断发展和完善。

3）船基海洋观测技术

利用船舶作活动平台进行海洋调查和观测是海洋调查观测技术发展的重要方面,是建设海洋环境立体监测网的重要内容。下面主要从温盐深的测量、海流观测和水声探测技术等方面进行分析。

海水的温盐深是海洋的基本参数,温盐深的测量也是海洋中最基本的水文测量。温盐深探测仪(CTD)是海洋监测中最常用的重要仪器。海流观测是海洋观测中的重要内容,目前国内外的海流测量仪器有很多。走航式声学多普勒流速剖面仪(ADCP)测量技术是当前海流测量的最有效手段;此外,ADCP 还可用于海水浊度测量及海底沉积的观测,国外 ADCP 技术已发展得比较成熟。相控阵声学多普勒流速剖面仪(PAADCP)是国际上刚刚投入使用的技术,它采用相控阵技术,可大大提高测量深度。声相关海流剖面仪(ACCP)是目前测量深度最大的船用仪器。水声探测技术是水下海洋环境观测、目标探测的主要手段,其基本内容有声层析技术、声成像技术、高分辨率声学多波束测深技术、多功能海底地层剖面声探测技术和多媒体声通信技术等。合成孔径声纳(SAS)是军民两用的水下目标声成像探测技术。以往各种声探测技术对水下物体的探测都是根据回波的变化分析物体的形态,不能直接成像;而这项技术是采用收发分离的模式,将接收阵分为两个模块,提高了回波的信号空间分辨率,形成了声成像能力。

4）海床基观测技术

海床基是放置在海底的观测系统,主要采用各种仪器探测海底附近的海洋参数,还可以采用声学仪器测量海洋的剖面参数。为了回收,海床基系统有声学释放装置。美国等近几年重视水下长期无人监测站的建设,相继建成了多个深水和浅水海底长期观测站,主要用于长期监测海洋生态系统环境变化的趋势。国内的海床基研究是从"九五"开始,研制了海床基悬浮泥沙自动监测系统。"十五"期间研制的海床基主要用于近海的动力要素的监测,提供潮汐、潮流波浪和风速等参数,要求能在水下长期监测,并保证可靠回收。研制了实时传输海床基动力要素自动监测系统,它是一种在海底工作的自容式综合测量装置,可布设于河口、港湾或者近海海底,对悬浮泥沙参数以及引起悬浮泥沙运移的海洋动力参数进行长期、同步、自动测量。

5）水下自航式海洋观测平台技术

水下自航式海洋观测平台是 20 世纪 80 年代末、90 年代初期在载人潜器和无人有缆遥控潜器(ROV)的技术基础上迅速发展起来的一种新型海洋观测平台,主要用于无人、大范围、长时间水下环境监测,包括海洋物理学参数、海洋地质学和地球物理学参数、海洋化学参数、海洋生物学参数及海洋工程方面的现场接近观测。其中最有代表性的是

WHOI 为 LEO-15 水下无人观测站研制的小巧型潜器 REMUS。后来美国研制出 SLO-CUM 以及为挪威研制的 Hugin3000，日本研制出 AUV-EX1 型自航式观测平台，美国利用水下自持式观测平台 Odyssey 建立了自持式海洋采样网络 AOSN。

水下滑翔机器人是一种新型的水下监测平台，它是一种将浮标技术与水下机器人技术相结合、依靠自身净浮力驱动的新型水下机器人系统，具有浮标和潜标的部分功能。水下滑翔机器人具有制造成本和维护费用低、可重复利用、投放回收方便和续航能力长等特点，适宜于大量布放，适用于大范围海洋环境的长期监测。水下滑翔机器人可用于建设海洋环境立体实时监测系统，有助于提高对海洋环境测量的时间和空间密度，实现对海洋环境的大尺度测量，是海洋环境立体监测系统的补充和完善，在海洋环境的监测、调查、探测等方面具有广阔的应用前景。

3. 主要的海洋观测计划

长期以来国际海洋科学组织和海洋强国，都针对与社会经济发展和国防建设密切相关的海洋现象或特定的海洋科学问题，组织实施阶段性或长期的海洋科学观测研究计划，建设为科学研究和业务应用进行长期基础数据积累的全球或区域性海洋观测系统。

1）海洋科学观测研究计划

海洋科学越来越注重发展重大计划的综合研究，包括许多区域的和全球的重大计划已经开展，为国际海洋观测系统的建立发挥了不可或缺的作用。每一个国际研究计划都具有明确的科学目标和亟待解决的科学问题，研究计划以解决关键科学问题为牵引，包括研究思路、观测方案和仪器设备的研发等，都是围绕如何实现科学目标开展的。如热带海洋与全球大气计划（TOGA，1985～1994 年），该计划发起主要是由于 20 世纪 80 年代初期的厄尔尼诺现象出乎科学家的预料，研究计划具有明确的科学目标：了解产生厄尔尼诺现象的机理和过程，以此作为预报的依据。TOGA 的设计思路是研究建立模拟海-气耦合系统的可行性，从而预报其中的变化，其中海洋观测阵列是重点内容之一。通过在太平洋赤道两侧安装 TAO/TRITON、PIRATA、RAMA 等一系列监测浮标阵列，记录 10 年的热带海洋海水温盐度、风速风向、海流以及其他参数的连续记录。通过 TOGA 的观测，显著提高了人们对 ENSO 过程和机理的认识与预报能力，其建立的浮标阵列运行至今，已成为全球海洋观测系统（GOOS）的重要组成部分。

其他一系列海洋国际调查研究计划，包括海洋生物地球化学和海洋生态系统综合研究计划（IMBER：2003～）、上层海洋-低层大气研究计划（SOLAS：2000～）、海岸带陆海相互作用研究计划（LOICZ：1993～）、全球有害藻华生态学与海洋学研究计划（GEOHAB：1998～）等均围绕各自所关注的全球变化和海洋环境安全等问题，组织开展了海洋生物、化学、地质和物理等多要素的现场和长期观测，取得实时、长序列的观测数据，是解决科学问题的关键因素。

2）海洋区域观测系统

国际先进的区域立体实时监测体系通过"实时观测-模式模拟-数据同化-业务应用"形

成一个完整链条,通过互联网为科研、经济以及军事应用提供信息服务。其中的观测系统由沿岸水文/气象台站、海上浮标、潜标、海床基以及遥感卫星等空间布局合理、密集的多种平台组成,综合运用各种先进的传感器和观测仪器,使得点、线、面结合更为紧密,对海洋环境进行实时有效的观测和监测,加大重要现象与过程机理的强化观测力度,并进行长期的数据积累,服务于科学研究和实际应用。

早在 20 世纪 80 年代,美国就建立了全国永久性的海洋立体观测系统,其中有 175 个海洋观测站、80 个大型浮标等,目前有基于 NOAA 的浮标 90 个、海岸自动观测网 60 个和水位观测站 175 个,以及由多源卫星构成的海洋动力环境监测网,并由国家业务海洋产品和服务中心为用户提供相关的海洋信息。

3.5　物联网与智慧地球

物联网(internet of things)被认为是继计算机、互联网和移动通信网之后的又一次信息产业浪潮。“物联网”一词最早是 1999 年由美国麻省理工学院 Auto-ID Center(自动识别研究中心)提出(贾姝等,2009),并定义物联网是指通过无线射频识别(RFID)、红外感应器、全球定位系统和激光扫描器等信息传感设备,按约定的协议,把任何物品与互联网连接起来,进行信息交换和通信,以实现智能化识别、定位、跟踪、监控和管理的一种网络。日本在 2004 年提出的“U-Japan”战略计划,韩国在 2006 年提出的“U-Korea”战略等,都是从国家工业角度提出的重大信息发展计划。2009 年 1 月 8 日,IBM 首席执行官彭明盛提出“智慧地球”(smart earth)这一概念,他提出“互联网+物联网=智慧地球”。至此,物联网被美国政府上升到振兴经济的国家战略高度。

1)物联网的层次结构

从技术架构上看,物联网可分为三层:感知层、网络层和应用层(图 3.4)。

感知层是由各种传感器以及传感网关构成的,该层的主要任务是对物体的各种信息的及时、全面的感知、识别、采集、捕获。感知层所用的技术主要有二维码、射频识别、电子代码、传感器及 GPS 终端、自组织传感器网络等技术。感知技术和设备要向多功能、低功耗、小型化、高可靠、低成本及多传感器信息融合方向发展,使感知层具备更敏感、更全面的感知能力。

网络层是由各种私有网络、有线和无线网络、网络管理系统和云计算平台组成的,该层的主要任务是基于多网融合化的网络实现物联网信息的可靠传输。网络层所用的主要技术有基于协议的天/地、有线/无线通信网与互联网等技术。传输技术和设备正继续向安全、高可靠、多媒体、高带宽和融合化方向发展。

应用层是物联网和用户的接口,它与行业需求结合,实现物联网的智能应用,该层的主要任务是通过对物联网信息的处理实现对物联网世界中物理的识别、定位、跟踪、运算、监控和管理。该层的主要技术是与应用领域融合的各类基于人机友好截面、高效能计算机、云计算服务、智能科学等技术的识别、定位、跟踪、运算、监控、管理和处理等技术。信息处理技术与设施正向智能化、普适化和高效能方向发展。

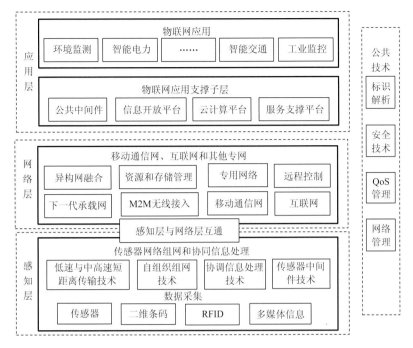

图 3.4　物联网技术体系框架

2）物联网应用的关键技术

国际电信联盟（ITU）报告提出，物联网的四个关键性技术为无线射频识别技术（RFID）、传感器技术、智能技术、纳米技术。而 RFID 又称为四大技术之首（梁英宏等，2008），是物联网的构建基础和核心。

RFID 是一种高级的自动识别技术，利用它可通过无线射频方式进行非接触式的全双工数据通信，以实现对实物目标的识别。RFID 具有快速读写、可远距离和长期跟踪管理等特点。与条码的功能相比，RFID 在标签信息容量、一次读取数量、读取距离、读写能力更新、读取方便性和恶劣环境适应性等方面都大大优于条码。

传感器技术是研究从自然信息源获取的信息，并对所获取的信息进行处理和识别的一门多学科交叉的现代科学与工程技术，它涉及传感器、信息处理和识别等技术（Reeves et al.，2006）。传感器技术同计算机技术、通信技术一起被称为信息技术的三大支柱。对于物联网来说，传感技术涉及物联网中信息的采集和处理。传感器是能感受规定的被测量并按照一定的规律将被测量转换成可用信号的器件或装置，通常由敏感元件和转换元件组成。信息处理主要是指对收集到的信息所进行的变化，在信息处理的过程中不会增加信息量。识别技术主要是对处理过的信息进行分辨和归类，利用提取的信息特征与对象的关联模型进行分类和识别。

嵌入式智能技术是把智能处理和嵌入式软件融合在一起，充分发挥两者的优势，从而提升整个系统性能的一种技术。嵌入式智能技术是在 Internet 的基础上产生和发展的，能够安全和快速地与外界进行信息交换的一种技术。在物联网中，通过嵌入式智能技术能够实现物品的智能化，使物品可与人或机器进行信息交换。

纳米技术是指能操作细小到 0.1~100 nm 物件的一类高新技术。生物芯片和生物传感器等都可归于纳米技术范畴，纳米技术可以使传感器尺寸更小，精确度更高，可以大大地改善传感器的性能。

3）"智慧地球"及其基本特征

美国前副总统戈尔早在 1998 年提出"数字地球"时，就勾勒出了一个诱人的虚拟地球景象，使真实地球作为一个虚拟地球进入了互联网，使普通老百姓甚至小孩子都能方便地运用一定的科学手段了解自己所想了解的有关地球的现状和历史，既能获得自然方面的信息，如地形、地貌、地质构造、山脉河流、矿藏分布和气候气象等，又能获得人文方面的信息，如经济、文化、金融、人口、交通和风土人情等。

2009 年 IBM 首席执行官彭明盛首次提出"智慧地球"（smart earth）这一概念，建议新政府投资新一代的智慧型基础设施。这一理念的主要内容是把新一代的 IT 技术充分运用到各行各业中，即要把传感器装备到人们生活中的各种物体当中，并且连接起来，形成物联网，并通过超级计算机和云计算将物联网整合起来，实现网上数字地球与人类社会和物理系统的整合。至此，"智慧地球"概念上升到美国的国家战略层面，其影响也得到大大地扩展。

与此相应，2009 年中国也提出了"感知中国"的概念。尽管"感知中国""物联网""智慧地球"等概念已经成为人们广泛热议的话题，但就相关概念的系统阐释当属"智慧地球"的概念较全面。一般认为，智慧地球就是把传感器嵌入和装备到电网、铁路、桥梁、隧道、公路、建筑、供水系统、大坝和油气管道等各种物体中，并且被普遍连接，形成所谓"物联网"，然后将"物联网"与现有的互联网整合起来，实现人类社会与物理系统的整合。随着技术的发展不断推动着社会的进步，"智慧地球"的概念从发展的角度提出了未来社会信息化发展的三个基本特征：①世界正在向仪器/工具化方向演变——The world is becoming instrumented；②世界正在向互联化方向演变——The world is becoming inter-connected；③所有事物正在向智能化演变——All things are becoming intelligent。

怎样才算是一个智慧的地球呢？美国 IBM 公司在提出"智慧地球"概念的同时，提出了 21 个支撑"智慧地球"概念的主题，涉及：能源、交通、食品、基础设施、零售、医疗保健、城市、水、公共安全、建筑、工作、智力、刺激、银行、电信、石油、轨道交通、产品、教育、政府和云计算。这 21 个主题覆盖了现代社会人们学习、工作和生活的主要方面。概括起来，"智慧地球"具有以下特征（李德仁等，2010）。

（1）"智慧地球"包含物联网。物联网的核心和基础仍然是互联网，是在互联网基础上的延伸和扩展的网络，其用户端延伸和扩展到了任何物品与物品之间，进行信息交换和通信。

（2）"智慧地球"面向应用和服务。无线传感器网络是无线网络和数据网络的结合，通常是针对某一特定的应用，是一种基于应用的无线网络，各个节点能够协作地实时监测、感知和采集网络分布区域内的各种环境或监测对象的信息,并对这些数据进行处理,从而获得详尽而准确的信息,将其传送到需要这些信息的用户。

(3)"智慧地球"与物理世界融为一体。在无线传感器网络当中,各节点内置有不同形式的传感器,用于探测包括温度、湿度、噪声、光强度、压力、土壤成分、移动物体的大小、速度和方向等众多人们感兴趣的物质现象。传统的计算机网络以人为中心,而无线传感器网络则是以数据为中心。

(4)"智慧地球"能实现自主组网、自维护。一个无线传感器网络当中可能包括成百上千或者更多的传感器节点,对于由大量节点构成的传感网络而言,手工配置是不可行的。因此,网络需要具有自组织和自动重新配置能力。同时,单个节点或者局部几个节点由于环境改变等原因而失效时,网络拓扑应能随时间动态变化。

4)智慧地球的架构

结合物联网的层次结构和社会应用,智慧地球可从以下四个层次来架构。

(1)物联网设备层。该层是"智慧地球"的神经末梢,包括传感器节点、射频标签、手机、个人电脑、PDA、家电和监控探头等。

(2)基础网络支撑层。该层包括无线传感网、P2P 网络、网格计算网和云计算网络,是泛在的融合的网络通信技术保障,体现出信息化和工业化的融合。

(3)基础设施网络层。Internet 网、无线局域网和 3G 等移动通信网络。

(4)应用层。该层包括各类面向视频、音频、集群调度和数据采集的应用。

参 考 文 献

高志强, 刘纪远, 庄大方. 1999. 基于 RS 和 GIS 的中国土地利用/土地覆盖状况研究. 遥感学报, 3(2):134-140.

贾姝, 郭永安, 叶燕. 2009. 基于物联网的实物档案智能管理系统的设计与实现. 信息化研究, 35(12):51-53.

孔云峰. 2004. 论地理信息系统概念与内涵的演变. 地球信息科学, 6(2):6-11.

李德仁. 1997. RS、GPS 与 GIS 集成的定义理论与关键技术. 遥感学报, 1(1):64-68.

李德仁, 龚健雅, 邵振峰. 2010. 从数字地球到智慧地球. 武汉大学学报:信息科学版, 35(2):127-132.

李树楷, 徐昶. 1992. GPS 在遥感信息对地定位应用中的试验研究. 环境遥感, 7(2):153-160.

梁英宏, 王知衍, 曹晓叶. 2008. RFID 智能站点的研究与开发. 计算机应用研究, 25(3):820-825.

毛政元, 李霖. 2002. "3S"集成及其应用. 华中师范大学学报:自然科学版, 36(3):385-388.

苏奋振, 周成虎, 邵全琴. 2002. 海洋渔业地理信息系统的发展、应用与前景. 水产学报, 26(2):169-174.

吴炳方, 黄绚, 田志刚. 1995. 应用遥感与地理信息系统进行植被制图. 环境遥感, 10(1):30-37.

邬伦, 刘瑜, 等. 2005. 地理信息系统:原理、方法和应用. 北京:科学出版社.

Carter J R. 1989. On defining the geographic information system. In: Ripple W J(eds). Fundamentals of Geographic Information Systems: A Compendium. Falls Church, VA: ASPRS, ACSM, 3-7.

Chrisman N R. 1999. What does GIS mean? Transactions in GIS, 3(2):175-186.

Dueker K J, Kjerne D. 1989. Multipurpose cadastre: terms and definitions. ACSM-ASPRS, Annual Convention, 5:94-103.

Goodchild M F. 1992. Geographical information science. International Journal of Geographical Information Systems, 6(1):31-45.

Hoppe H. 1997. View-independent refinement of progressive meshes. In: SIGGRAPH'97 Proc, 189-198.

Maguire D J. 1991. An overview and definition of GIS. In: Maguire D J, M F Goodchild, D W Rhind (eds). Geographical Information Systems. New York: Wiley, 1: 9-20.

Matejicek L, Engst P, Jaňour Z. 2006. A GIS-based approach to spatio-temporal analysis of environmental pollution in urban areas: A case study of Prague's environment extended by LIDAR data. Ecological Modeling, 199 (3): 261-277.

Pickles J. 1995. Ground Truth, the Social Implication of Geographic Information Systems. New York: Guilford.

Reeves S, Pridmaor T, Crabtree A, et al. 2006. The spatial character of sensor technology. The proceedings of 6th conference on designing interactive systems.

第4章 渔场环境信息获取与融合技术

海洋鱼类的生活习性及其生活环境是一个统一的整体。海洋环境状态参数（水温、盐度等）及其变化（水温的变化、水团冷暖锋面的移动等）对鱼群的大小和分布状况、栖息层次、渔汛期的早晚、中心渔场的位置和渔获量等，都有明显影响。随时掌握渔场环境的变化，分析这些变化对鱼群的影响，在渔业生产和管理上将起着积极的作用。利用遥感数据可以探求海洋鱼类的行为、海洋鱼类的时空分布和海洋渔业资源变动的成因，建立相应的模型，从而更深刻地理解海洋生态系统及其响应机制。

遥感虽然不能完全用来监测和评估海洋环境变化的所有信息，但是影响海洋理化和生物过程的一些参数却可以通过对遥感信息进行推理获得，如海表面等温线的分布、叶绿素浓度、初级生产力水平的变化、海面锋面边界的位置、海冰的运动、海流及水团的循环模式等。通过这些环境参数可以对海洋的生态系统进行更深入的研究。自20世纪70年代以来，遥感技术被应用到海洋渔业及其相关领域的研究，将各类卫星所获得的数据对海洋水温、海流、光、盐度、溶解氧、气象要素、水深和海底地形等进行了由定性到定量的分析，并将所得结果用于指导渔业生产、促进渔业研究和预警海洋灾害等方面（邵全琴和周成虎，2003；张学敏等，2005；潘德炉和龚芳，2011）。遥感技术在海洋渔场探捕、渔业资源评估、渔业水域环境监测及其他相关领域正在发挥着越来越大的作用，并预示着广阔的应用前景和巨大的应用潜力。目前，遥感渔业的应用主要涉及海洋生态系统的相关要素和渔场变动的监测，与海洋生态系统的相关要素主要有水温、海洋色素、风场和盐度等（韩士鑫，1992；樊伟等，2002）。

4.1 海水表层温度信息提取

海水表层温度（sea surface temperature，SST）是重要的海洋环境参数之一，几乎所有的海洋过程，尤其是海洋动力过程，直接或间接地与海水温度有关。

卫星遥感 SST 是最早从卫星上获取的海洋环境参数，是卫星海洋遥感中应用最成熟、最广泛的技术。自20世纪70年代以来，通过卫星遥感可以提供实时、大面积的海水表层温度信息。当前，卫星对海表温度测量已进入业务化应用，在大中尺度海洋现象和过程、海洋-大气热交换、全球气候变化以及渔业资源、污染监测等方面有重要应用（莫秦生，1983，1989；Tian et al.，2003；张学敏等，2005；王琳，2011）。如应用遥感海表温度研究了 El Nino 现象，多年平均海表温度研究了西太平洋暖池等，这是常规测量难以实现的。在渔业上，遥感 SST 可用来分析鱼类的洄游路线和渔场时空分布的有关信息（黄明哲，2011）。

卫星海水表层温度常分为海表皮温和海表体温。前者指海表微米量级海水层的温度，后者指海表 0.5～1.0 m 海水层的温度。卫星遥感获取海水表层温度的方法有两种：

热红外测量和被动微波辐射测量。热红外辐射计(thermal infrared radiometer)是气象卫星和海洋卫星上用来遥感海水表层温度的最主要的仪器,配置了热红外波段的可见/红外成像光谱仪都可以用于海水表层温度测量,如 AVHRR、AATSR 和 MODIS 等。被动微波辐射计的优点在于它的探测不受云层的影响,常用的微波辐射计主要有 TRMM、TMI 和 AMSR 等。

1. 主要的遥感海温传感器

近二三十年来,热红外测量海水表层温度的两种主要的传感器有 AVHRR 和 MODIS。AVHRR 仪器装载在 NOAA 系列卫星上,自 1981 年发射的 NOAA-7 卫星上的 AVHRR/2 起,每隔 2～3 年就发射新的后续替代星,原计划 AVHRR 对地观测将持续到 2010 年左右,之后将由美国极轨环境卫星观测系统(national polar-orbiting operational environmental satellite system,NPOESS)的可见光/红外成像仪/辐射计组合(visible infrared imaging radiometer suite sensor,VIIRS)仪器代替,但预计卫星发射将推迟至 2013 年前后。NOAA 系列后期的卫星星载传感器——甚高分辨率扫描辐射仪(AVHRR)具有 5 个观测通道,可对可见光、近红外和红外光谱"窗区"波段进行观测成像。NOAA 系列卫星是由双星组成的极地轨道卫星,三轴稳定,对地定向观测,平均轨道高度约为 850 km,卫星倾角 98.739°,运行周期 102 分钟。卫星每天绕地球飞行 14.2 圈,能够实现每 24 小时可见光通道覆盖全球一次,红外通道覆盖全球 2 次。每条轨道经过赤道的经度随着地球的自转发生变化。NOAA 系列卫星的 AVHRR 辐射仪星下点地面分辨率约为 1 km。具有这种分辨率的大量数据资料由高分辨率图像传输设备(HRPT)实时传送。AVHRR 的扫描方式是垂直于轨道方向,从右向左扫描,其地面分辨率在星下点为 1.1 km,一条扫描线对应地面扫描宽度约为 3 000 km(每条扫描线 2 048 个像素点)。MODIS 是 EOS 系列卫星的主要可见光/红外探测仪器,是当前世界上新一代"图谱合一"的光学遥感仪器,具有 36 个光谱通道,分布在 0.4～14 μm 的电磁波谱范围内。搭载 MODIS 传感器的 TERRA 和 AQUA 卫星分别于 1999 年和 2002 年发射。MODIS 仪器的地面分辨率分别为 250 m、500 m 和 1 000 m,刈幅宽度是 2 300 km,对应的扫描角范围为±55°,每 1～2 天可以提供地球全覆盖(吴培中,2000;张春桂等,2008;郑嘉淦等,2006)。我国发射的 FY-1 系列卫星在功能与性能上均与 NOAA 系列卫星相近。FY-1 系列卫星中后期的 FY-1 C、D 星多通道可见光红外扫描辐射计(MVISR)在光谱辐射通道数目上比较 NOAA 系列卫星优越,其 MVISR 的通道数目比 NOAA 系列卫星 AVHRR 多出 1 倍,能够获得更多的地球遥感信息。10 个通道中包括 4 个可见光通道,2 个近红外,1 个短红外,1 个中波红外和 2 个长波红外。星上记录数据量化位数也由 NOAA 和 FY-1A,FY-1B 的 8 bit 扩大到 10 bit。FY-1C,D 星载 10 通道可见光和红外扫描辐射计,获取全球陆面、洋面和大气成分及云面的可见光及红外辐射资料,与静止气象卫星互相补充。

AVHRR 设计 5 个波段,包括 1 个可见光波段、1 个近红外波段和 3 个热红外波段。MODIS 仪器设置 36 个波段,光谱范围为 0.4～14.4 μm。表 4.1 是海水表层温度反演中所使用的 AVHRR 和 MODIS 波段,它们的热红外波段都设置在红外窗区。

表 4.1　SST 反演中所使用的 AVHRR 和 MODIS 波段

AVHRR 波段	波长/μm	NEΔT	MODIS 波段	波长/μm	NEΔT
1	0.58~0.68				
2	0.725~1.0				
3			20	3.660~3.840	0.05
3	3.55~3.93	0.1	22	3.929~3.989	0.07
			23	4.020~4.080	0.07
4	10.3~11.3	0.1	31	10.78~11.28	0.05
5	11.5~12.5	0.1	32	11.77~12.27	0.05

注：等效噪声 NEΔT 是在 300 K 条件下测得的(Seelye Martin，2008)

被动微波辐射计是一种监测海洋和大气地球物理参量的强有力、接近全天候的技术手段，它使用天线接收地球电磁辐射，利用雷达发射和接收脉冲功率。微波位于电磁波谱频率 1~500 GHz 或波长为 0.3 m~1 mm 的部分，由于频率对大气透射率的依赖性和其他用户的干扰，用于反演海洋参量的频段被限制在 1~90 GHz 的范围内。微波对海洋遥感观测的重要性在于海洋表面的发射率和对大气透射率不仅依赖于频率，而且依赖于如大气、水汽、液态水、降雨量、海表面温度、盐度、风速、海冰类型及外延线这样的变量。

这里介绍四种主要的反演海面属性的微波成像仪：多光谱扫描微波辐射计(scanning multichannel microwave radiometer，SMMR)、专用微波传感器/成像仪(special sensor microwave imager，SSM/I)、TRMM(tropical rainfall measuring mission)微波成像仪(TRMM microwave imager，TMI)和高级微波扫描辐射计(advanced microwave scanning radiometer，AMSR-E)，这四种成像仪的频率、极化方式和入射角见表 4.2(蒋兴伟等，2008)。

SMMR 搭载在世界上第一颗海洋水色卫星 NIMBUS-7 上，可提供 1978~1987 年的数据。NIMBUS-7 是一颗太阳同步轨道卫星，轨道高度为 955 km。由于 SMMR 在设计上本身存在一些问题，因此限制了该数据的使用，但其对未来仪器的发展提供了有价值的测试基础，并为人们理解极地海冰的覆盖提供了基础。

SSM/I 在 SMMR 基础上进行了改进，同时也为 TMI 和 AMSR 的设计提供了基础。1987 年 6 月，第一台 SSM/I 搭载在美国"国防气象卫星"(DMSP)发射升空，DMSP 是一颗太阳同步轨道卫星，轨道高度为 860 km，周期为 102 秒。

表 4.2　SMMR、SSM/I、TMI 和 AMSR 频率、极化方式和入射角

仪器	频率和极化(GHz，V，H)						$\theta/(°)$
SMMR	6.6V,H	10.7V,H	18.0V,H	21.0V,H	37.0V,H	—	51
SSM/I	—	—	19.3V,H	22.2V,H	37.0V,H	85.5V,H	53
TMI	—	10.7V,H	19.3V,H	21.3V,H	37.0V,H	85.5V,H	53
AMSR-E	6.9V,H	10.7V,H	18.7V,H	23.8V,H	36.5V,H	89.0V,H	55

TMI 是装载在热带降雨测量卫星(TRMM)上的微波成像仪,TMI 与美国国防气象卫星的专用微波成像仪(SSM/I)相比,其空间分辨率有了较大的提高,有效地减轻了视场不充满问题,对于中小尺度降水系统有了更好的捕捉能力。TRMM 卫星由美国国家宇航局 NASA 和日本国家空间发展局 NASDA (National Space Development Agency)共同研制,是世界上第一颗专门用于定量测量热带/亚热带地区降雨的气象卫星。卫星高度约 350 km,周期为 91.5 分钟,平均每天运行 15.7 轨道,覆盖南北纬 40°之间的区域。TMI 由 5 个观测频段:10.65GHz、19.35GHz、21.3GHz、37.0GHz、85.5GHz,除了 21.3GHz 只有垂直极化外,其他的均有垂直和水平极化。

AMSR-E(advanced microwave scanning radiometer for EOS aqua)是一种被动式微波遥感仪,装载在地球观测卫星系统(earth observing system,EOS)的 AQUA 卫星上,美国 EOS 系列对地观测平台,是当今规模最大、对地观测内容比较齐全的卫星系列平台。AQUA 卫星(2002 年 5 月 4 日发射)是颗多功能观测卫星,于每日地方时间下午 1:30 过境,因此也被称为是 EOS 第一颗下午星(EOS-PM1),它是在太阳同步近极地轨道上运行,AMSR-E 是装载在 AQUA 卫星上六种对地观测系统中的一种,能利用多频率通道精确地测量来自地球表面和大气辐射的微弱的无线电波,主要是对地球水圈和全球环境进行观测。它的轨道高度近似 700 km,确保了低轨道地球观测的基本需求。AMSR-E 传感器在 6.9~89 GHz 范围内分布着 12 个观测频道,按 55°入射视角观测地球,通过圆锥式扫描方法,扫描地面 1600 km 刈幅宽度,获取空间分布信息,地面分辨率有 250 m、500 m、1 km 三种,仪器绝对辐射精度 5%,在地面分辨率 1 km 时,信噪比≥500,重复覆盖周期为 16 天(伍玉梅等,2007)。

2. 云检测

在遥感海表温度反演时,云检测是首要解决的问题之一。除合成孔径雷达传感器能穿透云层获取地表信息外,其他传感器均未能彻底解决遥感影像数据的云覆盖问题,云是辐射传播中的严重障碍,在很大程度上影响遥感信息获取的质量,从而降低了数据的利用率。因此,云/晴空识别作为反演流程中的关键一环,对反演结果准确度起到决定性的作用。

云检测就是通过对卫星观测到的目标物的辐射值或反演参数进行区分,然后判断是晴空辐射还是含云辐射。遥感条件下的云识别包括主动式和被动式遥感条件下的云识别,主动式遥感条件下云的识别可以从大气反射回来的回波信号中提取云的温度、湿度、气压、降水、雷电、大气湍流和大气微量气体的成分等探测资料。主动式遥感的信号稳定,产生的信号回波的结构非常精细。但由于增加了高功率的信号发射设备,探测系统的体积、重量和功耗比被动式大气遥感要增加几十倍以上,很难实现对天气系统的长时间、大范围监测。被动式遥感探测系统不需要信号发射设备,探测系统的体积、重量和功耗相比主动式遥感都大为减小。被动式遥感还具有监测范围大和运行时间长的优点。

被动遥感条件下云识别的方法主要有 ISCCP 方法、APOLLO 方法、CLAVR 方法、CO_2 薄片法和红外辐射局地相关性法等(杨铁利和何全军,2006;包书新,2008)。

1) ISCCP 方法

ISCCP(the international satellite cloud climatology project)方法主要由 Rossow 等(1989)、Séze 和 Rossow(1991a)、Rossow 和 Garder(1993)等开发研制。检测方法中用到窄波段的可见光(0.6 μm)和红外窗区(11 μm)波段的资料。把每个像元的观测辐射值与晴空辐射值比较,若两者的差大于晴空辐射值本身的变化时,判定该像元点是云点。云检测的误差大小与阈值的选取关系密切。

2) APPOLLO 方法

APPOLLO 即 AVHRR(processing scheme over cloud land and ocean)算法,它由 Saunders 和 Kriebel(1988)、Kriebel 等(1989)、Gesell(1989)等研制开发。方法利用了 AVHRR 五个全分辨率探测通道(0.58~0.68 μm、0.72~1.10 μm、3.55~3.93 μm、10.3~11.3 μm 和 11.5~12.5 μm)资料。在五个通道资料的基础上,像元被认为是有云像元必须满足像元的反射率比所设定的阈值高或温度比所设定的阈值低,通道 2 与通道 1 的比值介于 0.7 和 1.1 之间,通道 4 和通道 5 的亮温差大于所设定的阈值等几个条件。如果像元通过了以上所有的检验,像元为晴空,只要有一个检验未通过,就认为像元被云污染。

3) CLAVR 方法

CLAVR 是 NOAA Cloud AVHRR 方法,利用 AVHRR 五个通道资料在全球范围内进行云检测(Stowe et al.,1991)。同样采用了一系列判别阈值。不同之处在于采用了 2×2 的像元(4 km 分辨率)矩阵作为判识单位。当 2×2 像素点数列中 4 像素点全部没有通过有云判识时,像元矩阵为无云。4 个像素点全通过有云判识时,像元矩阵为完全云覆盖。4 像素点中有 1 至 3 个像素点通过有云判识时,像元矩阵被认为是混合型(50% 的云),对混合型需增加其他的条件再进一步判定。

3. 海表温度的遥感反演方法

目前,海表温度的遥感反演主要有微波遥感和热红外遥感两种,依赖于物体温度的微波辐射叫微波热辐射。热红外遥感主要是利用自然状态下的海水发射的表面热辐射。

海水表层温度的反演,主要以热红外遥感反演为主。它是指从传感器原始数据获得定量海水表层温度的数学物理方法。从卫星平台观测海洋,海洋信息经过复杂的海洋-大气系统而被星载传感器接收,再传到地面卫星接收站。因此,热红外遥感的反演一定要考虑如何消除或减少海洋-大气对辐射信息的影响(毛志华等,2003;党顺行等,2001)。

利用红外波段测温的物理基础是普朗克辐射定律(冯士筰等,2004)。温度为 $T(\mathrm{K})$ 的黑体辐射率为普朗克函数:

$$B(\lambda,t) = \frac{2hc^2}{\lambda^2} \frac{1}{\exp\left(\dfrac{hc}{k\lambda T}\right) - 1} \tag{4.1}$$

式中，普朗克常数 $h=6.6262\times10^{-34}$ J·S；玻尔兹曼常数 $k=1.3806\times10^{-23}$ J/K；光速 $c=3\times10^{8}$ m/s。

在热红外谱段，大气存在两个窗口，即 3～5 μm 和 8～13 μm，如图 4.1 所示。热带大气透射率最低，水汽是主要的吸收因子。11 μm、12 μm 为海水辐射峰值区，3.7 μm 水汽吸收弱，透射率高。因此红外辐射计的光谱通道设在 3.7 μm、11 μm 和 12 μm。

热红外反演海水表层温度主要是利用相关通道获得的辐射量进行海水表层温度的反演，按所采用的通道数量的不同，可以分为单通道和多通道两大类，单通道和多通道都包含直接反演法和统计方法。这里以 AVHRR 传感器为代表，介绍遥感反演 SST 的业务化方法。

NOAA 采用的业务化海表温度反演算法有 MCSST、水汽模式 SST（WVSST）、MC-SST 修正模式和非线性 NLSST 模式等（蒋兴伟等，2008）。

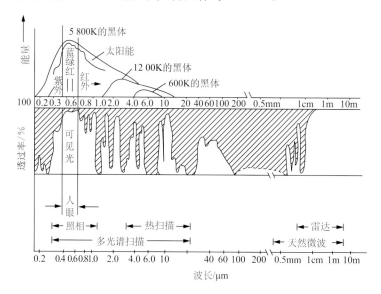

图 4.1　大气透射率随波长的变化

其中 MCSST 包括劈通道算法和三通道算法。

第一个 AVHRR SST 算法是 McClain 等（1985）根据 SST 的分裂窗（spli-window）形式推导出来的，它是多通道 SST 算法（MCSST），基本形式为

$$\mathrm{SST}=C_1T_4+C_2(T_4-T_5)+C_3 \tag{4.2}$$

式中，C_1、C_2 和 C_3 是常数。式（4.2）中的系数由卫星观测的 T_4 和 T_5 反演出的 SST 与匹配的观测数据通过最小二乘法回归得到。如对白天和 NOAA-14，Walton 等（1998）给出的具体方程为

$$\mathrm{SST}=0.95876T_4+2.564(T_4-T_5)-261.68 \tag{4.3}$$

式中，T_4 和 T_5 是 K 氏温度，SST 是摄氏温度。在式（4.3）中，第一项是 T_4 乘以一个接近 1 的常数，所以这一项接近于表面温度；第二项是去除水汽的影响；第三项是把 K 氏温度转换为摄氏温度。

当 SST 实际温度较大时,式(4.3)反演的 SST 结果误差较大,应选择其他模式计算,比如后来改进的水汽模式 SST(WVSST)、MCSST 修正模式和非线性 NLSST 模式。

MODIST 的 SST 算法(分裂窗算法):MODIST 使用两组热红外波段反演 SST(表 4.1),4 μm 窗口的 3 个波段(20 波段、22 波段和 23 波段),11 μm 窗口的 2 个波段(31 波段和 32 波段)。

11 μm 算法的基本形式

$$\mathrm{SST}_{11} = C_1 T_{31} + C_2 T_{\mathrm{sfc}}(T_{31} - T_{32}) + C_3(T_{31} - T_{32})(\sec\theta - 1) + C_4 \tag{4.4}$$

式中,T_{sfc} 是雷诺兹 SST(Rayholds SST),它是一个普遍使用的产品,它把表面测量和 AVHRR 观测数据优化并插值到 $1° \times 1°$ 网格,从而获得全球 SST 场产品,有周平均和月平均两类(Reynolds and Smith,1994)。当 $T_{31} - T_{32} \leqslant 0.7K$,式(4.4)的系数分别是 $C_1 = 0.976$,$C_2 = 0.126$,$C_3 = 1.683$ 和 $C_4 = 1.2026$;当 $T_{31} - T_{32} \geqslant 0.7K$,式(4.4)的系数分别是 $C_1 = 0.891$,$C_2 = 0.125$,$C_3 = 1.109$ 和 $C_4 = 2.7478$。该方程适用于白天和夜间的海温反演。

4 μm 算法的基本形式

$$\mathrm{SST}_4 = C_1 + C_2 T_{22} + C_3(T_{22} - T_{23}) + C_4(\sec\theta - 1) \tag{4.5}$$

该方程只能用于夜间,且只有一组系数。对于 TERRA 卫星上的 MODIS,式(4.5)的系数分别是 $C_1 = -0.065$,$C_2 = 1.034$,$C_3 = 0.723$ 和 $C_4 = 0.972$。与 11 μm 相比,4 μm 波段受水汽的影响很小。

与浮标资料相比,利用 11 μm 反演的白天 SST_{11} 精度是 $\pm 0.5K$,夜间的是 $\pm 0.4K$。利用 4 μm 反演的 SST_4 是 $\pm 0.4K$。11 μm 算法的优势是能在所有时间段使用,延续了 AVHRR SST 数据的时间序列并提高了精度,缺点是受水汽和火山爆发形成的气溶胶以及对流层气溶胶的影响很大。而 4 μm 算法虽简单,对水汽不敏感以及精度较高,但由于它易受到太阳耀斑的影响,只能用于夜间。MODIS 热红外反演的海表温度(图 4.2)。

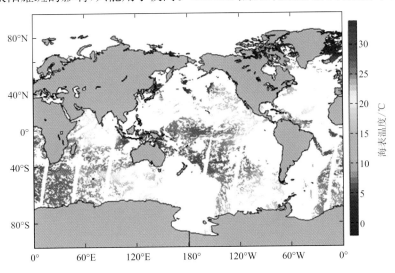

图 4.2　MODIS 反演的海表温度(2011 年 9 月 24 日)

4.2　海洋水色信息提取

　　海色遥感是唯一可穿透海水一定深度的卫星海洋遥感技术。它利用星载可见红外扫描辐射计接收海面向上光谱辐射,经过大气校正,根据生物光学特性,获取海中叶绿素浓度及悬浮物含量等海洋环境要素。因而,它对海洋初级生产力、海洋生态环境、海洋通量和渔业资源等具有重要意义。

　　在海色遥感研究中,海水划分为Ⅰ类水域和Ⅱ类水域。前者以浮游植物及其伴生物为主,海水呈现深蓝色,大洋属于这一类。后者含有较高的悬浮物、叶绿素和可溶性有机物(DOM)以及各种营养物质,海水往往呈现蓝绿色甚至黄褐色。中国近海就是典型的Ⅱ类水域(詹海刚等,2000;李四海等,2000;任敬萍和赵进平,2002)。

　　继 1978 年 Nimbus-7/CZCS 卫星资料的成功应用之后,卫星海色遥感逐渐成为一些著名的国际海洋研究计划的关键技术和重要内容。

1. 主要的水色传感器

　　自 1978 年 Nimbus-7/CZCS 卫星成功发射之后,于 1997 年 8 月年发射了 SeaWiFS,在前面传感器的基础之上进行了改良的 MODIS 于 1999 年发射上空。这里对这 3 种主要的水色传感器进行基本介绍。

　　装载于 Nimbus-7 上的海色传感器 CZCS(coastal zone color scanner)是一个以可见光通道为主的多通道扫描辐射计。前 4 个通道的中心波长分别为 443 nm、520 nm、550 nm 和 670 nm,位于可见光范围。第 5 通道位于近红外,中心波长为 750 nm,第 6 通道位于热红外,波长范围为 10.5～12.5 μm。CZCS 可见光波段的光谱带较窄,仅为 20 nm,地面分辨率 0.825 km,观测角沿轨迹方向倾角可达到 20°,用以减少太阳耀斑的影响。刘幅宽度 1636 km,8 bit 量化(冯士筰等,2004)。表 4.3 给出 CZCS 传感器的技术参数。

表 4.3　CZCS 传感器技术指标及波段设计

波段	波长/nm	最小信噪比(SNR) /(NEΔT^*)	饱和辐亮度(Temp*) /〔mW/(cm² · nm · ster)〕
1	443	150	5.41
2	520	140	3.50
3	550	125	2.86
4	670	100	1.34
5	750	100	10.8
6	1150	0.220K*	270K*

＊270K 处噪声等效温度误差。

　　SeaWiFS(sea-viewing wide-field-of view sensor)是装载在美国 SEASTAR 卫星上的第二代海色遥感传感器,1997 年 8 月发射成功,运行状况良好。SeaWiFS 共有 8 个通道,前 6 个通道位于可见光范围,中心波长分别为 412 nm、443 nm、490 nm、510 nm、555 nm、

670 nm。7、8 通道位于近红外,中心波长分别为 765 nm 和 865 nm。SeaWiFS 的地面分辨率为 1.1 km,刈幅宽度 1 502～2 801 km,观测角沿轨迹方向倾角为 20°、0°、−20°。10 bit 量化(冯士筰等,2004)。表 4.4 给出了 SeaWiFS 的技术参数。

表 4.4　SeaWiFS 传感器主要技术指标及波段设计

设备波段	
波段	波宽/nm
1	402～422
2	433～453
3	480～500
4	500～520
5	545～565
6	660～680
7	745～785
8	845～885
工作特征	
轨道类型	太阳同步,卫星高度 705 km
刈幅宽度	2 801 km(局部覆盖),1 502 km(全球覆盖)
扫描角	58.3°(局部覆盖),45.0°(全球覆盖)
天底点空间分辨率	1.1 km(局部覆盖),4.5 km(全球覆盖)
扫描周期	0.167 s
量化	10 bits

　　SeaWiFS 在 CZCS 基础上进行了改进和提高:①增加了光谱通道,即 412 nm、490 nm、865 nm。412 nm 针对于Ⅱ类水域 DOM 的提取,490 nm 与漫衰减系数相对应,865 nm 用于精确的大气校正。②提高了辐射灵敏度,Sea-WiFS 灵敏度约为 CZCS 的 2 倍。在 CZCS 反演算法中被忽略因子的影响,如多次散射、粗糙海面、臭氧层浓度变化、海表面大气压变化和海面白帽等,都在 SeaWiFS 反演算法中得到体现。

　　MODIS 是搭载在 TERRA 和 AQUA 卫星上的一个重要的传感器,是当前世界上新一代"图谱合一"的光学遥感仪器,有 36 个离散光谱波段,光谱范围宽,从 0.4 μm(可见光)到 14.4 μm(热红外)全光谱覆盖。数据主要有三个特点:其一,NASA 对 MODIS 数据实行全世界免费接收的政策(TERRA 卫星除 MODIS 外的其他传感器获取的数据均采取公开有偿接收和有偿使用的政策),这样的数据接收和使用政策对于大多数科学家来说是不可多得的、廉价并且实用的数据资源;其二,MODIS 数据涉及波段范围广(36 个波段)、数据分辨率比 NOAA-AVHRR 有较大的进展(表 4.5),这些数据均对地球科学的综合研究和对陆地、大气和海洋进行分门别类的研究有较高的实用价值;其三,TERRA 和 AQUA 卫星都是太阳同步极轨卫星,TERRA 在地方时上午过境,AQUA 将在地方时下午过境。TERRA 和 AQUA 上的 MODIS 数据在时间更新频率上相配合,加上晚间过境数据,对于接收 MODIS 数据来说,可以得到每天最少 2 次白天和 2 次黑夜更新数据。这样的数据更新频率,对实时地球观测和应急处理(例如森林和草原火灾监测和救灾)有较大的实用价值。

表 4.5　MODIS 技术指标表

项目	技术指标
轨道	705 km,降轨上午 10:30 过境,升轨下午 1:30 过境,太阳同步,近极地圆轨道
扫描频率	每分钟 20.3 转,与轨道垂直
测绘带宽	2330 km×10 km
望远镜	直径 17.78 cm
体积	1.0 m×1.6 m×1.0 m
重量	250 kg
功耗	225 W
数据率	11 Mbit/s
量化	12 bit
分辨率	250 m、500 m、1 000 m
设计寿命	5 年

2. 反演的基本原理

海洋光学理论是海色卫星遥感的基础。首先,海色传感器可见光通道是按照海洋中主要组分的光学特性设置的,每个通道对应于海洋中各种组分吸收光谱中的强吸收带和最小吸收带。443 nm 通道位于叶绿素强吸收;520 nm 通道叶绿素的吸收比水明显大,可以补充叶绿素信息;550 nm 通道则接近叶绿素吸收的最小值,在强透射带内,同时对应较小的海水吸收。

几个主要的海洋光学关系式介绍如下。

离水辐亮度(即海面后向散射光谱辐射):

$$L_w(\lambda) = \frac{(1-\rho)\,E_d(0^-)R}{n_w^2 Q} \tag{4.6}$$

式中,ρ 是海气界面的菲涅尔反射系数;n_w 是水的折射率;Q 为光谱辐照度与光谱辐亮度之比。$R = E_u(0^-)/E_d(0^-)$,进一步可以化简为

$$R \approx 0.33\, b_b/a \tag{4.7}$$

式中,R 与水体的固有光学特性有关;b_b 是水体的总后向散射系数;a 为水体总体积吸收系数(冯士筰等,2004)。

3. 水色遥感反演方法

从水色卫星资料获取海洋水色要素的信息,涉及三个主要过程:辐射量定标、大气校正和生物光学算法。其中大气校正和生物光学算法是两个关键技术。大气校正,即从传感器接收到的信号中消除大气的影响,获得包含海水组分信息的海面离水辐亮度。生物光学算法,即根据不同海水的光学特性,由海面向上光谱辐亮度反演叶绿素浓度、悬移质、CDOM 浓度等有关的海洋水色要素(冯士筰等,2004;刘良明,2005;蒋兴伟等,2008)。

1) 辐射量定标

海色传感器输出的计数值 DC(digital count),并非真正意义上的物理量。因此,必须利用标准源将计数值换算成辐亮度,这一过程叫做辐射量定标。一般说来,传感器接收的辐亮度由下式确定:

$$L_t(\lambda) = S(\lambda)DC + I(\lambda) \tag{4.8}$$

式中,S、I 为斜率和截距,对于 CZCS,在实验室中用直径为 76cm 的积分球对辐射计预先进行校准。卫星发射后用机内白炽灯光源和涂黑仪器箱进行星上定标。另外深空也作为一个定标源。传感器按固定的程序测量目标和定标源,测量的数据传送回地面通过公式(4.8)来校正 S 和 I。

2) 大气校正算法

大气校正的目的是消除大气吸收和散射的影响,获取海面向上光谱辐亮度。CZCS 大气校正算法采用单次散射模型,其本质是一种对洁净大气中良好传播的线性近似。传感器接收到的辐亮度 $L_t(\lambda)$ 由四部分组成,即

$$L_t(\lambda) = L_r(\lambda) + L_a(\lambda) + t(\lambda)L_w(\lambda) + L_{ra}(\lambda) \tag{4.9}$$

式中,$L_r(\lambda)$ 为大气分子瑞利散射引起的光辐射,可由大气传输理论精确计算得出。$L_w(\lambda)$ 是离水辐亮度,是大气校正所得的结果。$t(\lambda)$ 是大气透射率:

$$t(\lambda) = t_r(\lambda)t_{o_2}(\lambda)t_a(\lambda) \tag{4.10}$$

式中,下标 r、o_2、a 分别代表分子散射、臭氧、气溶胶。$L_{ra}(\lambda)$ 为瑞利散射和气溶胶散射相互作用引起的光辐射,单次散射情况下可以忽略。$L_a(\lambda)$ 为气溶胶散射引起的光辐射,由于气溶胶不断变化的特性,通常需要两个波段来确定气溶胶贡献的大小和气溶胶贡献对波长的依赖关系。CZCS 只有 670nm 波段用于大气校正,因此必须假设气溶胶的分布均匀,通过寻找图像的清水区,即 $L_w(670)=0$,得到 $L_a(670)$,利用 $L_a(\lambda)$ 与波长之间的关系外推得到 $L_a(\lambda)$,然后由式(4.10)计算 $L_w(\lambda)$。

3) 生物光学算法

由海面向上光谱辐亮度 L_w 反演海中叶绿素浓度、悬移质、CDOM 浓度的方法,称为生物光学算法。由式(4.8)、式(4.9)计算可得出,海表层叶绿素浓度与海洋光学参数之间的关系为

$$L_w = \frac{t_w \cdot E_d(0^-)R}{3n_w^2 \cdot Q} \left[\frac{b_{b_w} + \sum_i b_{b_i}}{a_w + \sum_i a_i} \right] \tag{4.11}$$

式中,$a_i = f_i^a(c_i)$;c_i 是水中 i 组分的浓度;f_i 一般是非线性函数;a_w、a_i 分别为海水及第 i 组分的吸收系数;b_{b_w}、b_{b_i} 分别为海水及第 i 组分的后向散射系数。现场观测已证实了该公式的合理性。鉴于海水组分浓度及其引起的后向散射特性与吸收特性之间关系的复杂性,由上述解析式很难求出 f_i 的解,必须利用经验算法。目前比较常用的计算色素浓度的方法为比值法,即利用两个或两个以上不同波段的辐亮度比值与叶绿素浓度的经验关

系。目前,水色遥感主要针对相对简单的Ⅰ类水体进行研究,取得了较大进展。这儿主要介绍有几种简单的方法。

(1) Gordon 等(1988)提出的适合于Ⅰ类水体的双通道算法,利用绿(520nm/550nm)与蓝(443nm)波段的比率来确定叶绿素的浓度,这一比值反映了随叶绿素浓度增加,海色由蓝到绿的变化趋势:

$$C1 = 1.13[L_w(443)/L_w(550)]^{-1.71}$$
$$C2 = 3.33[L_w(520)/L_w(550)]^{-2.44}$$
$$C = C2, \qquad 当 C2,C1 > 1.5 \text{ mg/m}^3$$
$$C = C1, \qquad 其他情况 \tag{4.12}$$

(2) Clark 提出的三通道算法

$$C = 5.56[L_w1 + L_w2/L_w3]^{-2.252} \tag{4.13}$$

SeaWiFS 传感器的生物光学算法在 CZCS 基础上改进如下

$$C = \exp[0.464 - 1.989\ln(nL_w(490)/nL_w(555)] \tag{4.14}$$

(3) 美国 NASA 戈达德空间飞行中心承担了 SeaWiFS 资料的大气校正定标、验证和算法研究,也取得了全球性的、主要适用于大洋水域的 NASA 标准算法,并专门开发了一套处理软件 SeaDAS(SeaWiFS data analysis system),它是一个完整的图像分析软件包,用于对水色资料的处理、展示、分析和质量控制,最后获得 SeaWiFS、MODIS 等各级产品资料。图 4.3 为 MODIS 资料反演的中国海叶绿素浓度分布。

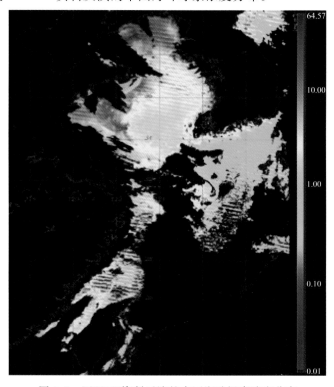

图 4.3　MODIS 资料反演的中国海叶绿素浓度分布

4. 海洋初级生产力的估算

卫星得到的全球海洋叶绿素资料的一个主要用途是估计海洋初级生产力,海洋初级生产力的遥感研究可以认识大尺度时空范围内海洋初级有机物的生产、分布和变化规律,评估生物资源蕴藏量及生产潜力,为合理开发利用海洋生物资源和实行渔业生产农牧化等提供参考。浮游植物的生物量同叶绿素浓度是对应的,所以在一定的光照条件下,初级生产力和叶绿素浓度也是对应的。遥感估算海洋初级生产力模型通常被分为两种类型:经验模式和生理过程模型。实际上大多数模式都是依赖于经验参数化的(吴培中,2000;冯士筰等,2004;官文江等,2005;丛丕福等,2009)。

1) 经验模式

经验模式以初级生产力和近表层叶绿素或色素浓度之间的经验关系为基础。通常是通过大量的现场观测资料建立回归关系,表达式形如:

$$\text{PP} = a\, C_{\text{surf}} + b \quad 或 \quad \text{lnPP} = a\ln C_{\text{surf}} + b \tag{4.15}$$

其中,PP 为日平均初级生产力,单位为 g C $\cdot$ m^{-2} $\cdot$ d^{-1};C_{surf} 为近表层色素浓度,单位为 mg $\cdot$ m^{-3};a 和 b 为回归系数。

如 Lorenzen 在 1970 年提出的表层叶绿素浓度估算初级生产力的经验模型:

$$\text{lnPP} = 0.427 + 0.475\ln C_{\text{surf}} \tag{4.16}$$

经验关系简单,计算量小,有可能给出较好的长期、区域倾向和初级生产力变化的估算,但它适用范围小,只适用于色素或叶绿素同生产力的关系恒定的区域,因此半解析和解析的算法精度比较高。

2) 生理过程模型

把生态学数理模型中的某些参数以遥感手段来获取,并进行相应处理后用来估计海洋初级生产力。这类模型结合了浮游植物光合作用的生理学过程和经验关系,是目前研究的热点。比较有代表性的模型有 BPM 模型(bedford productivity model)、LPCM 模型(laboratoire de physique et chimie marines)、VGPM 模型(vertically generalized production model)等。这里主要介绍 VGPM 模型,该模型经过不同海域、长时期、大范围的上万个实测数据的验证,计算简单并且精确度较高。简化的 VGPM 模型如下

$$\text{PP}_{\text{eu}} = 0.66\,125 \times P_{\text{opt}}^{B} \times \frac{E_0}{E_0 + 4.1} \times Z_{\text{eu}} \times C_{\text{opt}} \times D_{\text{irr}} \tag{4.17}$$

式中,PP_{eu} 为表层到真光层的初级生产力,以每天每平方米面积所产生的碳的毫克数计,单位为 mg $\cdot$ m^{-2} $\cdot$ d^{-1};P_{opt}^{B} 为水柱的最大碳固定速率,以每小时每毫克叶绿素所产生的碳的毫克数计,单位为 mg $\cdot$ mg^{-1} $\cdot$ h^{-1};E_0 为海表面光合有效辐射度,单位为 mol $\cdot$ m^{-2} $\cdot$ d^{-1}。Z_{eu} 为真光层深度,单位为 m;C_{opt} 为 P_{opt}^{B} 所在处的叶绿素浓度,可以用 C_0 或遥感叶绿素浓度 C_{sat} 代替,单位为 mg $\cdot$ mg^{-3};D_{irr} 为光照周期,单位为 h。图 4.4 是基于卫星遥感的南海海域的海洋初级生产力分布。

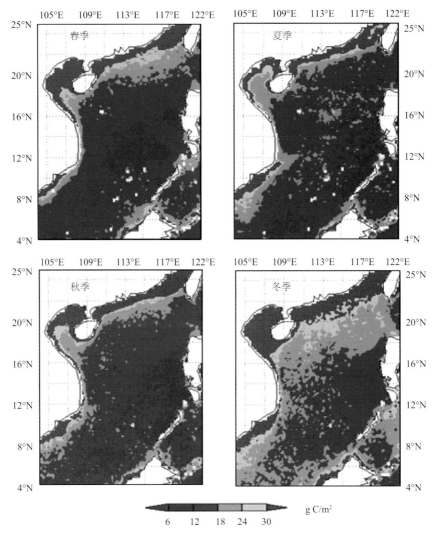

图 4.4　SeaWiFs 反演的南海 1998~2002 年春、夏、秋、冬四季初级生产力平均值分布

资料来源：李小斌等，2006

4.3　海洋动力环境信息提取

　　卫星探测海洋动力参数主要依靠微波传感器，其中高度计（altimeter，ALT）最为成熟。ALT 通过对海平面高度、有效波高和后向散射的测量，可同时获取流、浪、潮和海面风速等重要动力参数。卫星高度计还可应用于地球结构和海域重力场研究（王正涛等，2006；周旭华等，2008）。

　　继 Skylab、Geos-3 以及 SeasatA 卫星之后，美国海军于 1985 年发射了 Geosat 业务化卫星，它为科学家们首次提供了持续时间长、覆盖范围广的卫星高度计资料，从而揭开了卫星海洋学和卫星大地测量学崭新的一页。ERS-1 卫星、Topex/Poseidon 卫星、ERS-2

卫星是目前正在运行的三颗装有高度计的卫星。其中美、法联合发射的 Topex/Poseidon
卫星上同时装载两台高精度高度计,作为全球大洋环流实验(WOCE)的核心设备,它的
成功发射与运行,是卫星测高技术的一次飞跃。

卫星测高技术是指利用卫星载体携带的高度计,实时测量地球表面高度随时间的变
化信息。由于科学技术的发展和限制,卫星测高技术的实际应用起始于 20 世纪 80 年代,
早期的测高卫星主要用于测量全球海平面的高度及其随时间的变化信息。其典型代表是
欧洲和美国联合开发的 Topex/Poseidon 卫星,其测量精度达到 2～3 cm(何宜军等,
2002)。

卫星测高技术的主要原理如图 4.5 所示。①利用 GPS 卫星和地面卫星跟踪系统,
实时计算出测高卫星的运行轨迹(经纬度、高度、时间),从而实时得到卫星距地球质心
的高度;②利用星载高度计实时计算卫星到星下点瞬时海面的高度;③计算星下点的
椭球高度。考虑到地球是一个扁圆的旋转椭球体,因此还需要考虑椭球(地球扁率)的
影响。

海面地形是指海面高度减去大地水准面高。海洋学认为,海面地形主要是由海洋洋
流或环流引起的。因此,利用卫星测高资料和大地水准面资料可以研究海洋环流。对于
大地测量学和地球物理学来讲,利用长期的卫星测高资料可以得到平均海面高度。长期
平均海平面近似认为大地水准面,大地水准面一阶导数即重力异常,由重力异常可以反演
海底地形,如图 4.6 所示。

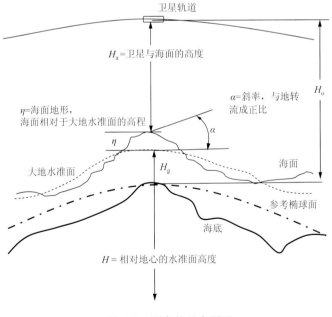

图 4.5　测高的基本原理

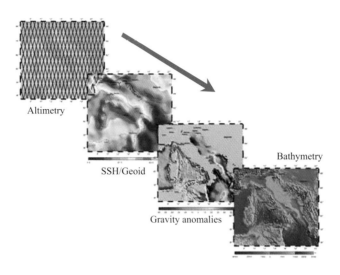

图 4.6　卫星测高数据在大地测量及地球物理学方面的应用

1. 主要的传感器

测高的主要传感器有 Geosat、Topex/Poseidon 卫星、ERS-2。Geosat 系列是美国海军卫星，Topex/Poseidon 系列是 NASA 和 CNES(法国航天局)合作的，两者均为海洋地形卫星，星上装有雷达高度计，主要用于测量海面和冰面高度，其次也用于海面风速和波高的测量(李建成等，2000；李建成等，2001；高永泉和章传银，2002；许军等，2006)。由海面高度可获得海面和冰面拓扑，也可反演得到海洋重力场、大洋潮汐等信息。Geosat 卫星于 1985 年 3 月发射运行至 1990 年 1 月，Geosat 后继卫星 GFO-1 于 1998 年 2 月 10 日发射并运行至今。Topex/Poseidon 卫星于 1992 年 8 月发射并运行至今，后继卫星 Jason 计划于 2000 年发射。Jason 于 2001 年 12 月 7 日发射，接替已经运行了 9 年的 Topex/Poseidon 卫星，为国际科学界迅速提供几个小时或几天内海洋状态的有关情况。Jason 卫星计划是发展未来海洋观测和预测运转系统的重要组成部分，将在未来几十年内利用雷达高度测量技术、全球海洋测量方法制造一系列的卫星(表 4.6)。

表 4.6　Geosat 和 Topex/Poseidon 的技术参数

卫星	Geosat	GFO-1	Topex/Poseidon	Jason
机构	US navy	US navy	NASA/cnes	NASA/cnes
发射时间(年-月)	1985-03	1989-02	1992-08	2001-12
终止时间(年-月)	1990-01	运行	运行	运行
频段	ku	ku	ku/c 各一台	ku
测高精度(rms)/cm	13	3.5	3.5	5

注：Geosat 卫星雷达高度计从 1985-03～1986-09 共 18 个月的采样间距为 4 km，测高资料是保密的。在 1994 年对外公布的资料中采样间距为 10 km；由 Geosat 测高资料反演的海面重力场精度为 2～3 mGal。

2. 反演的基本原理

在阐述卫星高度计工作原理前,首先说明与海平面高度有关的几个曲面以及引起海平面高度变化的主要因素(冯士筰等,2004;刘良明,2005)。

1) 参考椭球面(reference ellipsoid)

地球实际上是一个略呈扁形的旋转椭球体。由于万有引力和惯性离心力的作用,在静止大气层覆盖下静止的水体表面,可近似视为一个长轴在赤道方向的双轴旋转椭球体,其几何形状由半长轴和偏心率两个参数确定。这一理想化的数学曲面定义为参考椭球面,并以此作为实际海平面的零级近似。

2) 大地水准面(geoid)

地球上重力位势相等的各点构成等势面,与平均海平面最为接近的等势面称为大地水准面,它是一个假想曲面,其形状主要决定于地球的内部结构和外部形态,是实际海平面的一级近似。

3) 瞬时海面(instantaneous sea surface)

瞬时海面即某一时刻的实际海面。它除了受制于地球重力场的分布之外,还受到海流、波浪、潮汐、降水、融冰、气压等海洋和大气过程的影响,是各种复杂环境因素共同作用下的一种随机瞬态平衡。

4) 平均海平面(mean sea level)

卫星高度计测得的瞬时海面经海洋潮高、固体潮高和有效波高修正之后,得到所谓平均海平面。但是这一定义本身并不具有时间平均的含义。如果想得到某段时间内的平均海平面,则需对上述概念的平均海平面在该时间段上进行平均。

在海洋学中,平均海平面定义为 18.67 年天文周期中每小时潮高值的算术平均值。由于测量上的困难,许多国家选定沿岸某个验潮站的平均海平面作为全国的平均海平面基准。严格来说,这种方法只定义了平均海平面的一个参考点,不能反映平均海平面空间起伏和时间变化。由于卫星高度计资料时间跨度和验潮站资料空间分布的局限,上述两种定义在相当长一段时间内仍无法统一。

5) 海面动力高度(sea surface dynamic height)

将平均海平面相对于大地水准面的偏离,称为海面动力高度,即海洋学中的海面重力位势差,其范围一般在 ±1.5 m 以内。

6) 大地水准面起伏(geoid undulation)

大地水准面相对于参考椭球面的偏离,称为大地水准面起伏,其范围一般在 ±100 m 以内。

7) 海平面起伏(sea surface undulation)

瞬时海平面相对于大地水准面的偏离,称为海平面起伏。其范围一般在 ± 10 m 以内。需要强调的是,海平面起伏和大地水准面起伏比它们各自的绝对高度更具有重要意义。因为在这些起伏中,包含了地球内部结构和海洋动力过程的各种信息。

目前高度计资料的空间采样间隔,沿轨迹方向为 7 km 左右,在赤道处相邻平行轨道的间隔为 310 km(T/P)或 80 km(ERS-1,2,35 天周期)。时间采样间隔,沿轨迹方向为 1 秒左右,重复周期有 3 天、10 天、17 天、35 天和 168 天等。

卫星高度计工作原理主要是:卫星高度计由一台脉冲发射器、一台灵敏接收器和一台精确计时钟构成。脉冲发射器从海面上空向海面发射一系列极其狭窄的雷达脉冲,接收器检测经海面反射的电磁波信号,再由计时钟精确测定发射和接收的时间间隔 Δt,便可算出由高度计质心到星下点瞬时海面的距离 H_{meas}:

$$H_{meas} = c \cdot \frac{\Delta t}{2} \tag{4.18}$$

式中,$c = 3 \times 10^8$ m/s,为电磁波在真空中的传播速度。

高度计的技术难度在于要达到厘米量级的测距精度。对于 5 cm 的测高精度,相应的时间测量要准确到 0.2 ns 左右,要求计时钟具有年误差不超过 1 s 的精度。同时,对发射和接收技术也提出了高要求。首先,高度计向海面发射一系列测距尖脉冲能量很有限,不足以保证检测回波信号所需的信噪比。为了使输出脉冲携带足够的能量,星载高度计采用了脉冲压缩技术。其次是测距脉冲所要求的带宽问题。

3. 海面高度的遥感反演

从卫星测高的几何关系上看(图 4.7),海平面高度可以表示为

$$H_{inst} = (H_{sat} + \varepsilon_{sat}) - (H_{meas} + \Delta H_{meas} + \varepsilon_{meas}) \tag{4.19}$$

而

$$\Delta H_{meas} = H_{com} + H_{wet} + H_{dry} + H_{iono} \tag{4.20}$$

式中,H_{inst} 为星下点瞬时海平面相对于参考椭球面的高度;H_{sat} 为卫星质心相对于参考椭球面的计算高度;ε_{sat} 为 H_{sat} 的计算误差;H_{meas} 为高度计质心到星下点瞬时海平面的测量距离;ΔH_{meas} 为对 H_{meas} 的各种修正;H_{com} 为质心修正;H_{wet} 为湿对流层修正;H_{dry} 为干对流层修正;H_{iono} 为电离层修正;ε_{meas} 为 H_{meas} 的测量误差。

可见,星下点的瞬时海面高度是由卫星高度与测量高度之差经过一系列修正后得到的,而卫星高度是根据轨道动力学方程结合地面遥测定位数据经理论计算得到的,测量高度是根据前节描述的原理由高度计实测得到的,各种修正量通过其他独立渠道获得。

另一方面,从海平面高度的构成来看,瞬时海面还可以表示为

$$H_{inst} = H_g + H_{dt} + H_{ot} + H_{st} + H_{swh} \tag{4.21}$$

式中,H_g 为大地水准面高度;H_{dt} 为海面动力高度;H_{ot} 为海洋潮高;H_{st} 为固体潮高;H_{swh} 为海面有效波高。

在实际应用时,首先由式(4.18)确定瞬时海面高度,再依据式(4.21)采用适当的数据处理方法将各种海洋过程分离出来(胡建国等,2004)。

4. 海面流场的遥感反演

目前,利用卫星高度计资料推算大洋环流最简单的方法是将平均海平面与大地水准面相减,得出动力高度,再利用地转平衡关系,算出大洋环流。由于现有大地水准面模型的误差与大洋环流对应的动力高度处于同一量级,因而,这种方法只能用于大尺度海洋动力现象观测。另一种方法被称为同步分离法,其主要思路是将大地水准面与海面动力高度同时从高度计资料分离出来。这一方法的数学依据是改进的加权约束最小二乘法(毛庆华等,1999;李立等,2000;汪海洪等,2004;周旭华等,2008)。图 4.7 表示的是基于卫星资料模拟的西南大西洋海域的海洋流场分布。

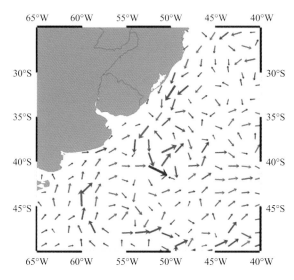

图 4.7 基于卫星数据的西南大西洋的海流分布

4.4 其他渔场环境信息提取

海水表层温度、叶绿素、海面高度是当前卫星遥感能够监测获取的且应用较为成熟的渔场环境因子,其他如风场、盐度、海冰、海流等环境因子也与渔场的形成具有一定的关系。下面就这几个环境因子的卫星遥感研究现状进行简单的介绍。

1. 海面风场

海面风场资料,对于各种海洋环境数值预报模式都是十分重要的边界条件。遗憾的是,海面风场资料严重缺乏。从浮标和船舶所获得的风测量数据十分有限,且离散性大、分布不均匀。科学家一直在寻求获得海面风场资料的有效手段。可见光和红外卫星遥感首先得到广泛应用,利用静止气象卫星云图,通过云导风技术获得高空风场,这种方法从

20 世纪 70 年代一直沿用至今。星载微波散射计探测海面风场的建议早在 1966 年提出，这种技术的有效性被 1973 年 Skylab 卫星 S-193 散射计和 1978 年 SeasatA 卫星 SASS 散射计的成功经验所证实。1991 年欧洲空间局（ESA）的 ERS-1 卫星上装载的主动微波探测仪（AMI）设有散射计工作模式，使卫星散射计风场测量进入业务化监测的新纪元。

海面风场反演很好地解决了海上常规资料匮乏的问题。目前，能较成熟的提供海面风场信息的卫星传感器主要有主动探测的散射计和高度计，被动探测的微波辐射计等。我国首颗海洋动力环境卫星是 HY-2A，于 2011 年 8 月 16 日发射，是利用微波传感器探测海平面风场、海平面高度和海平面温度来监测海洋动力环境，卫星上装载雷达高度计、微波散射计、扫描微波辐射计和校正微波辐射计以及 DORIS、双频 GPS 和激光测距角反射器等仪器（蒋兴伟和林明森，2009）。

1978 年发射的 Seasat-A 卫星装载的散射计 SASS 在 108 天运行中积累的海面风场数据量超过近百年海面风场常规观测数据量。经过多年的研究和改进，以 1991 年 ERS-1 卫星装载的散射计为标志，卫星散射计进入业务化运行。散射计包括：Seasat-A 上的 SASS，ADEOS-1 上的 NSCAT，QuickSCAT 上的 Seawinds，ERS-1 和 ERS-2 上的 AMI-wind，Metop 上的 ASCAT。除了 Seawinds 和 ASCAT，其他仪器已失效。散射计具有 $25\sim50$ km 的分辨率，时间重复周期一般为 $2\sim3$ 天，能给出中分辨的海面矢量风速，其风速率精度 ±1.5 m/s，风向为 $\pm20°$（蒋兴伟等，2010；林明森，2000）。

高度计是另一种主动探测仪，能给出延轨方向高分辨率的海面风速率值，其精度为 ±1.8 m/s。目前，海洋高度计卫星 Jason-1 和 Envisat 上均载有高度计。

微波辐射计主要包括：Seasat-A 上的 SMMR，DMSP 上的 SSM/I，TRMM 上的 TMI，AQUQ 上的 AMSR-E，ADEOS-2 上的 AMSR，Coriolis 上的 Windsat。除 SMMR 和 AMSR，其他仪器均在工作。微波辐射计的分辨率较低（约 50 km），但它的刈幅很宽，能达到 1 000 km 以上。微波辐射计的重复周期较短（小于 2 天），成为遥感方法获取大面积海面风速率的主要途径，风速率精度为 ±2 m/s。

合成孔径雷达（SAR）作为微波雷达也能获得高空间分辨率的海面风场信息，但 SAR 的覆盖率小（约 150 km），资料成本高，其时空覆盖率远远不能满足中大尺度海面风场动态监测的需要。

SSM/I 的测风原理主要是基于海面微波辐射率与海面粗糙度之间的高度相关特征，而海面粗糙度直接与风速有关。海面粗糙度增加，海面辐射率增加，极化特性变弱。其主要机制有三种：海表面波引起的微波辐射水平、垂直极化状态和入射角的改变；海面破碎引起的海气混合增加微波辐射率；海表面波引起的微波折射。

SSM/I 风速反演算法主要有两种：一种是统计回归分析算法，主要基于微波辐射亮温与现场风速之间的均方误差最小的统计分析；另一种算法是基于辐射传递的物理算法。统计回归算法不考虑物理机制，但利用微波辐射率与不同极化状态下微波辐射亮温间的相关关系；物理算法基于辐射传递方程的近似解并进行递归计算。一般情况下，统计回归算法在区域范围内精度较好，而物理算法在全球范围内应用更有效（Wentz，1992，1997；孟雷等，2006；Lei et al.，2007）。

2. 盐度

盐度是海水的基本特征之一。在开敞海域和海岸带进行长期的盐度测量具有重要的意义。利用航空微波技术观测海水盐度的研究始于 20 世纪 60 年代末，经过 20 多年的不断探索，近 10 年来这一技术研究有了较大的进展。将被动式微波辐射计装在小型飞机上对海水表层盐度进行观测，可以获得同步、快速和大面积的海水表层盐度。但在此后相当长的时间里，盐度遥感的研究基本处于停滞状态。目前，已有多种微波辐射计在不同国家和地区的河口海湾和海洋得到使用，如 ESTAR、SLFMR、STARRS、PALS 和 PLMR。目前，使用航空遥感辐射计对海水进行观测，当分辨率为 1 km² 时，校正后的盐度，数据准确度和精度都可以达到 1 psu。利用最新研发的双偏光微波航空遥感技术有望使校正后的盐度数值精度和准确度控制在 1 psu 以内（赵凯等，2008）。

目前用于海洋盐度的遥感卫星有宝瓶座/科学应用卫星-D（Aquarius/SAC-D，以下简称"宝瓶座"）和欧洲航天局（ESA）的"土壤湿度和海洋盐度"SMOS 卫星。"宝瓶座"于 2011 年 6 月 10 日由德尔他-2 运载火箭从范登堡空军基地发射升空，开始执行其观测全球海洋表面盐分和研究海洋环流的使命。该卫星将运行在 657 km 高的太阳同步轨道，每 7 天完成 1 次覆盖全球的观测任务。卫星装载有 L 波段主被动联合遥感器（PALS），可从太空有效精确地跟踪测量地球表层海水盐度。发送回的数据将用于海洋环流、全球水循环以及气候变化的研究。该项目是美国航空航天局（NASA）和阿根廷航天局（CONAE）的合作项目，并且巴西、加拿大、法国、意大利等多国航天部门也参与其中。"宝瓶座"上的 L 波段主被动联合传感器是将被动式遥感器（辐射计）与主动式遥感器（散射计）集成起来的。辐射计工作频率为 1.413 GHz，散射计为 1.26 GHz，辐射计用来测盐度，散射计用来帮助修正表面的粗糙度。辐射计和散射计在时间上交替观测，并共用一个天线（刘佳等，2011）。

盐度遥感反演原理主要是基于瑞利-金斯定律（Rayleigh-Ieans Law）。盐度遥感所使用 L 波段的微波光学深度约 0.01 m，因此下层的海洋状况对盐度遥感没有直接影响（史久新等，2004，2006；Gabarro et al.，2003）。

3. 海冰

全球海洋表面的 11% 有海冰，海冰覆盖区域的识别和分类对全球性变化、极地气候和极地渔业研究等都十分重要。

利用高度计可以测量冰面高度和冰的体积，跟踪陆冰层，测量海上冰盖的消长，监测海冰的分布和运动等。高度计获得的是海冰的后向散射信号，利用其提取的后向散射值及回波波形可以探测海冰。但由于高度计卫星不能完全覆盖极地区域，所以限制了高度计对极地海冰的研究。

星载微波遥感是当今最主要的海冰遥感手段（周琳琳等，2004）。SMMR 也许是最早进行海冰探测的传感器，它装载在美国 NASA 发射的云雨-7 号（Nimbus-7），提供了 1978～1987 年间的南极海冰资料。SSM/I 是当前应用较多的星载微波被动遥感数据，广泛应用于海冰和积雪的识别、空间分布及其辐射特征时间序列变化的监测研究，它提供了 1987 年以来的海冰资料（金亚秋，1998）。AMSR-E 探测器设计了更多的频段，能提供更高的空间分辨率和精度,也是首次同时提供海冰的密集度、范围、海冰物理温度和海冰上覆盖的雪层厚度数据。

海冰的晶体结构发射出的微波辐射比周围的液态海水发射的微波辐射多得多,因此利用被动微波辐射计能比较容易地区分海冰和海水。由于海水和海冰具有明显的结构和温度差异,微波遥感可以通过它们在同一频率亮温的差异,以及频率不同时亮温的变化来区分固态冰和开阔水域以及海冰的种类和密集度,并存入其各自统计的栅格。微波辐射计主要是观测海冰厚度、面积、冰山和冰龄等。

SAR 是一种成像雷达,可以产生高分辨率的雷达影像。由于其分辨率能够达到几十米,因此,能观测到海冰上很小的冰间水道,并且可以以图像的形式直观形象地反映地物形状、位置、纹理特征等特性,因此可以很精确地观测海冰,并且能为在海冰中航行的船只导航。SAR 对海冰进行观测时,发射的电磁波照射到海面上,电磁波在海面发生反射、透射、折射和吸收,而 SAR 是通过测量海冰后向散射信号的幅值和时间相位,经过适当的处理后,产生标准化后向散射截面的 SAR 影像。标准化后向散射截面携带了海冰的信息,可以反映雷达观测到的海冰表面粗糙度以及丰富的纹理信息。因此,在提取高精度的海冰密集度,分析海冰类型方面的应用比较多(金亚秋等,1992,2001)。

4.5　次表层渔场海洋环境信息监测与获取

1. 主要监测参数

卫星遥感反演的数据信息具有快速、同步、覆盖范围广等优点,被国内外广泛地应用于渔场的研究(Mukti et al.,2008)。但遥感数据仅能获得海表环境信息,难以获得准确的次表层的环境要素信息。绝大多数鱼类栖息在数十米以下,金枪鱼类包括黄鳍金枪鱼、大眼金枪鱼和长鳍金枪鱼类等,多栖息于水下 100~500 m 以下。卫星遥感反演表层环境数据用于渔场分析,具有一定局限性。获取次表层渔业环境信息对于渔业资源研究非常重要,目前次表层数据两个主要来源是 WOA(World Ocean Atlas,美国国家海洋数据中心海洋气候实验室的产品数据)和 Argo 剖面浮标数据(Levitus,1982)。Argo 浮标提供的次表层海洋环境因子主要是海温、盐度、溶解氧等;除此之外,WOA 还提供表观耗氧量(AOU)、氧饱和度、磷酸盐、硅酸盐、硝酸盐等产品数据,早期还有混合层深度。

2. 监测方法和手段

在 Argo 计划之前,对全球大洋的观测主要以抛弃式温探计(XBT)为主,并辅以少量的船只 CTD 观测站和锚碇观测浮标站。

国际 Argo 计划(Roemmich and Owens,2000)于 1998 年由美国、日本等国家的大气、海洋科学家发起并制定,2000 年底正式启动。计划在全球大洋中每隔 3 个经纬度布放一个卫星跟踪浮标,组成一个庞大的 Argo 全球海洋观测网,旨在快速、准确、大范围收集全球海洋上层的海水温、盐度和溶解氧等剖面资料,以提高气候预报的精度。国际 Argo 计划历时 7 年,实现了其最初目标,建成 3 000 个浮标组成的 Argo(图 4.8),规模和覆盖面遍及全球,每年可获得约 10 万个剖面(0~2 000 m 水深)观察资料。

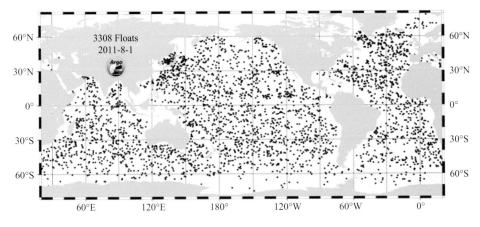

图 4.8　Argo 全球海洋观测网

Argo 的工作流程是:当浮标被施放到一定海域后,它会自动从海平面潜入 2 000 m 深处,并随深海流保持漂流状态,一般 10 天它会自动上浮一次,并在上浮过程中利用自身携带的传感器进行连续的、不同深度的海水剖面测量。所谓剖面测量是指对不同深度的海水进行弯线的测量。当浮标到达海面以后,通过卫星把数据发送到地面接收站(图 4.9)。

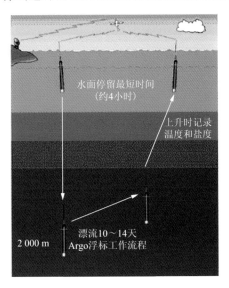

图 4.9　Argo 浮标工作流程

在运行的浮标中,美国投放的 Argo 浮标最多,为 1 564 个,占总数的 53.1%。中国自 2002 年参加全球 Argo 计划以来,已经在西北太平洋和印度洋海域布放了 92 个,现在仍在工作的浮标有 32 个。Argo 数据是免费共享的,两个国际 Argo 数据资料中心分别是法国海洋开发研究院(ftp://ftp. ifremer. fr/ifremer/argo)和美国全球海洋数据同化实验数据中心(ftp://usgodael. fnmoc. navy. mil/pub/ou1going/argo)。各成员国将自己接受的国内 Argo 数据实时上传到上述 Argo 数据中心,同时也可以下载其他国家的 Argo 数据。数据分为实时、延时质量控制的数据源,实时质量控制要求在 24~36 小时内完成,延

时质量控制要求在 3 个月以内完成。中国 Argo 实时资料中心(www. argo. org. cn)通过
网页、FTP 和光盘等形式向用户提供。目前,该中心对于经实时质量控制的 Argo 资料,
从数据接收到在线发布整个过程一般在 24 小时内完成。对于经延时质量控制的 Argo
资料,根据用户的需求,同城在半个月以后提供。

3. 数据处理

WOA09 数据是产品数据(需付费),它是对历史船测调查等数据采用 Kriging 差值方
法,计算到 33 个标准深度的全球海洋气候学场,时间尺度分为年、季度、月,空间尺度有
$1° \times 1°$ 和 $5° \times 5°$。WOA 最早的产品版本是 WOA1994,以后大约每隔 4 年更新一次,最新
的版本是 WOA2009。

Argo 数据中心提供可以免费下载的经校正的原始数据,并非产品数据,用户需自己
采用数学方法直接计算自己想要的产品数据,也可以和其他海洋调查数据做数据融合。
采用下载的源数据可以直接计算很多次表层环境因子特征,比如海表以下标准深度的二
维温度、盐度、溶解场,以及混合成深度、温跃层上界、下界的深度和温度,温跃层厚度和强
度,以及表层和中层海流等(杨胜龙等,2007,2008;王彦磊等,2008;孙振宇等,2007;金国
栋等,2010),这些计算的产品数据,可以辅助用于渔业科学研究(杨胜龙等,2010)。图
4.10 是 2007~2010 年 7 月月平均温跃层网格化计算结果,插值采用 Kriging 方法。

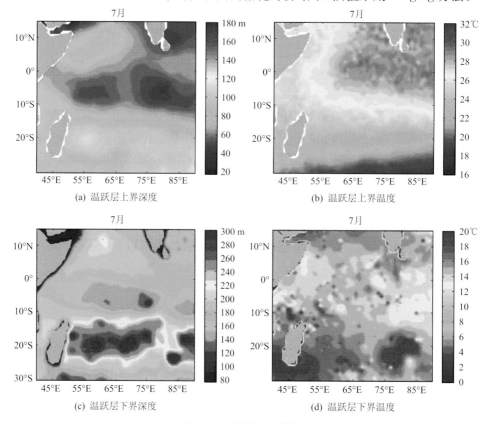

图 4.10　月平均温跃层图

4.6　渔场环境数据的融合

1. 数据融合的目的

信息融合是利用计算机技术将来自多个传感器或多源的观测信息进行分析、综合处理，从而得出决策和估计任务所需的信息的处理过程（杨露菁和耿伯英，2008；康耀红，2006）。另一种说法是信息融合就是数据融合，但其内涵更广泛、更确切、更合理，也更具有概括性。不仅包括数据，而且包括了信号和知识，由于习惯上的原因，很多文献仍使用数据融合。信息融合的基本原理是：充分利用传感器资源。通过对各种传感器及人工观测信息的合理支配与使用，将各种传感器在空间和时间上的互补与冗余信息依据某种优化准则或算法组合来，产生对观测对象的一致性解释和描述。其目标是基于各传感器检测信息分解人工观测信息。通过对信息的优化组合来导出更多的有效信息。

遥感是以不同空间、时间、波谱、辐射分辨率提供电磁波谱不同谱段的数据。遥感数据是 GIS 的重要数据源。随着遥感技术的迅速发展，光学、热红外以及微波等各类卫星传感器对地观测的应用，所获得的同一地区的不同时相、不同波段、不同传感器、不同分辨率和不同平台的遥感数据越来越多。多传感器数据融合是指将不同性质的多个传感器在不同层次上获得的关于同一事物的信息，或同一传感器在不同时刻获得的同一事物的信息综合成一个信息表征形式的处理过程（韩玲等，2005；兰进京等，2009；姜芸和王军，2010；满旺和陈绍平，2010）。近几十年，随着飞机、卫星等遥测和遥感技术的发展，获得的观测数据日益增多，数据融合技术在将多平台、多传感器的信息加以综合，从而获得关于目标更精确的信息方面发挥了重要作用（Pohl and Van Genderen，1998；余连生和李智勇，2011）。在海洋渔场环境分析应用上，由于渔场区域范围广或数据的缺失，也需要将多个时段或多个遥感影像进行融合，以制作形成较完整的渔场海况信息产品。

2. 数据融合的方法

"数据融合"概念最早于 20 世纪 70 年代的美国学者提出的，而遥感数据融合始于 80 年代初。目前，在遥感研究中，数据融合的研究工作绝大部分是在影像层面上进行的融合，即图像融合，主要是将同一环境或对象的多源遥感影像数据综合所用的方法和工具框架，产生比单一信息源更精确、更全面、更可靠的估计和判决，以获得更高质量的信息（王海晖等，2003；王广杰等，2011）。遥感图像数据融合主要包括两部分工作：空间几何配准和数据融合。融合的方法主要有 HIS 变换、主成分变换、小波变换、神经网络法、聚类分析法、高通滤波法等（Ranchin and Wald，1993；曾宇燕，2011；石爱业等，2010）。在海洋渔场环境信息的融合方面，主要涉及多传感器获取数据的融合或卫星数据与实测数据的融合，现在应用卫星数据融合的方法主要有客观分析法、最小二乘法、小波变换法和卡尔曼滤波法等，目前在卫星海表温度数据融合中应用较多的是优化插值法（黄登山等，2011）。数据融合的基本流程如图 4.11。

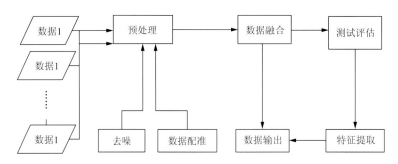

图 4.11　数据融合的基本流程

　　客观分析法自 1965 年首先在美国使用以来，经过 40 多年的发展，现在已有了一套比较成熟的解决实际问题的分析方法。优化插值法属于客观分析理论的范畴，优化插值理论是由 Eliassen 于 1954 年提出来的，Gandin 在 1963 年利用优化插值理论进行客观分析，Lorenc 和屠伟铭等将优化插值理论推广到观测资料和预报偏差的三维多变量插值中，大量分析试验表明优化插值法的效果最佳。优化插值法具有综合处理不同类型观测资料的能力，适合对不同类型、不同时次的观测资料进行四维同化分析。因此，优化插值法已经成为一种应用最多的同化方法，欧洲中期天气预报中心和美国国家气象中心均采用了优化插值法进行客观分析。客观分析法由 Bretherton 等于 1976 年首次应用于海洋学研究，Carter 和 Robinson 在 1987 年给出了客观分析法用于评估不同海洋场的详细解释和应用方法，这项技术同样应用于卫星海洋遥感数据。优化插值法（OI）最早是1963 年 Gandin 提出来的，从统计意义上看，它是一种均方差最小的线性插值法，基本计算公式为

$$x_a = x_b + \boldsymbol{K}(y - H[x_b])\qquad(4.22)$$

式中，x_a 是模型的分析场；x_b 是模型的背景场；y 是观测向量；H 是观测算子；$\boldsymbol{K}$ 是分析场的增益矩阵，也称为权矩阵

$$\boldsymbol{K} = \boldsymbol{B}H^{\mathrm{T}}(HBH^{\mathrm{T}} + \boldsymbol{O})^{-1}\qquad(4.23)$$

式中，$\boldsymbol{B}$ 是背景误差协方差矩阵（$x_b - x_t$）；x_t 是真实的模型状态变量；O 是观测误差协方差矩阵（$y - H[x_t]$）；H 是 H 的微分；T 代表矩阵的转置；-1 代表矩阵的逆。

　　Renolds 和 Smith 利用优化插值法，融合 7 天的现场 SST 数据和卫星 SST 数据，得到了空间分辨率为 1°、时间分辨率为 7 天的融合 SST 数据。CHRSST-PP 计划的 L4 产品的数据融合项目多采用优化插值法，将 AVHRR 的 SST 数据和实测数据进行融合，得到空间分辨率为 1/12° 和 0.5° 的产品。日本气象厅 JMA（Japan Meteorological Agency）的 MGDSST（merged global development SST）将 AMSR-E 和 AVHRR 融合得到可操作全球 SST 融合数据，空间网格大小为 25km。英国气象厅（Meteorological Office）利用优化插值法，对两个微波辐射计 AMSR-E 和 TMI 获得的 SST 数据进行了融合，得到空间分辨率为 25km 的日最小值 SST 产品。日本东北大学的科研人员利用了优化插值法融合了红外（AVHRR 和 MODIS）和微波（AMSR-E）获得的 SST 数据，得到了高质量、高分辨率（约 0.05°）的日平均 SST 产品（GHRSST-PP）。Claire Pottier 等分别利用客观分析法和权重平均法融合了 SeaWiFS 和 Modist/AQUA 的海色数据。丛爱岩和廉莲（2003）

利用小波变换法融合了 SPOT 全色卫星影像数据和 Landsat TM 多光谱数据；张慧（2006）利用小波变换法融合了 2005 年的 AVHRR 和 AMSR-E 的 SST 数据，并利用最优邻域匹配法填补了空缺数据。小波变换方法融合的数据保留了完好的海洋细节特征，但融合后的数据精度有待提高。王艳珍等（2010）利用了卡尔曼滤波对红外、微波获得的 SST 数据进行融合，融合后的数据覆盖率得到了很大提高（图 4.12）。

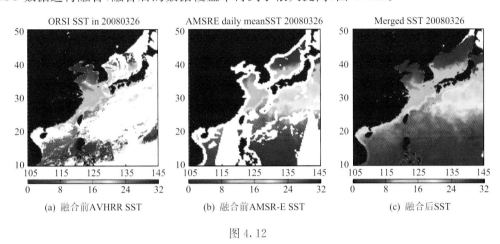

(a) 融合前AVHRR SST　　　(b) 融合前AMSR-E SST　　　(c) 融合后SST

图 4.12

Guan 和 Kawamura（2003；2004）利用客观分析法对 1999 年 10 月～2000 年 7 月的 GMS S-VISSR 和 TMI 获得的海表温度进行了数据融合，得到了高覆盖率的融合 SST 新产品，融合 SST 新产品的空间分辨率为 0.05°（图 4.13）。

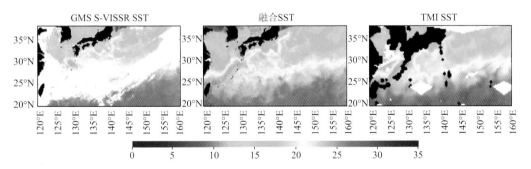

图 4.13　黑潮海域 GMS S-VISSR SST，TMI SST 和融合 SST（2000 年 4 月 29 日）

GMS S-VISSR、TMI 和 NOAA AVHRR 获得的年覆盖率分别为 77.6%、55.8% 和 47.6%，融合后的 SST 新产品的年覆盖率提高到 99.8%。首先，必须假设卫星得到的各种数据时可以通过不规则时空间隔获得的，然后可以利用 Carter 和 Robinson（1987）提出的最小平方法估算在位置（x，y）点上 t 时刻的 SST 值：

$$\hat{\theta}(x,y,t) = \boldsymbol{CA}^{-1}\boldsymbol{\phi} \tag{4.24}$$

式中，$\hat{\theta}(x,y,t)$ 是估算的 SST；$\boldsymbol{\phi}$ 是卫星观测的 SST 值的矩阵；$\boldsymbol{A}^{-1}$ 是卫星观测的 SST 值的自相关矩阵的逆矩阵；$\boldsymbol{C}$ 是估算的 SST 值和卫星的 SST 值之间的互相关矩阵。

$C(r)$ 采用的是一个简单的相关分析函数计算得到

$$C(r) = (1 - r^2) \exp\left(-\frac{r^2}{2}\right) \tag{4.25}$$

$$r^2 = \left(\frac{\Delta x}{L}\right)^2 + \left(\frac{\Delta y}{L}\right)^2 + \left(\frac{\Delta t}{T}\right)^2 \tag{4.26}$$

式中，Δx 是被估算值和观测值之间的经向距离；Δy 是被估算值和观测值之间的纬向距离；Δt 是被估算值和观测值之间的时间差；L 和 T 是空间和时间去相关尺度。在融合过程中，只选择与估算点的空间的距离小于 L，并且与估算点的时间差小于 T 的观测点的值。

参 考 文 献

包书新. 2008. 基于 MODIS 数据的云识别研究. 吉林大学硕士学位论文.

丛爱岩，廉莲. 2003. 基于小波变换的卫星遥感影像数据融合. 解放军理工大学学报，5(2)：90-94.

党顺行，杨崇俊，等. 2001. 卫星遥感海表温度反演研究. 高技术通讯，11(3)：49-51.

杜云艳，崔海燕，等. 2002. 遥感与 GIS 支持下的海洋渔业空间分布研究——以东海为例. 海洋学报，24(5)：57-63.

樊伟，崔雪森，等. 2002. 海洋渔业卫生遥感的研究应用及发展. 海洋技术，21(1)：15-21.

冯士筰，李凤岐，李少菁. 2004. 海洋科学导论. 北京：高等教育出版社，397-500.

高永泉，章传银. 2002. 近海多种卫星测高联合数据处理技术. 测绘科学，27(2)：20-25.

官文江，陈新军，潘德炉. 2007. 遥感在海洋渔业中的应用与研究进展. 大连水产学院学报，22(1)：62-66.

官元红，周广庆，陆维松，等. 2007. 资料同化方法的理论发展及应用综述. 气象与减灾研究，30(4)：1-8.

韩玲，吴汉宁，杜子涛. 2005. 多源遥感影像数据融合方法在地学中的应用. 地球科学与环境学报，27(3)：78-81.

韩士鑫. 1992. 我国渔业遥感现状与发展趋势. 现代渔业信息，7(2)：5-8.

何宜军，陈戈，郭佩芳，等. 2002. 高度计海洋遥感研究与应用. 北京：科学出版社.

胡建国，章传银，常晓涛. 2004. 近海多卫星测高数据联合处理的方法及应用. 测绘通报，(1)：1-4.

黄登山，杨敏华，胥海威，等. 2011. 利用最优估计理论进行多光谱与全色影像融合. 武汉大学学报：信息科学版，36(9)：1039-1042.

黄明哲. 2011. "3S" 技术在海洋渔业中的应用. 福建水产，33(1)：77-81.

姜芸，王军. 2010. 多源遥感影像融合在哈大齐土地利用分类中的应用. 测绘工程，19(4)：34-38.

姜芸，臧淑英，王军. 2009. 多源遥感影像数据融合技术研究. 测绘与空间地理信息，32(2)：46-50.

蒋涛，李建成，王正涛，等. 2010. 联合 Jason-1 与 GRACE 卫星数据研究全球海平面变化. 测绘学报，39(2)：135-140.

蒋兴伟，林明森. 2009. HY-2 卫星微波散射计海面风矢量场反演技术研究. 中国工程科学，11(10)：86-95.

蒋兴伟，等. 2008 海洋遥感导论. 北京：海洋出版社，119-297.

金国栋，陶智，刘向明，等. 2010. 基于 Argo 数据的小区域海海洋温盐特征分析. 海洋环境科学，29(3)：415-419.

金亚秋，陈秩，张巍，等. 2001. 雷达卫星 SAR 与防卫气象卫星 SSM/I 对渤海海冰的观测研究. 地球物理学报，44(2)：163-170.

金亚秋，张俊荣，赵仁宇. 1992. 海冰微波辐射的数值模式和遥感实验测量. 环境遥感，7(1)：32-40.

金亚秋. 1998. 星载 SSM/I 微波遥感渤海海冰的辐射特征分析. 海洋学报，20(3)：40-46.

康耀红. 2006. 数据融合理论与应用. 西安：西安电子科技大学出版社，1-27.

李宏. 2011. 资料同化技术的发展及其在海洋科学中的应用. 海洋通报，30(4)：463-472.

李建成，宁津生，陈俊勇，等. 2001. 联合 TOPEX/Poseidon，ERS 2 和 Geosat 卫星测高资料确定中国近海重力异常. 测绘学报，30(3)：197-202.

李建成，王正涛，胡建国. 2000. 联合多种卫星测高数据分析全球和中国海海平面变化. 武汉测绘科技大学学报，25(4)：343-347.

李建成, 章磊, 等. 2001. 联合多种测高数据建立高分辨率中国海平均海面高模型. 武汉大学学报: 信息科学版, 26(1): 40-45.

李立, 吴日升, 郭小钢. 2000. 南海的季节性环流-Topex /Poseidon 卫星测高应用研究. 海洋学报, 22(6): 13-26.

李四海, 王宏, 许卫东. 2000. 海洋水色卫星遥感研究与进展. 地球科学进展, 15(2): 190-196.

李小斌, 陈楚群, 施平, 等. 2006. 南海 1998～2002 年初级生产力的遥感估算及其时空演化机制. 热带海洋学报, 25(3): 57-62.

李云, 刘钦政, 张建华, 等. 2008. 最优插值方法在西北太平洋海温同化中的应用研究. 海洋预报, 25(2): 25-32.

林明森. 2000. 一种修正的星载散射计反演海面风场的场方式反演算法. 遥感学报, 4(1): 61-65.

刘佳, 夏亚茜, 龚燃. 2011. 从太空监测海洋表面盐度的"宝瓶座"卫星. 国际太空, 8: 15-23.

刘良明. 2005. 卫星海洋遥感导论. 武汉: 武汉大学出版社, 1-276.

满旺, 陈绍杰. 2010. 高空间分辨率与高光谱分辨率遥感数据融合研究. 测绘, 33(6): 243-246.

毛庆华, 施平, 齐义泉. 1999. GEOSAT 卫星遥感资料研究南海海面动力高度场和地转流场. 海洋学报, 21(1): 11-16.

毛志华, 朱乾坤, 潘德炉. 2003. 卫星遥感业务系统海表温度误差控制方法. 海洋学报, 25(5): 49-57.

毛志华, 朱乾坤. 2003. 卫星遥感速报北太平洋渔场海温方法研究. 中国水产科学, 10(6): 502-506.

孟雷, 何宜军, 伍玉梅. 2006. 基于 SSM/I 数据的神经网络方法反演海面风速. 高科技通讯, 16(7): 763-770.

莫秦生. 1983. 卫星渔业遥感技术. 渔业机械仪器, (4): 1-4.

莫秦生. 1989. 渔业遥感简介. 遥感信息, (4): 34-36.

潘德炉, 龚芳. 2011. 我国卫星海洋遥感应用技术的新进展. 杭州师范大学学报: 自然科学版, 10(1): 1-10.

乔方利, Zhang S Q. 2002. 现代海洋/大气资料同化方法的统一性及其应用进展. 海洋科学进展, 20(4): 79-93.

任敬萍, 赵进平. 2002. 二类水体水色遥感的主要进展与发展前景. 地球科学进展, 17(3): 363-371.

邵全琴, 周成虎. 2003. 海洋渔业遥感地理信息系统应用服务技术和方法. 遥感学报, 7(3): 194-200.

石爱业, 徐立中, 汤敏. 2010. 联合 IHS 变换和 MAP 估计的遥感图像融合. 遥感学报, 14(6): 1266-1272.

史久新, 陆兆轼, 李淑江, 等. 2006. L/S 波段微波遥感海水盐度和温度的反演算法. 高技术通迅, 16(11): 1181-1184.

史久新, 朱大勇, 赵进平, 等. 2004. 海水盐度遥感反演精度的理论分析. 高技术通迅, 7: 101-105.

孙振宇, 刘琳, 于卫东. 2007. 基于 Argo 浮标的热带印度洋混合层深度季节变化研究. 海洋科学进展, 25(3): 280-288.

唐述林, 秦大河, 任贾文. 2006. 康建成极地海冰的研究及其在气候变化中的作用. 冰川冻土, 289(1): 91-100.

汪海洪, 李建成, 罗佳. 2004. 利用 TOPEX 测高数据确定大洋环流模式. 测绘学报, 13(1): 21-24.

王乐, 牛雪峰, 王明常. 2011. 遥感影像融合技术方法研究. 测绘通报, (1): 6-8.

王琳. 2011. 卫星遥感在国外海洋渔业中的应用. 中国水产, (2): 75-77.

王仁礼, 戚铭尧, 王慧. 2000. 用于图像融合的 IHS 变换方法的比较. 测绘学院学报, 17(4): 269-272.

王彦磊, 黄兵, 张韧, 等. 2008. 基于 Argo 资料的世界大洋温度跃层的分布特征. 海洋科学进展, 26(4): 429-435.

王艳珍, 管磊, 曲利芹. 2010. 卡尔曼滤波在卫星红外、微波海表温度数据融合中的应用. 中国海洋大学学报(自然科学版), 40(12): 126-130.

王艳珍. 2010. 卡尔曼滤波在卫星红外、微波海表温度数据融合中的应用. 中国海洋大学硕士学位论文.

王雨, 傅云飞, 刘奇, 等. 2011. 一种基于 TMI 观测结果的海表温度反演算法. 气象学报, 69(1): 149-160.

王正涛, 党亚民, 姜卫平, 等. 2006. 联合卫星重力和卫星测高数据确定稳态海洋动力地形. 测绘科学, 31(6): 40-42.

吴培中. 2000. 海洋初级生产力的卫星探测. 国土资源遥感, 3: 7-15.

吴培中. 2000. 世界卫星海洋遥感三十年. 国土资源遥感, 1: 2-10.

伍玉梅, 何宜军, 张彪. 2007. 利用 AMSR-E 资料反演实时海面气象参数的个例. 高技术通讯, 17(6): 633-637.

肖贤俊, 何娜, 张祖强, 等. 2011. 卫星遥感海表温度资料和高度计资料的变分同化. 热带海洋学报, 30(3): 1-8.

许建平, 刘增宏. 2006. 中国 Argo 大洋观测网试验. 北京: 气象出版社, 105-112.

许军, 暴景阳, 章传银. 2006. 联合 TOPEX/Poseidon 与 Geosat/ERM 建立区域潮汐模型的研究测高资料. 测绘科学，31(2)：90-93.

许自舟. 2008. 客观分析在海洋环境监测业务中的应用. 海洋环境科学，27(A02)：100-103.

杨露菁，耿伯英. 2008. 多传感器数据融合手册. 北京：电子工业出版社，2-15.

杨胜龙，马军杰，伍玉梅，等. 2008. 基于 Kriging 方法 Argo 数据重构太平洋温度场场研究. 海洋渔业，30(1)：13-18.

杨胜龙，周甦芳，崔雪森，等. 2007. Argo 数据应用现状与发展趋势. 海洋渔业，29(4)：55-359.

杨胜龙，周甦芳，周为峰，等. 2010. 基于 Argo 数据的中西太平洋鲣渔获量与水温、表层盐度关系的初步研究. 大连水产学院学报，25(1)：34-40.

杨铁利，何全军. 2006. MODIS 数据的云检测处理. 鞍山科技大学学报，29(2)：162-166.

杨文波，李继龙，罗宗俊. 2005. 海洋遥感技术在海洋渔业及相关领域的应用与研究. 中国水产科学，12(3)：362-370.

于杰. 2007. 海洋渔业遥感技术及其渔场渔情应用进展. 南方水产，3(1)：62-68.

余连生，李智勇. 2011. 遥感图像融合技术在潮间带地形提取中的应用. 测绘学报，40(5)：551-554.

曾宇燕. 2011a. 基于区域小波统计特征的遥感图像融合方法. 计算机工程，37(19)：198-200.

曾宇燕. 2011b. 基于小波包和边缘特征的遥感图像融合算法. 计算机应用，31(10)：2742-2744.

詹海刚，施平，陈楚群. 2000. 利用神经网络反演海水叶绿素浓度. 科学通报，45(17)：1879-1884.

张彬，许廷发，倪国强. 2008. 基于正交多小波的红外和可见光图像融合. 计算机仿真，25(11)：222-224.

张春桂，陈家金，谢怡芳，等. 2008. 利用 MODIS 多通道数据反演近海海表温度. 气象，34(3)：30-36.

张慧. 2006. 基于小波变换的 AVHRR 和 AMSR-E 卫星海表温度数据融合. 中国海洋大学硕士学位论文.

张人禾，刘益民. 2004. 利用 ARGO 资料改进海洋资料同化和海洋模式中的物理过程. 气象学报，62(5)：613-622.

张彤辉，孙宝权，王华接. 2009. 遥感在海洋管理与开发中的应用. 海洋与渔业，(2)：12-13.

张学敏，商少平，张彩云. 2005. 闽南-台湾浅滩渔场海表温度对鲐鲹鱼类群聚资源年际变动的影响初探. 海洋通报，24(4)：91-96.

赵凯，史久新，张汉德. 2008. 高灵敏度机载 L 波段微波辐射计探测海表盐度. 遥感学报，12(3)：277-283.

郑嘉淦，李继龙，杨文波. 2006. 利用 MODIS 遥感数据反演东海海域海表温度的研究. 海洋渔业，28(2)：141-146.

周琳琳，刘飞，益建芳. 2004. 被动式微波遥感在南极海冰研究中的应用. 影像技术，1：48-51.

周旭华，王虎彪，詹金刚. 2008. 联合卫星重力和卫星测高数据研究中国近海上层地转流. 大地测量与地球动力学，28(4)：83-88.

朱江，周广庆，闫长香，等. 2007. 一个三维变分海洋资料同化系统的设计和初步应用. 中国科学：D 辑，37(2)：261-271.

Albert Guissard. 1998. The retrieval of atmospheric water vapor and cloud liquid water over the oceans from a simple radiative transfer model: application to SSM/I data. IEEE Transaction on Geoscience and Remote Sensing，36(1)：328-332.

Carter E F，Robinson A R. 1987. Analysis models for the estimation of oceanic fields. J. Atmos. Oceanic. Technol.，4：49-74.

Gabarro C，Vail-Llossera M，Font J，et al. 2003. Determination of the sea surface salinity and wind speed by L-band microwave radiometry from a fixed platform. Int. J. Remote Sens.，25(1)：111-128.

Gordon H R，Brown O B，Evans R H，et al. 1988. A semianalytic radiance model of ocean color. Journal of Geophysical Research，93：10909-10924.

Guan L，Kawamura Hiroshi. 2003. SST availabilities of satellite infrared and microwave measurements. J. Oceanography，59：201-209.

Guan L，Kawamura Hiroshi. 2004. Merging satellite infrared and microwave SSTs: methodology and evaluation of the new SST. J. Oceanography，60：905-912.

Lei M，He Y J，Wu Yumei，et al. 2007. Neural network retrieval of ocean surface parameters from SSM/I data. Monthly weather letter，135(2)：586-597.

Levitus S. 1982. Climatological Atlas of the World Ocean. NOAA Professional Paper，13：191.

Mao Z H, Zhu Q K, Pan D L. 2004. An operational satellite remote sensing system for ocean fishery. Acta Oceanologica Sinica, 23(3): 427-436.

Mukti Z, Katsuya S, Sei-ichi S. 2008. Albacore (Thunnus alalunga)fishing ground in relation to oceanographic conditions in the western North Pacific Ocean using remotely sensed satellite data. Fish Oceanogr, 17(2): 61-73.

Pohl C, Van Genderen J L. 1998. Multisensor image fusion in remote sensing: concepts, methods and application. International Journal of Remote Sensing, 19 (5): 823-854.

Ranchin T, Wald L. 1993. The wavelet transform for the analysis of remotely sensed images . International Journal of Remote Sensing, 14 (3): 615-619.

Roemmich D, Owens W B. 2000. The Argo Project: global ocean observations for understanding and prediction of climate variability. Oceanography, 13(2): 45-50.

Rossow W B, Garder L C, Lacis A A. 1989. Global, seasonal cloud variations from satellite radiance measurements. Part I : Sensitivity of analysis. J. Climate, 2: 419-462.

Rossow W B, Garder L C. 1993. Cloud detection using satellite measurements of infrared and visible radiances for ISCCP. J. Climate, 6: 2341-2369.

Rossow W B, Walker A W, Garder L C. 1993. Comparison of ISCCP and other cloud amounts. J. Climate, 6: 2394-2418.

Saunders R W, Kriebel K T. 1988. An improved method for detecting clear sky and cloudy radiances from AVHRR data. Int. J. Rem. Sens. , 19: 123-150.

Stowe L L, McClain E P, Pellegrino P, et al. 1991. Global distribution of cloud cover derived from NOAA/AVHRR operational satellite data. Adv. Space Res. , 11: 51-54.

Wentz F J. 1992. Measurement of oceanic wind vector using satellite microwave radiometers. IEEE Transaction on Geoscience and Remote Sensing, 30: 960-972.

Wentz F J. 1997. A well calibrated ocean algorithm for SSM/I. J. Geophys Res. , 102: 8703-8708.

Tian Yongjun, Tatsuro Akamine, Maki Suda. 2003. Variations in the abundance of Pacific saury(cololabis saira) from the northwestern Pacific in relation to oceanic-climate changes. Fisheries Research, 60(2): 439-454.

第 5 章　遥感渔海况分析技术

渔场环境遥感监测及海况分析是遥感技术在渔业中最早得到应用的领域。遥感技术用于渔场环境监测研究主要得益于遥感技术的大尺度、准实时及同步监测优势,最初由气象卫星监测渔场海表温度,制作生成渔场水温图。随后,海洋水色卫星及海洋动力卫星的成功发射及应用使得遥感渔场海况分析应用由海表温度扩展到海水叶绿素、海面高度及海流等环境要素的分析。本章在第 4 章介绍海洋遥感环境信息提取技术的基础上,重点介绍渔海况分析的理论基础与技术方法。

5.1　渔场环境分析的理论与方法

海洋水体环境是海洋鱼类活动及洄游的基本空间,也是其赖以生存的必要条件。一旦环境条件发生变化,鱼类的适应机制也随之发生变化,以适应发生变化后的新的海洋环境。同时,海洋环境不仅在历史上对鱼类洄游生活史过程形成起着重要作用,而且对鱼类实时洄游的发生、集群和消散有着很大影响。因此,研究和分析渔场海洋环境的变化与机理对于寻找中心渔场、掌握渔场变动规律等具有重要作用(陈新军,2004)。鱼类的海洋环境包括非生物和生物环境因子两个方面。非生物环境因子指不同性质的水体、水的各种理化因子以及周边的各种非生物环境条件,包括水温、盐度、溶解氧、光照、海流、底质、海底地形和气象等众多要素。生物环境因子指栖居在一起包括鱼类本身的各种动植物,它们多数是鱼类的食物,有的还以鱼类为食,包括饵料生物、种内和种间关系等。这些海洋环境因子通过影响鱼类行为而使得其集群形成了可供捕捞的渔业资源。那么,分析和掌握海洋环境因子与鱼类行为的变动规律,不仅可为渔海况分析、渔场探测和渔情预报等提供技术支撑,而且也为渔具、渔法的改进提供理论基础和依据。

1. 鱼类行为与环境参数

海洋水体环境作为海洋生物及海洋鱼类赖以生存的基本空间,海洋生物及鱼类的生长发育、生活习性、时空分布等与海洋环境密不可分,据此可通过对海洋水体环境要素的信息获取、海洋鱼类生活习性的掌握来研究渔场的时空动态演变进而开展渔场渔情分析预报,乃至根据长期的海洋气候波动来预测渔业资源波动或渔场空间变化。这也正是利用海洋卫星遥感监测海洋渔场环境进行渔场海况速预报应用的理论基础。

影响渔场形成的环境因子主要包括水温、叶绿素、盐度、溶解氧、气压及海流等,其中,海水温度是最为重要和关键的因子。目前卫星遥感海洋监测获取的海水温度、海洋水色叶绿素和海面高度等渔场学应用相对成熟。海水温度作为最基本的海洋环境要素之一,水温是控制海洋鱼类种群分布、洄游及繁殖过程的基本变量,因此,可依据不同鱼类对水温的适应性和耐受性来分析判断渔场位置、渔场时空移动路径等。海水叶绿素的渔情分析应用则是基于海洋食物链原理的,即浮游植物的丰富使以其为食的浮游动物资源丰富,进而促使以浮游动物为饵料的海洋鱼类资源丰富。海洋动力环境主要指海流流速、流向、海面动力地形信息等,海流输送海水物质及能量,使海水温度、盐度、溶解氧、营养盐等海洋环境与生源要素的时空分布不断处于变化之中,同时把浮游生物(鱼的饵料)、鱼卵或无游泳能力的稚幼鱼从一个地方输送至其他海域,也使渔业资源的时空分布总处于动态演变之中。

1) 海水温度

海水温度作为海水的基本物理量之一,它体现了海水运动的热输送和海-气热交换,它对全球气候起着调节作用,一些海洋动力变化特征与灾害性的海洋现象,例如黑潮、湾流、中尺度涡流、厄尔尼诺现象和台风的形成等都与大洋海面温度变化密切相关。同时,海温也直接影响和控制着海洋生物种群分布及其洄游和繁殖过程。因而,观测海水温度在海洋的分布状况,研究和分析海水温度变化与鱼类行为的关系对于人们了解和掌握海洋鱼类生活史过程、开发和利用鱼类资源都是极为重要的。

水温对于鱼类行为来说,是最为重要的影响因素之一。由于鱼类是变温动物,它们缺乏调节体温的能力,其体内产生的热量几乎都释放于海洋环境中,体温随周围环境的温度的改变而变化,体温一般要稍高于外界水域温度,不超过 0.5~1.0℃。虽然鱼类对水温具有一定的适应性,但这种适应能力是非常有限的。根据鱼类对外界水温适应能力的大小,我们可将其分为广温性和狭温性鱼类。一般来说,沿岸或江海洄游性鱼类的适温范围广,而近海和大洋或底栖鱼类的适温范围狭窄。狭温性鱼类又可分为喜冷性(冷水性)和喜热性(暖水性)两大类。暖水性鱼类主要生活在热带水域,也有生活于温带水域,冷水性鱼类则常见于寒带和温带水域。同时,鱼类对温度范围的忍耐程度也有显著不同,有最高(上限)、最低(下限)和最适范围之分,甚至同一种类在不同生活阶段也差异较大。鱼类一般在最适温度范围内活动,因为若超出该范围,鱼类活动和行为便受到抑制,温度过高或过低会对鱼类的生长和发育产生负面影响,甚至造成死亡。因此,鱼类总是主动地选择生活在最适的温度环境,避开不利的温度环境,以使其体温维持在一定的范围内,这也就是鱼类体温的行为调节(殷名称,1995)。

由于鱼类总是主动地选择最适的温度环境,这就使得大量鱼类往往聚集在一起形成鱼群,特别是对于中小型鱼类来说,这一特点对于海洋捕捞业来说至关重要。渔业研究者常常根据某一鱼类具有高产量时所对应的水温称之为最适温度,这种水温具有一定范围,但范围相对较小,一般为 2~5℃。大量渔业生产实践表明,不同种的鱼类适温范围是不同的,而且范围大小也不一致,其最适温度范围也较小,如北太平洋巴特柔鱼适温范围和最适温度范围为 11~22℃和 16~20℃,东南太平洋智利竹筴鱼为 10~20℃和 11~15℃。水温也是影响鱼类洄游移动的重要因素,一年四季温度的变化导致了鱼类的季节性洄游,如越冬洄游。因此,渔汛开始的时间(或鱼群洄游到渔场的时间)、鱼类集群的大小以及渔期的长短,往往与渔场水温有着密切的联系,从而在渔汛到来之前,可以利用水温作为指标来预测鱼发的水域和时间。鱼群的移动和集结还与水温的水平梯度有密切的关系,即受到温度锋面或涡旋的强烈影响。通常最好的渔场往往在两个不同性质的水系交汇区,或水温水平梯度大的区域,特别在等温线分布密集的水域,鱼群更为密集。

此外,鱼类分布与集群不仅受到水温的水平结构影响,还受到温度的垂直结构影响。如鱼群受海水温跃层和混合层的影响,使得鱼类的昼夜垂直移动限制在某一深度范围内。水温也会影响到鱼类的索饵强度,当水温低于最适值时,索饵能力一般较低。

2)海水叶绿素

叶绿素是植物进行光合作用的主要色素,是一类含脂的色素家族,位于类囊体膜。叶绿素吸收大部分的红光和紫光但反射绿光,所以叶绿素呈现绿色。叶绿素可见光波段的吸收光谱,在蓝光和红光处各有一显著的吸收峰。吸收峰的位置和消光值的大小随叶绿素种类不同而有所不同。叶绿素 a 最大的吸收光的波长在 420～663 nm,叶绿素 b 的最大吸收波长范围在 460～645 nm。浮游植物作为海洋上层主要的初级生产者,处于海洋食物链的最下层,通过光合作用能够把无机物(二氧化碳、氮、硅等)转化为有机物,其进行的光合作用约占全球绿色植物所进行光合作用的一半。因此,海洋浮游植物所含叶绿素信息对全球碳和氧的物质循环、海洋初级生产力、估算全球海洋生物量和生物资源潜力等方面具有重要的意义。因此,基于海洋食物链的原理,卫星遥感反演叶绿素 a 浓度不仅直接反映了海洋初级生产力的高低,而且也用于估算海洋浮游生物等鱼类饵料的时空分布,从而用于进行鱼群的侦查与渔情分析。目前,卫星遥感反演叶绿素 a 信息在渔业捕捞活动中已得到成功的应用,且常与卫星遥感提取的 SST 信息一起进行综合分析。牛明香等(2009)对东南太平洋智利竹筴鱼渔获产量与叶绿素 a 浓度进行关联统计,结果显示叶绿素 a 浓度在 0.06～0.12 mg/m³ 范围内渔获总量占到 91%,其中 0.08～0.10 mg/m³ 范围内的产量占到 48%,同时,渔场的出现频率也主要分布在此区间内。因此,可认为形成高产量渔获时,叶绿素 a 浓度分布范围为 0.06～0.12 mg/m³,特别是叶绿素分布范围为 0.08～0.10 mg/m³ 时可作为高产量渔区的重要参考因子。

3)海流

海流又称洋流,是海水因热辐射、蒸发、降水、冷缩、盐度差异等而形成密度不同的水团,再加上风应力、地转偏向力、引潮力等作用而大规模相对稳定的流动,它是海水的普遍运动形式之一。海洋里有着许多海流,每条海流终年沿着比较固定的路线流动。它像人体的血液循环一样,把整个世界大洋联系在一起,使整个世界大洋得以保持其各种水文、化学要素的长期相对稳定。海流的水平运动使得海洋环境产生局部变化,这种变化对鱼类的分布、洄游、集群等影响极大。海流对海洋鱼类仔稚鱼成活率、鱼类分布洄游路径和渔场形成产生重要影响。在渔业生产上,人们比较关心的是海流对鱼类分布洄游路径和渔场位置的影响。

由于海流伴随着不同性质海水的交汇且各具有一定的温度、盐度和各种化学性质,并栖息着一定种类不同的海洋生物,因而不同物种的鱼类对不同的水系、水团和海流都有一定的生态适应性。一般暖水性鱼类多栖息在受暖流控制的海区,其洄游移动也多随暖流的变动而发生变化。我国近海许多海洋鱼类洄游分布受黑潮的流向和强度的影响,如日本鳗鲕仔稚鱼在每年的 10 月至翌年的 5 月主要靠黑潮势力向中国、韩国、日本等东亚国家的沿海和入海口进行洄游，黑潮势力的强弱直接影响到其在各个沿海和入海口的分布数量。而冷水性鱼类对于寒流以及近岸鱼类对应沿岸水系的关系，也大多具有类似的规律。

　　不同流系相互交汇的混合水域以及不同水团相接触的锋面区，往往形成一条水色明显不同的分界线，通常成为"流隔"或"潮境"。流隔处往往形成涡流和上升流，从而将底层的营养盐类带到表层，有利于浮游生物生长，而鱼类喜欢聚集在流隔附近进行摄食。流隔有多种类型，除寒流和暖流的流隔、沿岸水和外洋水的流隔外，还有在岛礁等附近水流受地形障碍物影响所引起的流隔以及水质、水温不同的水流交汇所形成的流隔等。例如，在北太平洋，亲潮（寒流）与黑潮（暖流）交汇所形成的流隔，是秋刀鱼、柔鱼类、鲸类等良好的渔场；在东北大西洋，北大西洋暖流与北极寒流的流隔区域形成鳕鱼、鲱鱼的良好渔场；在东南太平洋，西风漂流和南美洲沿岸的秘鲁寒流交汇区形成智利竹筴鱼、秘鲁鳀鱼的良好渔场（陈新军，2004）。

　　西北太平洋由于有强大的黑潮暖流与亲潮寒流形成广泛的交汇区，为海洋生物的生长和发育提供了丰富的饵料基础，形成了世界海洋中渔业产量较高的水域之一。在头足类的产量中，以柔鱼（*Ommastrephes bartrami*）和太平洋褶柔鱼（*Todarodes pacificus*）最为重要。柔鱼的渔场形成、分布、洄游等与海洋环境条件有着密切的关系，特别是与黑潮和亲潮的动向以及西风漂流的消长关系密切。根据 1995 年 8 月份表层海流分布状况，一般可认为：由于亲潮第一分支与第二分支的切入，三路暖水团的存在，使得在该两分支之间形成稳定的暖水团（涡）型渔场，大致分布在 144°E～146°E 附近海域。同时由于第二分支和第三分支与黑潮交汇，在 148°E～150°E、154°E～156°E 附近海域形成较为稳定的流隔渔场（图 5.1）。另有研究利用 1997～2007 年黑潮分布类型，结合同期鱿钓渔船生产数据

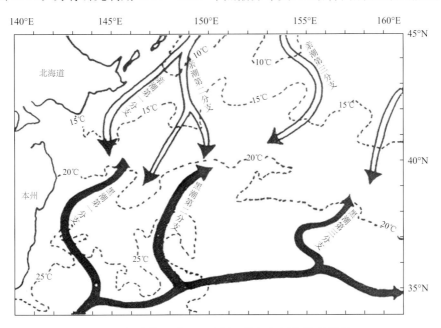

图 5.1　西北太平洋 155°E 以西渔场形成示意图（陈新军等，1997）

分析了黑潮的分布对柔鱼渔场变化的影响,结果表明黑潮出现大弯曲型时,亲潮和黑潮第一分支交汇海域的柔鱼渔场重心明显偏北且概率较高;而当黑潮出现小弯曲型或平直型时,则渔场重心明显偏南。

在某种程度上,大眼金枪鱼分布与世界海洋海流分布的关系相当密切。日本学者研究认为太平洋中西部的热带海域,大眼金枪鱼的分布区位于以赤道逆流为中心的海域,在西部位于赤道潜流北侧的流界附近,而在东部赤道逆流区域则没有发现大眼金枪鱼渔场,这可能是因为以赤道逆流为中心的太平洋中西部热带海域,其适温水层(10~15℃)与延绳钓钓钩设置深度是一致的。此外,在太平洋东部的赤道逆流区从 100 m 水深至深层海域,溶解氧均在 1.0 mL/L 以下,导致大眼金枪鱼在这些海域无法生存。

因此,在海洋渔业渔场研究和预测工作中,需要密切注意海流的势力和流向变化,以便能准确判断渔场位置的实时变化。

4)盐度

盐度的显著变化是支配鱼类行为的一个重要因素。海水的盐度变化对鱼类的渗透压、浮性鱼卵的漂浮等都会产生影响。鱼类对水中盐度微小差异具有辨别能力,这一特点在溯河性、降海性洄游鱼类中尤为明显,如鲑鳟类、日本鳗鲡、欧洲鳗鲡等。在大洋中,盐度变化很小;近岸海区由于受大陆径流的影响,海水盐度变化很大。因此,经常栖息于海洋里的鱼类一般对于高盐度海水的适应较强,而栖息于近海或沿岸的鱼类则对盐度大幅变化的适应能力较强。各种海洋鱼类对盐度具有不同的适应性。根据海洋鱼类对盐度变化的忍耐性大小和敏感程度,可将其分为狭盐性和广盐性两大类。狭盐性鱼类对盐度变化的忍耐范围很窄,广盐性鱼类则对盐度变化的忍耐性较广。近岸鱼类一般属广盐性鱼类,如窄体舌鳎;外海鱼类属狭盐性,如金枪鱼类、智利竹筴鱼等。

同种鱼类的不同种群、同一种群在不同生活阶段对盐度的适应也是不同的。例如分布在我国近海的大黄鱼,在浙江近海的一般适盐范围为 26‰~30‰,产卵期在岱衢渔场为 17‰~23.5‰,在猫头和大目渔场为 26‰~31‰,越冬期在舟山外海渔场为 32‰~33.5‰,在福建北部近海的产卵期适盐范围为 27.5‰~28.7‰,在广东硇洲海域为 30.5‰~32.5‰。而小黄鱼种群在黄海中部越冬期的适盐范围为 32‰~33.5‰,在吕泗近海产卵期为 29.5‰~32‰,在东南南部越冬期为 33‰~34‰,而产卵期降为 30‰~31‰。

盐度主要通过水团和海流间接地影响鱼类行为和洄游分布,很少直接影响鱼类的行动。暖水性鱼类喜随着暖流进行洄游,而冷水性鱼类喜随着寒流进行洄游。一些研究表明,在盐度水平分布梯度较大的海区,盐度对于鱼群的分布或渔场的位置有一定的影响,有时会成为制约因素。对于适盐范围较广的鱼类在外海或大洋形成渔场时,盐度往往难以形成制约因子,因其盐度变化幅度很小,但在河口地区或不同海流交汇的海域,盐度对于渔场的形成和位置起着重要作用。如夏威夷群岛附近海域金枪鱼渔场若受到盐度为 34.7‰的加利福尼亚海流影响的年份,渔获量则较高;当盐度为 35‰以上的西太平洋高盐水入侵时,渔获量则较低。因此,盐度在鱼群探测上具有一定的指导意义,通过了解盐度的分布来推测渔场的可能位置。

5）气象因子

气象因素变化会对海况产生重要影响，从而对生活在海洋里的鱼类行为、集群和洄游习性产生影响，特别是中上层鱼类。同时，恶劣的天气会影响海上正常的捕捞作业，因此有必要分析气象因子和渔业生产及鱼类行为、集群和消散等方面的关系。

（1）风和波浪。风是海洋中最为常见的气象因子，它会使海面产生波浪、海水产生运动，还会使海表温度发生变化。风向、风速和风的持续时间都会对渔场位置和渔业资源的变动产生影响。在我国沿海，一般来说春、秋季南风送暖，北风来寒；在山东半岛附近海域的渔场春季产卵洄游期间，西北风向多时，渔场位置偏移外海，东南风向偏多时，渔场位置偏移近岸；秋季洄游期间，偏北风向偏多时，鱼群停留渔场时间短，偏南风向偏多时，鱼群停留渔场时间长。当向岸季风来临时，会产生向岸海流，某些鱼类群会随着海流游向近岸进行生殖或索饵活动。当离岸风向偏多时，由于风向和海底地形的影响会产生上升流，将海底的营养物质带到表层，鱼类在这里集群并形成渔场。世界上著名的东南大西洋渔场、秘鲁渔场就属于上升流渔场。在智利、秘鲁沿岸处在东南信风带内，东南信风从南美大陆吹向太平洋，使沿岸表层海水离岸而去，底层海水便上升补充而形成上升补偿流，该补偿流便把海底营养盐类带至表层，表层海水在风力作用下向北流，而原海域流走的海水则由深层的海水来补充。深层海水上翻，带来了海底丰富的营养盐类，浮游生物大量繁殖，为鱼虾提供充足的饵料，形成大渔场。因此秘鲁沿岸盛行的上升补偿流形成了世界四大渔场之一的秘鲁渔场。

在渔汛期间，如果海面连续刮风，风力在 3～5 级，往往容易形成渔场，这是因为中等强度的风力可使海水充分混合，利于表层饵料的迁移和运动，鱼群喜集群追逐饵料。而海面风力过小，鱼群容易分散，不利于中心渔场形成；若风力过大，如达到 8 级以上，海面次表层扰动厉害，鱼群下潜水层较深，不利于鱼群集群和渔场形成，且捕捞作业操作困难，渔获量很低。但是在大风来临前后，特别是 6～8 级风力，也容易形成鱼群集群过程，风前集群是因为鱼类感受到"气压波"和"长浪"的刺激作用；风后集群是因为大风改变了海水理化条件，鱼类向适宜的环境集群，形成渔场（陈新军，2004）。因此，渔民常有"抢风头""赶风尾"的说法，可获得较高渔获量。

（2）气压。海洋渔场经常受到低气压和高气压的过境影响。低气压经过渔场前后，一般都是投网捕捞的良好时机，低气压通过前，海面风浪较小，海面溶解氧含量较低，往往会引起一些鱼类在海面集群（如鲉鱼、竹笺鱼），是大规模捕捞的良好时机。低气压通过渔场时，气候比较恶劣，海面波浪很大，难以进行捕捞作业；低气压通过渔场之后，因渔场的海水理化性质和饵料分布发生改变，鱼群又趋向重新集合，在适宜的海洋环境条件下集群。在东南太平洋，因常年有西风带的存在，经常会出现低气压，最低气压甚至达到 983 mb[①]，低气压经过渔场前后，往往会造成智利竹笺鱼集群，是进行大型拖网作业的好时机。但若靠近低气压中心，则因海况恶劣，反而影响捕捞作业正常进行。

---

① 　1 mb＝100 hPa。

2. 遥感海表温度的渔场分析

水温不仅显著影响个体性腺发育、生长的速度，而且也是约束鱼类行为和分布水域，是非常重要的海洋环境因子和渔场分析应用指标。由于海表温度(SST)是最为直观和容易测量的海洋环境因子，因此分析渔场受水温环境驱动的影响或渔场的温度特征时，绝大多数都用 SST 来分析其与中心渔场分布和变化的关系，并依此来预测中心渔场的实时分布。在没有出现卫星遥感海面温度技术之前，主要根据调查船或渔船作业时的现场测量的海温数据来进行渔获量与海温匹配关系研究，对于未调查到的海域的海温分布情况以及海温的实时监测则难以掌握，因此，进行大范围的海表温度同步测量的代价非常大，几乎难以获取大范围渔场的同步观测海温数据。20 世纪 60 年代开始，一系列可以进行卫星遥感海表温度监测的气象卫星或海洋卫星成功发射，如 NOAA 极轨气象卫星、GOES 静止气象卫星、MODIS 卫星等，这些卫星可将海洋表面温度数据获取实现业务化运行，获得每天或每周的海表温度数据，使得遥感 SST 的渔场及海洋学应用逐步由试验研究发展到业务化应用，并成为迄今应用最成熟的海洋渔场环境要素。

1) 数理统计分析

根据渔获量或单位捕捞努力量(CPUE)在 SST 分布范围内的概率或频次统计来分析渔场与 SST 分布关系是比较常见的分析方法。下面以我国主要远洋渔业捕捞种类进行举例分析。图 5.2 反映了 2005 年和 2008 年智利竹筴鱼作业渔场最适宜 SST 为 14～15℃，其次为 12～13℃；而 2006 年和 2007 年作业渔场最适宜 SST 为 13～14℃，其次分别为 12～13℃和 10～11℃。

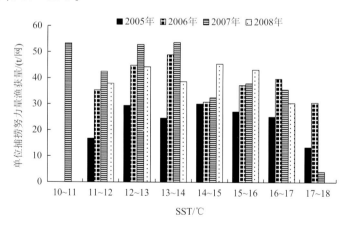

图 5.2　2005～2008 年南太平洋智利竹筴鱼各温度区间的平均 CPUE 变化

此外，通过渔获产量和 SST 频次统计，可以分析渔场的 SST 分布类型、形成渔场的 SST 范围等。如图 5.3 可分析得到长鳍金枪鱼延绳钓渔场区 SST 分布为负偏态分布型，多数渔场区的 SST 数值大致在 16～28℃，渔场出现频次最多的渔区 SST 为 27℃左右。

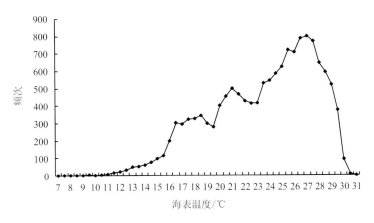

图 5.3　北太平洋长鳍金枪鱼作业频次与 SST 统计关系

2）渔场特征等温线分析

等值线图因其具有较好的直观性和易读性，在资源及环境等众多领域得到了广泛应用。渔场海洋学研究中，等温线、等盐度线等渔场环境要素的等值线图也是进行渔场分析及渔业资源时空分布研究的重要图件。手工绘制等值线虽然可以充分利用专家的经验知识，但具有一定的主观性，费时、费力且不够精确。目前绘制等值线主要采用各种插值和GIS 技术方法实现。它是对各类海洋环境要素进行可视化表达的重要方式之一。海表温度等值线也即等温线图是将海表温度分布图中一组组相等数值连线形成的图像。在渔场分析中，经常应用 SST 等值线与渔获量进行空间叠加，以判断中心渔场与 SST 空间分布的相关性，从而判断中心渔场形成的 SST 特征等温线。

（1）等温线的绘制。绘制等温线的时候，通常每隔 1℃（或 0.5℃）绘制一条等温线，同时在等温线上标注具体的温度数值，以便判读，对于 15℃、20℃、25℃等还通常用加粗的线条表示。直接的卫星水温图多数为彩色水温图，不同的颜色代表不同的温度区间，通常高温暖水区用红色或棕色等暖色调标出，低温冷水区用蓝色等冷色调标出。卫星水温图也常常同一般的等温线图叠加一起（图 5.4），这样更容易判读分析。

等值线图是由大量等值线构成的，其绘制过程是对大量离散的、又具有一定规律的几何量值或物理量值，用数学的方法插值变换成图的过程。等值线的自动绘制可划分为三个步骤：等值点的计算、等值线的跟踪及等值线的连接。在这三个步骤中确定等值线的跟踪走向和记录有关数据是等值线自动生成的关键，且绘制后平滑算法的优劣对等值线的绘制过程及其美观也具有重要的影响。崔雪森等（2008）利用卫星遥感海温数据，采用带约束条件的不规则三角网等方法实现了自动插值及绘制，并用于实际的渔场渔情分析预报图制作。

（2）温度梯度与温度锋面。等温线分析不仅可以直接从等温线图上分析判断渔场区海温的总体分布、冷暖水系的分布特征、等温线的走向、等温线的疏密等，而且也可计算出温度梯度，分析判读海洋锋面、涡漩位置等。

温度梯度是指自然界中气温、水温或土壤温度随陆地高度或水域及土壤深度变化而

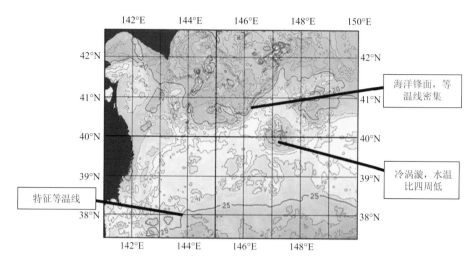

海洋锋面，等温线密集

冷涡漩，水温比四周低

特征等温线

图 5.4　海水表层温度(SST)等温线图

出现的阶梯式递增或递减的现象。海洋里的海表温度梯度主要指海温随海面分布距离的变化率，单位为℃/nm。温度梯度通常可以采用梯度公式结合其他方法计算得到(邵全琴等，2005；Hopkins et al.，2010)。温度梯度越大，说明该海域温度变化强烈，如暖潮和寒潮交汇区。在海表温度大的海区容易形成渔场，这是因为温度变化大的海域会形成一道天然的"温度屏障"，使得鱼群往往停留在此屏障前，难以逾越。例如，北太平洋巴特柔鱼主要渔场分布在亲潮和黑潮交汇区偏亲潮内侧(38°~45°N，150°~157°E)，该区域就是海表温度梯度变化较为剧烈的海区。温度梯度变化大的区域，一般称为锋面，也称流隔，是渔场形成的重要标志。海洋锋面区一般表现为温度梯度变化较大，SST 等值线汇聚密集，在几个纬度范围内，其温度可能相差 3℃以上，如亲潮和黑潮交汇区。较大的温度差异使得鱼群停留在流隔前，鱼群活动范围相对缩小，群居密度增大，形成良好渔场。通过遥感和 GIS 技术分析不同流系分布、流隔位置、摆动，可为确定中心渔场提供指标。

　　(3) 温度较差。除了掌握当前的渔场水温外，还常把当前的渔场水温同其他年份或其他时段进行比较，如与去年同期、与上期水温的分布进行比较等，也即通常所说的温度较差(温度比较相差的数值)图，不同周的温度比较即为周较差、不同年份的温度比较即为温度年较差。通过与去年(或其他年份)同期水温进行比较，可以掌握今年当前不同海域水温的高低和分布状况与往年有何不同，通过结合往年渔场形成区域的水温、海流等信息有助于判断今年渔场形成的区域和最佳的捕捞时期。此外，根据与上期对比的等温线分布形态，可以了解短时间内的冷暖流系势力变化与锋面(流隔带)的强弱变化趋势，进而可以分析季节性水温状况有无异常现象，有利于海上作业渔船根据海况变化及时调整下网(放钩)海域。

　　(4) 温度距平及海温异常变化。温度异常变化通过当前水温和一般年份(普通正常年份或多年平均)的水温进行比较可以掌握，即一般所说的距平(距离平均状况的差值)图。海温距平可以有正距平或负距平，海温正距平就是海温与常年平均状况相比偏高，出现了升温。由此海温距平图可判断当前水温与正常年份相比是偏高或偏低。如果水温比常年低,表示暖水季节到来相对较晚,也可能是冷流系的势力比常年强,这种情况下暖水性的鱼类洄游时间就会推迟。反之,则暖水季节提前到来,或暖流系的势力比常年强,暖水性的鱼类洄游时间就会提前。此外,还要观察当前大范围的气候变化与常年相比是否有异常(如厄尔尼诺(El Nino)、拉尼娜(La Nina)、强寒潮、强热带风暴频繁降临等),如果有此类情况发生,则要综合考虑这些异常因素对渔场分布的影响。

(5) 中层(次表层)水温分析。卫星遥感技术仅能获取表层水温,但渔业生产中也常常需要掌握中层水温的情况,这对于拖网深度或深水延绳钓放钩深度等作业具有实际的指导意义。中层水温特别是在大洋中,水温不具有表面水温那样巨大的温差变化或变化频率,通常只有不到 5℃ 的温度季节变化。此外,掌握不同深度水层的水温,能够勾画出了整个海域海水温度的垂直分布状况,即温跃层与混合层的深度分布。海水的温跃层深度一般从水下数十米开始向下至 200 m 左右深度(图 5.5),不同的海域或不同季节,温跃层也会不断变化,因此需要根据捕捞作业海域和不同季节进行具体分析。温跃层深度的变化对于分析不同鱼种例如各类金枪鱼群所处的深度有重要意义。如黄鳍金枪鱼常喜栖于温跃层上部,长鳍金枪鱼喜栖于中部偏上,大眼金枪鱼则一般喜栖于温跃层下部。这对于设定钓钩的深度和形态有一定的参考作用。此外,分析中层(近底层)水温分布状况还可以使我们了解海水的垂直流动状况,是涌升还是下沉,当中底层的低温水出现在表层高温水体时,称为涌升流,反之称为下沉流。涌升流区域由于海流将海底丰富的营养物质带到了海洋表层,在光合作用下容易形成生物量富集的区域,有利于鱼类的集群。

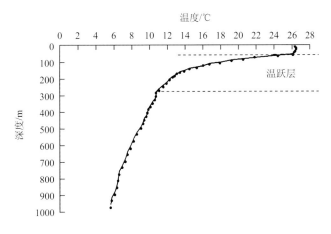

图 5.5　温跃层垂直结构示意图

(6) 叠加分析。绘制获取水温图后,还可以利用 GIS 软件等技术,将规范化处理后的渔获数据或 CPUE 数据同水温图叠加分析,可以更直观判读渔场区的水温情况。图 5.6 是北太平洋延绳钓长鳍金枪鱼多年累计渔获总产量与 SST 分布图,渔获产量集中分布区域年平均 SST 为 16~24℃,反映了该温度范围是长鳍金枪鱼渔场经常出现的区域。图 5.7 可知,南太平洋智利竹筴鱼 5 月份其渔场主要分布在 10~13℃ 的 SST 海域,作业渔场位置为 41°S~46°S;86°W~94°W。图 5.8 为 2009 年 5 月 14~20 日的渔获量与 SST

周平均值的关系图,可看出中心渔场主要集中在 SST 为 11～12℃的海域。图 5.6、图 5.7 和图 5.8 分别反映的是 SST 年、月、周平均值与渔获量的关系,SST 年平均等值线非常平滑,难以反映中小尺度范围海域内 SST 的差异;SST 月平均等值线弯曲程度有所提高,中尺度范围海洋的温度差异尚能辨别;SST 周平均等值线弯曲程度进一步提高,小尺度范围海域的温度差异也能区分,所以是渔场分析中最为常用的温度指标。如通过每月的 SST 变化和渔获量或作业位置的关系图可以很清楚地得出某种鱼类的每月最适温度区间,从而了解渔场与 SST 的变化关系,得出渔场的季节变动规律。

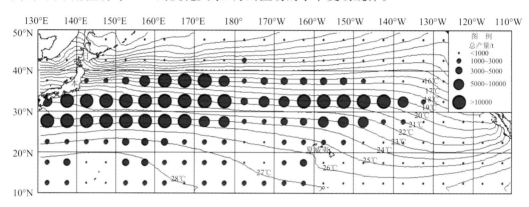

图 5.6　北太平洋延绳钓长鳍金枪鱼多年累计渔获总产量与 SST 分布(1952～2001 年)

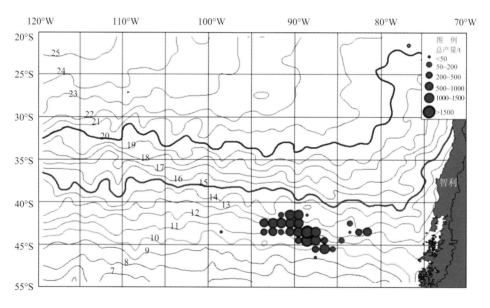

图 5.7　2009 年 5 月南太平洋智利竹筴鱼总产量与 SST 月平均值分布图

中国水产科学研究院东海水产研究所制作

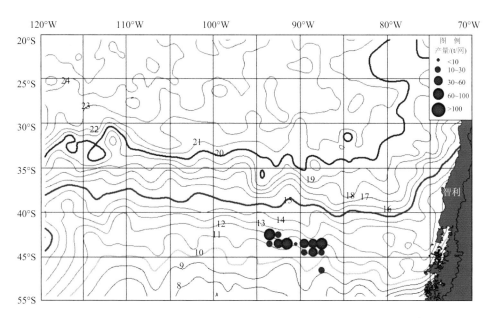

图 5.8 2009 年 5 月 14～20 日南太平洋智利竹筴鱼总产量与 SST 周平均值分布图

中国水产科学研究院东海水产研究所制作

3. 遥感叶绿素信息的渔场分析

海水叶绿素信息反映了海洋初级生产力状况,叶绿素浓度越高意味着初级生产力越高,其支撑的海洋渔业资源潜力也越大。目前,在商业捕鱼活动中,卫星遥感叶绿素信息在渔场寻找和捕捞活动中已得到成功的应用,且常与卫星遥感提取的 SST 一起分析。叶绿素的渔场分析应用也主要有统计分析、特征分析及海洋锋面分析等。

1)数理统计

主要是将渔获量或 CPUE 数据与同步的叶绿素数值进行关联分析,依据在不同浓度范围内的总渔获量或作业频次来确定该种鱼类渔场的最适叶绿素浓度范围。如北太平洋巴特柔鱼主要渔获产量分布在 $0.1～0.6 \ mg/m^3$ 叶绿素浓度范围之内,叶绿素浓度处于 $0.12～0.14 \ mg/m^3$ 时,渔获产量出现频次最高,渔场出现的概率约为 $14\%～15\%$。总体上,叶绿素浓度为 $0.1～0.3 \ mg/m^3$ 时,渔场出现频率都较高,可视为其最适叶绿素范围,且渔场出现的频次呈现出偏态分布的特点(图 5.9)。牛明香等(2010)根据智利竹筴鱼丰度与环境因子的 GAM 模型拟合发现,叶绿素浓度对丰度的影响较低。

2)叶绿素特征值

将叶绿素浓度等值线图与渔获量或 CPUE 进行空间叠加,可以判读渔场的叶绿素浓度特征值。通过叶绿素特征值分析渔场有两种方式:一是较大的叶绿素特征值指示出浮游植物含量高的海域范围,据此可确定位于海洋生态系食物链中底层直接以浮游植物为饵料的上层鱼类的可能分布区域;二是叶绿素某一特征值能够反映出海洋锋面或水团扩

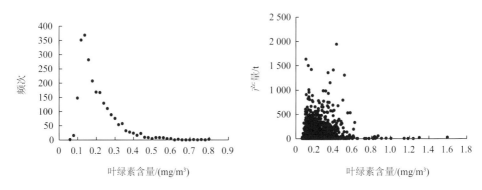

图 5.9　北太平洋巴特柔鱼作业频次、渔获量与叶绿素浓度的关系(樊伟等，2004)

展的边界与范围，据此可确定海洋水色锋面或渔场所在区域。如 Jeffrey 等(2011)研究认为 0.2 mg/m³ 叶绿素等值线代表了北太平洋叶绿素锋(TZCF)向北推移扩展的边界，并发现北太平洋长鳍金枪鱼围网渔场位于 0.2 mg/m³ 叶绿素等值线附近。图 5.10 显示南太平洋智利竹筴鱼渔场 4 月份叶绿素浓度分布范围为 0.02~0.2 mg/m³，渔场区的叶绿素一般在 0.1 mg/m³ 左右，渔获量较高时叶绿素浓度为 0.08~0.14 mg/m³，而在叶绿素低浓度海域(<0.05 mg/m³)难以形成渔场。

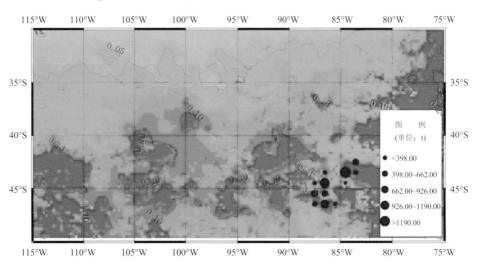

图 5.10　2009 年 4 月 4~10 日的智利竹筴鱼渔场与叶绿素分布图

3) 海洋水色锋面及梯度

海水叶绿素浓度含量大小的空间分布及随时间的动态变化能够指示出丰富的锋面、海流及涡旋信息，可据此分析渔场位置。海洋水色锋面通常由水色要素如叶绿素浓度变化急剧的狭窄地带或叶绿素浓度梯度最大的地方来定义表示。海洋水色锋面形成的原因很多，大洋水色锋面主要为由海水涌升流、海水辐散形成的冷涡或寒流入侵的冷锋等所形成的叶绿素锋面，近岸与河口海区时常有悬浮泥沙形成的水色浊度锋面。大洋叶绿素锋面时常与温度锋面相伴出现，位置接近，因此通常把叶绿素锋面与温度锋面结合起来进行综合分析。叶绿素锋面区域常由锋面形成的动力作用输送来丰富的营养盐,形成饵料中心,为产卵、索饵鱼群提供物质基础。人们在应用温度梯度分析渔场时,很少提到水色梯度,Ladner 等研究指出海洋水色梯度和鱼类生物量之间有正相关关系,可见水色梯度计算也可作为渔情分析或资源评估的一个辅助方法。图 5.11 为 OCTS 影像所反演的叶绿素水色分布及其附近形成的鲐鲹鱼渔场,左图清晰可见逆时针旋转的涡旋分布和涡旋的空间尺度大小,右图可见捕捞渔场位于叶绿素锋面附近。

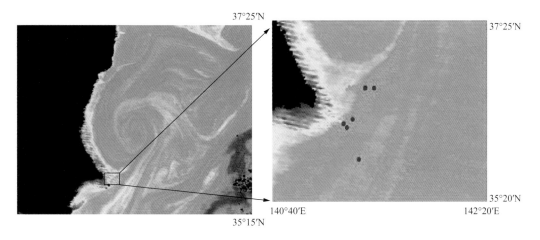

图 5.11　日本东部近海叶绿素锋面及渔场分布(红色圆点为渔场位置)

4) 海洋初级生产力及渔业资源评估

海洋初级生产力通常定义为海洋浮游植物光合作用的速率。光合作用大小与光和色素浓度密切相关,海水叶绿素浓度与初级生产力之间存在相关关系,遥感海洋初级生产力对理解海洋生态系统、海洋鱼类基本生境、估计渔业资源潜在产量等方面内容具有重要意义。大洋一类海水区域的海洋水色主要反映了海水叶绿素含量信息,代表了海域的浮游植物含量浓度的高低。自 Lorenzen 首先利用表层叶绿素与初级生产力的相关性试图应用于海洋初级生产力遥感研究以来,许多学者相继提出了利用叶绿素浓度反演海洋初级生产力的各种遥感算法,可以预见将来卫星遥感海洋水色在反演海洋初级生产力、渔业资源评估、全球环境变化研究等方面将会具有更大的潜力。

4. 遥感动力环境信息的渔场分析

海洋动力环境遥感主要指以主动式微波传感器(卫星高度计、散射计、合成孔径雷达等)应用为主的海面风场、有效波高、流场、海面地形、海冰等海洋要素的测量,这些海洋动力环境同渔业生产关系密切。目前主要应用海面高度及其计算的地转流信息进行渔场分析及应用。

海面动力高度与水团、流系、海流、潮流等紧密相关,是这些海洋动力要素综合作用的结果。海洋渔场的资源丰度及其时空变化与此也密切相关,但不论是海洋温度及盐度(对应海水密度)的变化,还是水团变化、上升流等都时时刻刻在塑造着海面动力地形。通常海面高度的异常变化与温度场冷暖水团的配置关系密切(图 5.12),如在北半球海面高度的正距平区域对应顺时针方向的暖中心,海面高度的负距平海域对应逆时针方向的冷涡,南半球则刚好相反。一般来讲,冷暖中心边缘的过渡区域通常形成锋面,海流流速较大,某些鱼类集群易形成渔场。此外,海洋锋面附近常表现出较为复杂的海洋动力特征,如海流流速较大,水团配置比较复杂等。因此,结合这些海洋特征,从海面高度异常的空间配置和海流流速流向的分布可以推知海洋锋面。图 5.13 为 T/P 高度计获取的海面高度及海流信息与箭鱼渔场的关系,图上可见,渔场位于海面高度约 170 cm 处海域。

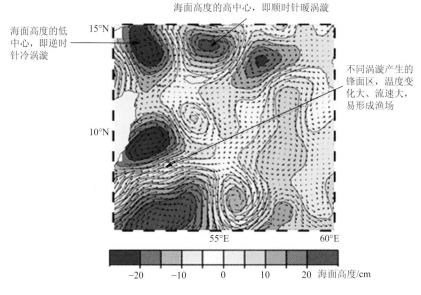

图 5.12　海面高度异常及水团配置关系

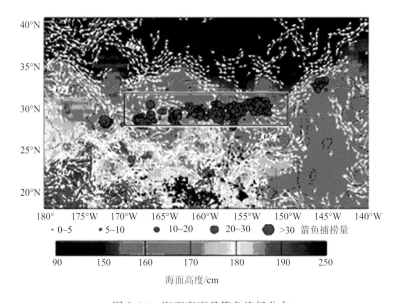

图 5.13　海面高度及箭鱼渔场分布

5.2　渔场渔情分析预报模型

1. 范例推理模型

范例推理(case-based reasoning，CBR)技术，也称案例推理，是在传统的基于规则(rule-based reasoning，RBR)和基于模型(model-based reasoning，MBR)推理的专家系统之外产生的一种知识表达方式和推理策略，是一种重要的机器学习方法。Roger Schank 最早于 1982 年对 CBR 进行了描述，并给出了在计算机上建造这种推理系统的方法。

CBR 来源于人们的认知心理活动：人们在面临一个新的问题时，往往联想以往处理类似问题的经验并与新的问题联系起来，运用过去解决该问题的经验和方法来解决当前的问题。因此，CBR 的工作原理便是为了解决一个新问题，CBR 首先进行回忆，从记忆或范例库中找到一个与新问题相似的范例，然后把该范例中的有关信息和知识复用到新问题的求解之中。CBR 的核心思想就是在进行新问题求解时，使用以前求解类似问题的经验和获取的知识来推理，根据新情况的差异相应的做出调整，从而得到解决新问题的办法并形成新的范例。一个完整的范例推理包括几个循环过程，Amdot 和 Plaza 将范例推理归结为"4R"过程，即检索(retrieve)、重用(reuse)、修正(revise)和存储(retain)(Geodchild，1991)，其工作流程如图 5.14 所示。

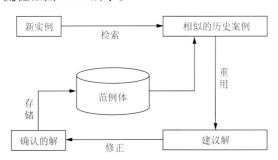

图 5.14　范例推理的工作流程

CBR 可分为两部分：一是范例特征库及相似度评价准则的建立，这一部分核心点是特征抽取(即范例特征库的建立)以及相似度准则的确定；二是推理，其核心是范例库的检索。特征检索的第一步是找出这些特征的相似特征集，第二步把其转化为标准查询语句，最后在范例特征库找到有关的范例，作为候选范例。

CBR 应用的关键技术主要包括三个方面。①问题描述。把当前问题的特征变量，以案例的形式向系统进行表述。②检索最相似的案例。通过案例的索引与检索，在案例库中寻找与当前问题最为相似的案例。如果旧案例与当前问题完全相符，则直接输出该问题的解决方案。否则，对检索出的案例进行完善修改，形成一个全部满足新案例的解答，生成新案例。③案例的学习。对当前问题的解进行评价，并将新方案增添到案例库中，以备日后求解问题使用。

目前 CBR 已被逐步推广到机械 CAD、医疗卫生、企业管理、军事等领域，并得到了成功的应用(王晓和庄严明,2011;李清和刘金生,2009)。加拿大、日本、俄罗斯等国家部分学者在上世纪 90 年代末应用人工智能进行渔情信息的预报研究。在国内,沈新强等和叶施人等采用范例推理的方法建立了中心渔场智能预报系统进行渔场预报(沈新强等,2000;叶施仁,2001)。在所构建的渔场预报系统中,以渔场位置,海表温度和温度梯度等因子为描述对象,采用 K 临近和加权欧式距离进行检索方法,构建了中国东海的鲐鱼、鲳鱼和小黄鱼 CBR 中心渔场预报模型,平均回顾性预报精度达到 78%。

2. 专家系统模型

专家系统(expert system,ES)是指一种智能计算机程序,它运用知识和推理来解决只有专家才能解决的问题。构造专家系统的过程称为知识工程。专家系统具有启发性、透明性和灵活性特点。专家系统按应用性分为很多类,其中之一就是预测专家系统。

专家系统主要由三部分构成:人机接口、知识库和推理机。人机接口即用户与专家系统进行交流部分。知识库是存放领域专家所提供的专门知识。推理机是核心,用于记忆所采用的规则和控制策略的程序,使整个专家系统能够以逻辑方式协调工作。理想专家系统的结构如图 5.15 所示。

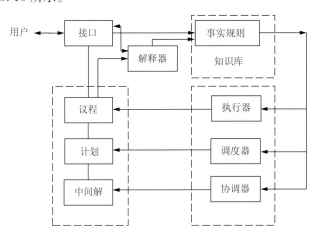

图 5.15　理想专家系统的结构

渔业资源评估与动态预测的关键是根据特点目标和特点海区选择最佳的评估和预测模型。渔业资源评估分析过程通常由资料收集、分析计算、专家评估分析、最终应用目标几个部分组成。陈卫忠等(1999)将专家系统用于渔业资源评估和预测预报,构建了"海洋渔业遥感信息与资源评估服务系统"。该系统主要利用先进的"3S"技术(遥感 RS、地理信息系统 GIS 及专家系统 ES)对不同途径、不同时期、不同区域、不同类型的海洋渔业信息进行系统性综合分析,从而提炼出有用的信息,为渔业生产、管理及科研提供信息产品和服务,其原理图如图 5.16 所示。

谭宁和史忠植(1999)、胡芬和陈卫忠(2001)运用该专家系统,对东海主要经济种类,如带鱼、鲐鱼和马面鲀等资源量、可捕量进行评估和预报,预报精度从 50%～90%不等。Sadly 等(2009)对苏拉威西岛中南部沿海渔场,发展了基于 GIS 系统的中心渔场鱼情预报专家系统,回报检验的预报精度达到 85%。

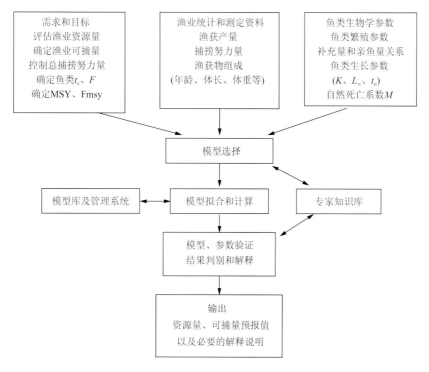

图 5.16　渔业资源评估专家系统原理框图

3. 贝叶斯概率预报模型

贝叶斯估计最早由英国数学家 Thomas Bayes 提出,用来描述两个条件概率之间的关系,是统计学两大学派之一。贝叶斯学派认为,统计推断不仅要用到总体信息和样本信息,还要用到先验信息。贝叶斯统计,在重视使用总体信息和样本信息的同时,还注意先验信息的收集、挖掘和加工,使它数量化,形成先验分布,参加到统计推断中来,以提高统计推断的质量。

Nieto 等(2001)采用贝叶斯概率对秘鲁鳀鱼中心渔场进行预报研究;在国内,樊伟等(2006)构建了金枪鱼渔场的贝叶斯概率预报模型,并成功地进行了回报实验。该模型的贝叶斯概率预报公式如下:

$$P(h_0/e) = \frac{P(e/h_0) \times P(h_0)}{\sum_{i=0}^{1} P(e/h_i) \times P(h_i)} \tag{5.1}$$

式中,h_0 指假设为真的情况,即渔场为真的情况;h_1 为假设非真的情况;$P(h_0/e)$ 为在给定条件下渔场的概率,也即后验概率;$P(e/h_0)$ 为条件概率;$P(h_0)$ 为不考虑给定环境条件时渔场的先验概率。

由式(5.1)可见,贝叶斯渔场概率预报模型需要给出渔场的先验概率和相应的条件概率,其预报计算过程如图 5.17 所示。应用该模型对太平洋鲣鱼(*Katsywonus pelamis*)围网数据进行回报检验,结果表明太平洋鲣鱼渔场综合预报的准确性超过 70% 以上。

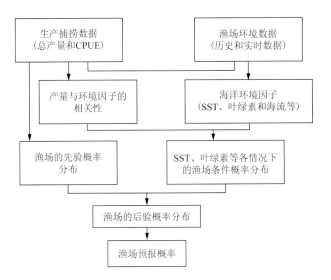

图 5.17　贝叶斯渔场概率预报模型及流程

4. 栖息地指数模型

栖息地指数(habitat suitability index，HSI)模型最初由美国渔业与野生动物局开发，主要立足于生境选择、生态位分化和限制因子等生态学理论(Morrison et al.，1998；Thomasma，1991)，依据动物与生境变量间的函数关系来构建。因此，HSI 模型特别适于表达简单而又易于理解的主要环境因素对物种分布与丰富度的影响。20 世纪 80 年代以来，在定量评估管理活动对野生动物生境影响方面，HSI 模型逐渐成为广泛使用的一种生境评价方法(Brooks，1997)。

通常而言，HSI 开发过程包括：①获取生境资料；②构建单因素适宜度函数；③赋予生境因子权重；④结合多项适宜度指数，计算整体 HSI 值；⑤产生适宜度地图。HSI 模型具有多种形式，即连乘法(continued product，CP)、最小值法(minimum，min)、最大值法(maximum，max)、算术平均法(arithmetic mean，AM)和几何平均法(geometric mean，GM)(郭爱，2009)：

$$HSI = \prod_{i=1}^{5} SI_i \tag{5.2}$$

$$HSI = \min(SI_1, SI_2, SI_3, SI_4, SI_5) \tag{5.3}$$

$$HSI = \max(SI_1, SI_2, SI_3, SI_4, SI_5) \tag{5.4}$$

$$HSI = \frac{1}{5} \sum_{i=1}^{5} SI_i \tag{5.5}$$

$$HSI = \sqrt[5]{\prod_{i=1}^{5} SI_i} \tag{5.6}$$

式中，SI 为生境变量的适宜度指数；n 为变量个数，是一个无量纲的 0、1 之间的标准化测度，0 代表不适合，1 代表条件最佳。

冯波等(2009)首先应用栖息地指数研究了印度洋大眼金枪鱼(*Thunnus obesus*)栖息地分布特征,随后陈新军等(2010)又用该方法对西南大西洋阿根廷鱿鱼等进行了研究,并应用到实际的渔场预报。另外,方宇等(2010)研究了智利竹筴鱼渔场的栖息地指数。

5. 其他应用模型

除了上述的几个常见渔场分析预报模型外,诸多数理统计方法在渔场分析预报应用中均具有较大潜力。空间叠加方法通过可视化分析鱼类的历史数据空间分布,研究鱼类生物特性,结合遥感环境影像数据,在时空尺度上揭示鱼群和海洋环境要素的动态交差。Lluch-Belda 等在 1991 年首先将空间叠加模型应用于加利福尼亚沙丁鱼(*Sardina pilchardus*)和加利福尼亚小鳀(*Anchoa mundeoloides*)渔场分析。该方法主要应用了 GIS 技术中的空间叠加分析方法,该方法应用便捷,结果更加直观,使该方法得到很大的发展(Valavanis,2004,2008;杨胜龙等,2011)。

广义线性模型(general linear model,GLM)形式上是常见的正态线性模型的直接推广,适用于连续性状和离散性状数据的统计分析。它与典型线性模型的区别是其随机误差的分布没有正态性要求,与非线性模型的最大区别则在于非线性模型没有明确的随机误差分布假定而广义线性模型的随机误差的分布是可以确定的;另外,广义线性模型的参数估计量具有大样本正态分布,因而具有良好的统计性质(陈希孺,2002)。

采用广义可加模型 GAM(generalized additive model)模型可以定性分析不同海洋环境因子和渔获率的关系,在此基础上建立渔获率和主要海洋环境因子的非线性回归定量关系,结合遥感海洋环境数据,在短期内对中心渔场进行预报作图(图 5.18),指导海洋渔船作业。

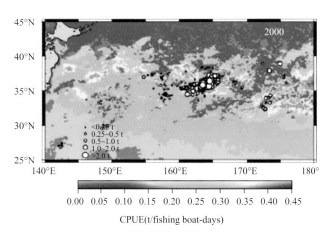

图 5.18　GLM 渔场预报图

人工神经网络(artificial neural networks,ANNs)也简称为神经网络(NNs)或称作连接模型(connectionist model),它是一种模仿动物神经网络行为特征,进行分布式并行信息处理的算法数学模型。这种网络依靠系统的复杂程度,通过调整内部大量节点之间相互连接的关系,从而达到处理信息的目的。人工神经网络具有大规模并行、分布式存储和处理、自组织、自适应的自学习能力,特别适合处理需要同时考虑许多因素和条件的、不精确和模糊的信息处理问题,为解决大复杂度问题提供了一种相对来说比较有效的简单方法。

海洋渔场有其环境区域性、复杂性、易变性及渔业资源时空分布的波动性等特征。单个或多个物种的种群密度通常受海洋、生物学因素以及人类捕捞影响,其影响方式尚未完全掌握。人工神经网络因建立模型理论简单和强大的非线性逼近能力,不需要使用者有很强的数学理论知识被广泛用于中心渔场预报资源量评估。如日本学者 Hwang、Aoki、Komatsu 和 Tameishi 将 ANN 方法应用于竹筴鱼(*Trachurus japonicus*)、沙丁鱼(*Sardinops melanostictus*)和鲣鱼(*Katsuwonus pelamis*)的 CPUE 和产量预测,Aoki 还指出采用 ANN 方法预测竹筴鱼 CPUE 效果要好于多元回归分析。Iglesias(2004)用函数神经网络方法预测大青鲨(*Prionace glauca*)和鲣鱼的渔获量以及中心渔场分布,与广泛使用的 BP 神经网络相比,在精度上得到很大提高。

5.3 渔海况信息产品的制作

1. 渔海况信息产品的制作要求

渔海况信息产品作为服务渔业捕捞生产的一种助渔信息,不仅包括渔场预报及渔场环境分析的信息,而且也包括与渔业捕捞生产有关的渔港、禁渔期、保护区等信息,因此在制作渔海况信息产品之前,首先要针对所应用的捕捞种类及海域,对所掌握的信息进行分类,筛选出必须的和辅助的信息。此外,由于渔海况信息产品主要以图件的形式出现,因而渔海况信息产品的制作也应遵循一般的地图制作规律,做到内容丰富、美观、易读和使用。传统的渔海况图制作主要利用手工绘制成纸质图件对外发布,而目前应用计算机人机交互制图或自动化成图已经成为成熟的方法。

1)渔海况信息产品的要素

渔海况信息产品依据应用目的和包含的信息内容,可将其所包括的要素分为以下几大类。

(1)海况信息。海况信息主要指渔场环境信息,不仅包括直接从卫星遥感反演获取的海表温度、海洋水色、海流、海面高度、风场等信息,也包括监测或计算得到的溶解氧、盐度、混合层深度、温跃层深度、海洋锋面、涡旋、温度较差、温度距平等。

(2)渔获量信息。主要包括根据历史捕捞产量判读的历史渔场信息以及当前渔获速报信息等。

(3)渔场预报信息。主要是根据渔场预报模型等计算得到的渔场预测信息,如渔场位置、渔场面积大小、渔场移动方向及趋势等。

(4)渔场相关要素。渔场相关要素主要包括禁渔区、保护区、渔港、航道等与捕捞作业密切相关的信息,这类信息虽然不是直接的生产助渔信息,但对捕捞作业具有预警作用。

（5）基础背景海图信息。主要包括行政边界、海陆边界、水深、海底地形、岛屿、港口、河流、城市等,这类信息也是人们判读图件的必要信息。

（6）图例与注记信息。包括经纬度、渔场符号、等值线标注、渔场文字分析、渔场预报周期、制作单位及制作时间等。

2）渔海况信息产品的分类

依照应用的目的或对象,渔海况信息产品可有多种分类方式。从信息产品的信息服务种类可分为海况速报图、渔场速报图、渔场预报图等;从捕捞作业方式可分为拖网渔场图、围网渔场图等;从捕捞种类可分为鱿鱼渔场图、金枪鱼渔场图等;从表现形式上可分为图形、图表和文字分析产品;从时效上可分为速报信息与预报信息。但各类别往往都是相互结合的。比如渔况信息通常会叠加有海洋环境信息,并配有文字说明。市场信息中往往有图表显示和信息动态分析。

图 5.19 和图 5.20 是渔海况信息产品的样例。图 5.19 为日本九州沿岸海渔况信息产品,内容既有海况信息、渔况信息,也有包括不同鱼种的上市量和价格的市场信息。形式既包括图表、图形,也有详细的文字说明。图 5.20 为东海水产研究所制作的东黄海海况和渔况图,内容主要为表层温度等值线、传统渔场位置以及对海温和黑潮变化的分析说明。

3）渔海况信息产品的制作要求

渔海况信息产品用户主要为渔船船长以及渔业生产指挥部门,由于通信条件和船长文化素质等因素,渔海况信息产品要尽量简单、美观、易读。因此根据渔海况信息产品覆盖的海域和作业对象所重点关注的信息,应对制图要素适当的筛选与调整。

渔海况信息产品的底图要素种类多样,首先要求各种背景要素的范围力求一致,为了在有限的图上表达更丰富的信息,通常采用矢量图形与栅格图形相结合的方式,并注意前后叠加顺序,避免出现错误的覆盖。

为了做到清晰美观,也要注意图形的视觉效果。首先要注意地图的整体感和差异感。设置图形符号时,掌握差异的程度,就可以在一定条件下使整幅图件产生整体感。如在包含有温度等值线、海岸线、岛屿和渔场概率图的地图中,运用亮度、形状和颜色等因素搭配,使所有的元素从视觉力求一致,增加地图的统一性。

与此同时还要兼顾地图的差异感,即将主要内容突出于地图之上,使要表达的重点更加鲜明。如在上述信息产品中,最为突出的应为渔场概率符号和环境因子,所以要将这两个要素同背景的陆地要素有所区别,使之更为醒目,而作为辅助信息的经纬度线、大陆填充颜色等都应该适当淡化处理。

符号或图形的层次感也同样重要。产生层次感的属性是图形的大小、粗细或有规律渐变的颜色。如饼状图的由小到大的变化可以反映渔场概率的大小,线条的粗细可以表示海流的强弱,颜色从深冷色到淡的冷色,再从淡的暖色变化到深的暖色可以直观地表示海水温度由冷到暖的分布情况。无论是颜色还是形状的大小,都应该注意等级过渡的连续性,避免变化过于剧烈而产生跳跃感。

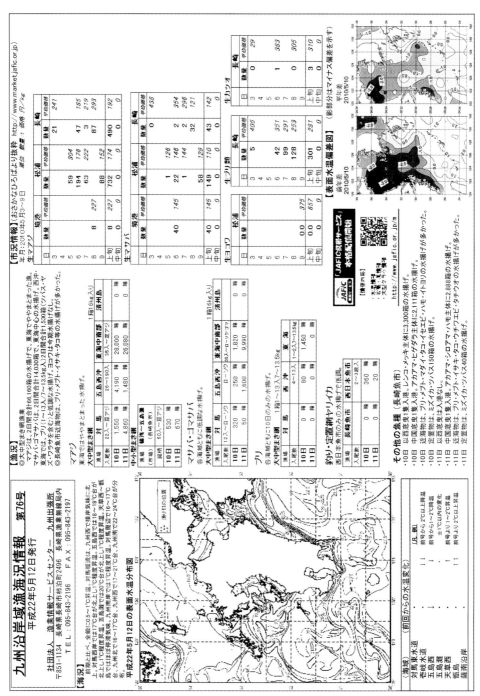

图5.19 日本九州沿岸渔况信息产品

引自JAFIC网站 http://www.jafic.or.jp/publish/sample/No5.pdf#search=九州沿岸海域渔况情报 第76号

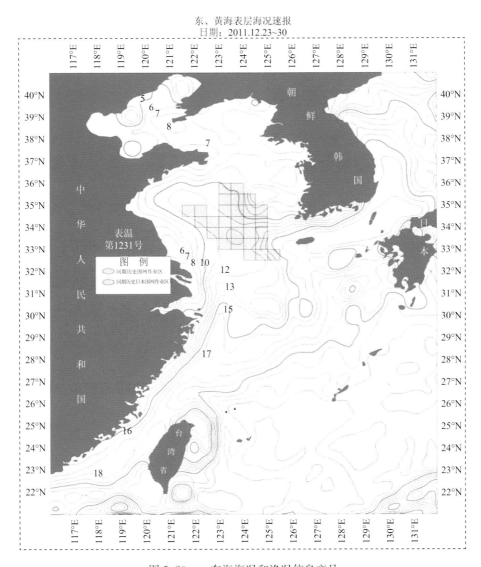

图 5.20　　东海海况和渔况信息产品

本期速报海区大部分海域表层水温稳中有降。其中渤海和山东沿海海域表层水温变化幅度较小,降幅在 1℃ 左右,与去年同期相比变化不大。江苏沿岸和长江口海域附近海表温度下降幅度较大,超过 1℃ 以上。浙江和福建沿海海域表层水温变化基本与去年持平,变化不大。本期速报海区大部分海域与往年平均相比,基本持平,整体变化在 0.5℃ 以内。从流系动态参考,黑潮暖流势力与上周持平。

制作日期:2011.12.30;制作单位:东海水产研究所渔业遥感研究室

　　渔海况信息产品,无论在何种媒介上,对使用者来说以能清晰辨别和识别为原则。通常图形尺寸越大,分辨率越高,图形质量越好,对使用者来说越方便。但考虑到传输的条件限制,通常数据文件不宜太大或纸张不宜太大。因此,在不同用途中对渔业信息产品的图形质量要求也不一样。因网络传输速度的限制,通常发布于网络上的产品精度要求较低,而通过传真方式或纸质媒体传播的图形,其质量要求更高些,但随着互联网传送速度的提高,在不久的将来这种图形质量的区别会逐步减少甚至消失。

2. 信息产品制作流程

要制作渔海况信息产品,首先要收集和整理所需要的渔海况数据,应用专业的软件系统,对环境数据进行解析、演算、规范处理和可视化。得到海洋环境的可视化结果后,再根据不同的鱼种和海区,确定各自的渔场预报模型,将渔场预报信息和环境数据信息进行叠加,配以对海洋环境和渔场的分析,最终制作成图或打印输出(图5.21)。

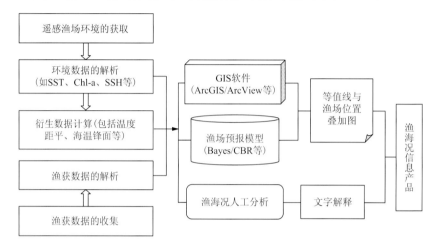

图 5.21 渔情信息产品制作流程

1)渔场环境获取

表层海洋环境信息主要通过遥感卫星监测反演得到,但由于卫星过境时间、天气状况等原因,所覆盖区域会有所不同。在这种情况下,可利用同期相近时相卫星资料的相对变化率来反演替代,或采用插值、平滑、元配修正、数值内插、曲面拟合和动力方程等方法利用历史同期标准温度图进行时间域的替补。也可采用结合经验模态分解(EMD)与经验下次函数的自适应 EMD-EOF 资料重构方法进行资料重构,得到全覆盖的遥感再分析海洋环境产品(朱江等,1995;毛志华等,2003;潘德炉和龚芳,2011)。通过计算 Jensen-Shannon 散度,利用熵逼近的方法,或通过超越正切函数、加权局部似然性方法以及基于等温线内插的算法,均可计算出海表环境变化的梯度(Shimada et al.,2005;邵全琴等,2005)。涡旋信息可通过水团间接分析得到,也可通过海流的流向和流速获得(杜云艳等,2005)。

另外,Argo 资料具有对全球海洋温度场、盐场、流场以及大洋环流和水团等的连续、同步、高分辨率的三维监测能力,因此可通过各种插值和同化方法对海洋环境数据进行重构可获得多维的环境信息(杨胜龙等,2008;张巍等,2010)。

2)渔场预报模型选择

渔场预报是根据渔场环境数据和历史生产数据通过一定的预报模型做出的渔场位置、范围以及产量的预测。根据不同的鱼种、数据精度和质量不同以及海域的差异,需选择不同的预报模型。模型选择是指在模型库中确定能与决策目标匹配的模型，模型选择的标准可以根据输入要求和过去求解经验的满意程度、决策者的偏好等多种因素综合考虑。

3）渔场环境要素的可视化

海洋环境信息可视化是利用图形学的技术与方法实现大规模数值型信息资源的视觉呈现，以帮助海洋渔业工作者更好地理解和分析数据。根据要实现的要求不同，海洋环境信息呈现不同的维度。三维及三维以上称为多维，其渔场环境可视化的实现很大程度上依赖于一维、二维来表示（如海面高度、SST 等）。

二维海洋环境数据多利用等值线、等值面来表现，其绘制可通过手工进行，也可通过计算机自动绘制。绘制人员可根据实际海洋环境的特点，充分考虑季节、潮流等特点，绘制出更符合实际情况的等值线图。但受限于主观因素和经验，不同的绘制者会得出不同的等值线结果。尤其是在采样点数据巨大的情况下，更容易对等值线的走向产生错误的判断，也使绘制周期会大大延长。有鉴于此，当前一般采用计算机进行自动绘制的方法，先利用不同的插值（如 Kriging、spline、IDW、natural neighbor）等方法对采样点进行加密插值，再通过规则三角网或四边形进行等值的搜索生成整幅等值线图。这种方式较人工绘制具有生成速度快、结果更为客观的特点。但对于某些方法（如 spline、Kriging 等）在插值时存在外推、过伸现象，会使插值结果出现不符合实际情况的极端值，所以应该在自动绘制完成后对等值线进行仔细地检验和修正。

用三维空间（如不同深度的浮标数据）表示虽然能呈现不同维度上的信息，但也会因视角的不同隐藏一部分信息。利用可视化工具库（如 openGL、VTK、OGRE 3D 等）将其进行可视化处理，在渲染的过程中设置好视点、光线和交互方式，从空间任意角度对重构数据块进行切片处理，可使结果更直观，便于进行深入的数据分析。如图 5.22 为利用 argo 数据重构后，再调用可视化工具库 VTK 生成的三维海温图（图 5.22）。

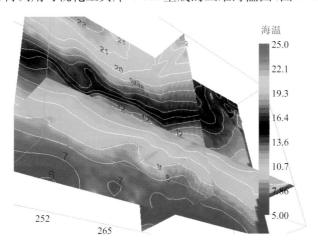

图 5.22　三维海温切片示意图

另外,海洋环境的层次信息(如 SST 等值线与海流信息的叠加)和时间序列信息(历史同期海洋环境信息的比较等)都具有较强的逻辑性,在海洋环境要素可视化中应用较广。

4) 打印与输出

在对渔场环境可视化及渔场渔情分析预报完成后,便可将结果打印输出或专题成图。渔业信息产品的输出方式一般分为两种:一种是利用打印机、绘图仪等硬件输出;另一种则是将其保存为各种不同格式的图形文件(包括 BMP、EPS 和 JPG 等格式),以便在其他系统或网络中显示及传输。对于第一种输出,关键是设置与信息产品相合的硬件设备和纸张尺寸等参数,而对于第二种输出,则是要设置好满足需要的栅格采样的分辨率。

5.4　渔场渔情海况信息产品发布技术

1. 海渔况信息产品发布的内容及形式

渔业生产和管理过程中,及时掌握海渔况渔情对渔业生产企业十分重要。海渔况信息的发布主要就是将制作完成的各类信息产品,通过语音、传真、网络等各种方式提供给各类用户。从内容上看,主要包括海况信息、渔场速报及预报等,从内容的形式上,有纸质的,也有网络电子版,有图件,也有文字等。

渔场渔情分析预报,我国早在 20 世纪 60 年代也根据现场调查数据和生产统计资料的基础上,开展了渔业资源量评估及渔汛预报,主要通过广播、会议等形式发布。1987 年开始,东海水产研究所制作并对外发布了东、黄海渔场海况速报信息。此后,东、黄海渔场海况信息服务不断改进和完善,目前东、黄海渔场海况图发布的主要内容为渔场表层温度和底层温度等温线图,并辅以文字说明,每周发布一期。

随着我国远洋渔业的发展,远洋渔场渔情分析及预报逐渐成为渔业企业的主要需求。1997 年,我国开始发布了北太平洋鱿鱼渔场海况速报图,2002 年研发了西北太平洋鱿鱼渔场速报系统,实现了鱿鱼渔场的速报及预报,并通过电子邮件发布给渔业企业。2005 年,研发了金枪鱼渔场渔情速预报系统,开始发布金枪鱼渔场预报。目前预报渔场海域覆盖了我国主要的远洋渔场区,主要包括西太平洋围网金枪鱼渔场、太平洋延绳钓金枪鱼渔场、中大西洋延绳钓大眼金枪鱼渔场、印度洋金枪鱼延绳钓渔场、东南太平洋智利竹筴鱼渔场、西南大西洋阿根廷鱿鱼钓渔场等,每周发布一次渔场预报图。有线传真是东海水产研究所最早使用的信息发布形式,随着计算机技术的发展,以及网络的普及,电子邮件的使用越来越普及,以往传真发布的内容大部分被电子邮件所代替。渔业用户安装客户端软件是获取信息最直接、最便利的方式。但由于渔业用户所在地不同,通信条件不同,尤其是渔船上的用户,通信及网络条件均受到限制,渔情信息产品的获得仍然受到影响。

2006 年开通的"中国渔业遥感信息情报网"及"中国远洋渔业信息网"均提供了渔情信息产品的发布功能,进一步使得渔情信息产品的发布及用户应用更加快捷、及时。网站服务通过影像监控程序实现影像数据缩略图创建,相关属性信息写入数据库,利用同步操作处理的方法解决监控程序出现异常数据不同步的问题。原始影像与缩略图影像在磁盘阵列和 Web 服务器本地磁盘分开存储，用相同的目录结构进行管理，原始影像数据量不断增加存储在磁盘阵列中容易扩充空间，缩略图存储在 Web 服务器本地磁盘提高了影像显示速度。在客户端浏览影像时大量影像数据通过多页展示，首页影像滚动显示，通过影像搜索功能可以快速的查询到符合条件的影像。

2. 渔情海况信息产品发布技术

传统的发布方式包括信函、有线传真、无线传真、单边带语音报告等多种方式。由于一些传统方式时效性差、通信效果差、操作繁琐、信息覆盖范围小等原因已经不再使用，而有些方式因使用习惯的原因仍在沿用。随着互联网技术的兴起，网络发布成为了渔情信息产品发布的主要方式。

传真通信是利用扫描和光电变换技术，从发端将文字、图像、照片等静态图像，通过扫描和光电变换，变成电信号，经过有线或无线信道传送到接收端，在接收端通过一系列逆变换过程，获得与发送原稿相似记录副本，重显原静止的图像。用传真进行渔海况信息传输的方式快捷，现在仍在沿用。网络传真业务是宽带网和传统电话传真业务的良好结合，只要能接入宽带网，便可使用电脑直接收发传真，收发传真就像收发 E-mail 一样简单。通过网上传真系统，用户可以使用 IE 浏览器直接发送传真，传真群发瞬间便可完成。运营商会为每个账号分配一个当地的真实传真号码，其他用户可使用普通电话传真机向网上传真用户发传真。收到传真后，用户可以灵活地进行传真分发、转发工作。使用网络传真系统后简化了工作环节，提高工作效率，节省设备的购置费用和维护费用、实现无纸化管理、使信息沟通更加及时通畅，为渔海况信息传输提供了便利的发布方式。

岸台与渔船、渔船与渔船之间可以通过单边带通信，传递渔海况信息。单边带通信(SSB)是中短波(M/HF)无线电通信的重要手段之一，主要靠地波直接和天波反射进行传播，根据国际协议，短波通信必须使用单边带调幅方式(SSB)。一般通信系统中，载波经音频信号调制后，包含载波频率和上、下两个边带，这两个边带均能用来传输信息。通常传递信号，仅需要一个边带就足够了，但在一般的通信系统中，往往把载波频率和上、下边带一起发送出去，这样在载波和另一边带中消耗了发射功率中的大部分功率，而且还要占用较宽的通信频带。为了提高通信效率和节约通信频带，在通信时，可将载波和另一边带去掉，只发送一个边带，这种通信方式就称为单边带通信。21 世纪，随着海事卫星通信、全球移动电话在船舶间的普及和通信资费标准的降低，单边带通信受通信效果不稳定、通信费用较高等因素影响，目前常规渔海况信息通信较少。

利用互联网络发布渔海况信息服务，具有信息量大、传输速度快，没有时间、地域和信息量限制的特点，可实现全天候、无人值守的快节奏信息服务，是未来信息服务的重要形式。依托互联网可以使用电子邮件、Web 服务器等快速的传递信息。

当前 Internet/Intranet 正在以惊人的速度迅速膨胀发展，在 Web 环境之上构建渔海况信息发布平台可以充分满足渔业生产与研究的需要，促进渔业信息化发展。渔情海况信息发布的网络平台多为普通 Web 网站服务，这种发布方式以图片为主，不具有图层叠加、空间分析等 GIS 功能。如中国远洋渔业信息网提供远洋鱿钓、金枪鱼延绳钓、金枪鱼围网、竹筴鱼大型拖网的渔情分析；中国渔业遥感信息情报网提供七大海域渔情海况、东黄海海况等信息;日本渔业情报服务中心建立了一个完善的海洋渔业服务系统,提供的渔情信息产品服务每周一次的渔情速报信息产品,每 10 天一次海况信息产品等,主要有 SST 等温线、温度距平图、温度与叶绿素卫星遥感反演影像、渔场位置与范围、渔市场信息等。

随着 Internet 技术的不断发展和人们对地理信息系统的需求,利用 Internet 在 Web 上发布和出版空间数据,为用户提供空间数据浏览、查询和分析的功能,已经成为 GIS 发展的必然趋势。基于 GIS 方式服务的渔情海况系统多为 CS 结构,如法国 CLS 公司 CATSAT 渔业遥感系统,每周三次提供平均海平面高度、$0 \sim 300$ m 水温、浮游生物密度、表面洋流、盐度和温跃层等海洋学数据,并提供七天的风向、风速、气压和潮流的天气预报,还可以根据不同作业方式和海域提供中心渔场预报服务,能为渔业特别是远洋捕捞生产提供及时准确的渔场信息。东海水产研究所开发的大洋渔场渔情服务系统也是 CS 架构,可以提供海表温度、叶绿素、海流信息,用 Bayers 模型、范例推理模型等做渔场预报,该系统免费提供服务。渔业 WebGIS 可以使用户同时访问多个位于不同地方的服务器上的最新数据,方便 GIS 的数据管理,使分布式的多数据源的数据管理和合成更易于实现;用户可以透明地访问 WebGIS 数据,在某个服务器上进行分布式的动态组合和空间数据的协同处理与分析,实现远程异构数据的共享;渔业 WebGIS 操作简单,普通用户便于接受,易于推广,它能充分利用网络资源,将基础性、全局性的处理交由服务器执行,而对数据量较小的简单操作则由客户端直接完成,这种计算模式能灵活高效地寻求计算负荷和网络流量负载在服务器端和客户端的合理分配。WebGIS 已在渔业领域得到应用,如水产病害检测、水产动物疾病管理、水产品安全、渔业生态系信息共享、渔业管理区监测等,但鲜见提供海渔况服务的 WebGIS 系统。

3. 信息网络发布流程

东海水产研究所每周利用自主开发的"大洋渔业服务系统"制作预报图,从卫星数据反演生成影像产品,并自动发布渔海况信息。发布框架如图 5.23。原始影像和其缩略图分开存储,分别保存在磁盘阵列和 Web 服务器的本地磁盘。由于原始影像文件比较大,随着时间推移数据量逐渐增加,Web 服务器的本地磁盘不能满足需要,因此把原始影像保存在磁盘阵列,磁盘阵列可以根据需要不断增加空间,缩略图的文件很小占用空间不大,保存在 Web 服务器的本地磁盘,以提高数据读取的速度。利用大洋渔业服务系统制作好影像,再按照规则命名并保存到 FTP 服务器,FTP 服务器中的目录镜像到磁盘阵列。磁盘阵列通过千兆光纤连接到 Web 服务器,磁盘阵列按照一定规则定义目录结构,FTP 服务器上运行着目录监控程序,自动生成缩略图并把它保存到 Web 服务器的本地磁盘,原文件仍保存在磁盘阵列,缩略图和原图的相对存储路径写入到数据库,如文件删除、重命名或修改原影像,相应的缩略图和数据库中的信息都会更新。Web 服务器发布的网页中包含的影像是缩略图,如果客户端点击浏览器中显示的缩略图,会连接到磁盘阵列上的原始影像下载到客户端。首页显示信息是离当前日期最近的几期,为了提高客户端加载首页的速度,Web 服务器上把首页保存在内存块中,每隔 5 分钟更新一次。

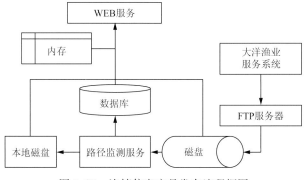

图 5.23　渔情信息产品发布流程框图

1）后台目录监控动态更新

磁盘阵列和本地磁盘存储的目录结构相同，以 WebData 为根目录，次级目录按年份命名，每个年份下面的目录结构相同，都包含海况预报、北太平洋鱿鱼、东黄海渔场海况、卫星影像。大洋金枪鱼渔场海况预报包括中大西洋大眼、东中太平洋大眼、太平洋长鳍、西太平洋鲣鱼围网、太平洋黄鳍延绳钓、印度洋金枪鱼等。东黄海渔场海况包括表温和底温；卫星影像包括的海区有东黄海海区、南海海区、西太平洋海区等。

A. 影像目录监控

服务程序通过创建一个 FileSystemWatcher 实例，在运行时监控 FTP 服务器中的目录。FileSystemWatcher 可以监控指定目录中的文件或子目录的更改，能实现监控本地计算机、网络驱动器或远程计算机上的文件，其主要属性和事件如下。

（1）Path 属性设置。FileSystemWatcher 实例需要监控的路径，可以检测目录发生的所有改变。

（2）Filter 属性。可以过滤掉某些文件类型发生的变化，若要监控所有文件中的更改，将 Filte 属性设置为空字符串（""）或使用通配符（"∗.∗"）；若要监控特定的文件，将 Filter 属性设置为该文件名；监控特定类型文件可以使用扩展名，例如，监控 jpg 影像文件将 Filter 属性设置为"∗.jpg"。

（3）NotifyFilter 枚举类型。指定要在文件或文件夹中监控一种或多种更改，通过各枚举类型值按位组合实现，其取值如表 5.1 中的 NotifyFilters 枚举类型。

表 5.1　NotifyFilters 的枚举类型

成员名称	说明
FileName	文件名
DirectoryName	目录名
Attributes	文件或文件夹的属性
Size	文件或文件夹的大小
LastWrite	上一次向文件或文件夹写入内容的日期
LastAccess	文件或文件夹上一次打开的日期
CreationTime	文件或文件夹的创建时间
Security	文件或文件夹的安全设置

（4）文件更改触发的事件。当监控目录中的文件被新建、修改、删除或重命名时，FileSystemWatcher 调用一个事件处理器，它包含两个自变量，一个是 Object 对象；另一个是 FileSystemEventArgs 对象。FileSystemEventArgs 对象中包含有提交事件的原因，其属性如下：

Name 属性中是使事件被提交的文件名，其中并不包含文件的路径。FullPath 属性中包含使事件被提交的文件的完整路径，包括文件名和目录名。

ChangeType 属性指出提交的是哪个类型的事件。

（5）EnableRaisingEvents 属性。决定对象在收到改变通知时是否提交事件。如果设为真，它将提交改变事件，如果设为假，则不会提交。

FTP 服务器上运行的目录监控程序中，需要设置 FileSystemWatcher 实例属性，Path 属性设置为存放原始影像的目录，Filter 设置为"＊.jpg"，NotifyFilter 属性设置为 LastAccess、LastWrite、FileName 和 DirectoryName 的组合，EnableRaisingEvents 属性设置为真。

B. 影像文件动态更新

监控程序运行后，检测状态设为 1，根据配置文件中的信息主动监控指定目录中文件的变化，由文件的具体变化触发相应的操作，可以分为文件创建、改名或修改、删除三种状况。

（1）影像文件创建。在磁盘阵列中新加入影像文件后，目录中创建了新的文件，触发文件创建事件，这时会调用程序生成影像缩略图，并把相关信息插入数据库。缩略图选用 Image 类的实例化对象生成，如果影像包含一个嵌入式缩略图像，则用 Image 类的 GetThumbnailImageAbort 方法会检索嵌入式缩略图，并将其缩放为所需大小。如果 Image 类不包含嵌入式缩略图像，此方法会通过缩放主图像创建一个缩略图像。Image 类的 GetThumbnailImage（int thumbWidth, int thumbHeight, GetThumbnailImageAbort callback, IntPtr callbackData）方法中几个参数分别为：请求的缩略图的宽度（以像素为单位）、请求的缩略图的高度、创建一个委托并在该参数中传递对此委托的引用、callbackData 值为 Zero。缩略图创建后保存到 Web 服务器的本地磁盘中。

原始影像的相关信息保存到数据库中，通过影像的名称可以获取其所属类别、影像时间，获取影像元数据信息，包括像素情况、文件大小、创建时间、图片分辨率等，还可以获取缩略图路径、原始影像路径、数据库记录创建时间等。把这些信息作为记录内容插入数据库。

（2）影像文件删除。影像文件删除后需要删除数据库中的记录和缩略图。相对路径与文件名做成字符窜在数据库中查询，如果记录存在删除相应的记录，如果数据库中不存在则忽略删除操作，然后查询 Web 服务器的本地磁盘中的缩略图，如果存在则删除，如果不存在则忽略。

（3）影像文件改名或被修改。影像文件改名或被修改后，出现原始文件与数据库中的记录以及缩略图不一致，因此需要把改名或被修改前影像的相关数据库记录和缩略图删除，然后重新生成记录和创建缩略图。

C. 影像信息同步

如果目录监控服务因为某种原因停止运行，磁盘阵列目录中的影像在发生变动时，缩略图和数据库中的数据不会随之改变，这时就会出现三者不同步，因此需要对它们进行同步处理。

为了保持磁盘阵列、本地磁盘、数据库中的数据同步，每天午夜自动同步从前 30 天到当前时间段的磁盘阵列中的影像，也可以随时通过网页设置同步的起止时间。根据磁盘阵列中的原始影像数据比对本地磁盘和数据库，对出现问题的缩略图或数据记录进行修改，并把修改记录保存在操作记录中。

2）前台展示

（1）影像显示。影像数据缩略图和原图的相对路径存储在数据库中，影像在网页上显示时使用 System. Web. UI. WebControls. DataList 控件，通过 DataAdapter 对数据库检索后的结果映射（Fill）给 DataSet，DataList 的数据源设置为 DataSet。影像的标签注明日期格式如"×年×月×日-×年×月×日"或×年×月×日，如文件名为 20100813*，则标题前推一周为 2010 年 8 月 6 日～2010 年 8 月 12 日，或者直接用日期 2010 年 8 月 13 日。

（2）影像分页。影像数据量大，一页难以全部显示，因此需要分页显示，在影像显示的网页底部有"首页、上一页、下一页、前一页、末页、任意页的导航按钮"。在 DataAdapter 的 SelectCommand 属性中设置要查询的表和数据库连接，使用 DataAdapter 的 Fill(DataSet，Int32，Int32，String)方法获取需要的数据，再映射给 DataSet 数据集，把数据集作为 DataList 控件数据源用于显示。Fill 方法的四个参数分别是用记录和架构填充的数据集（DataSet 类型）、起始记录号（Int32 类型）、读取记录数（Int32 类型）、用于表映射的源表的名称（String 类型），Fill 方法可以在 DataSet 的指定范围中添加或刷新行，以匹配使用 DataSet 名称的数据源中的行。设置每页显示的最大记录数为 maxRecords，用于数据显示的实例化 Dataset 数据集作为第一个参数，如果要显示页数为 n，则起始记录 startRecord 的值 maxRecords×($n-1$)作为第二个参数，读取记录数 maxRecords 作为第三个参数，要读取的数据源表名赋值给 srcTable 作为第四个参数，把它们作为 Fill 方法的参数读取需要的数据，最后显示效果如 5.24 所示。

（3）影像滚动。首页影像只显示最近几期的内容，影像读取同样采用 DataList 显示，读取方式与分页方式相同，只是仅读取前几条记录，需要通过 javascript 控制其滚动。

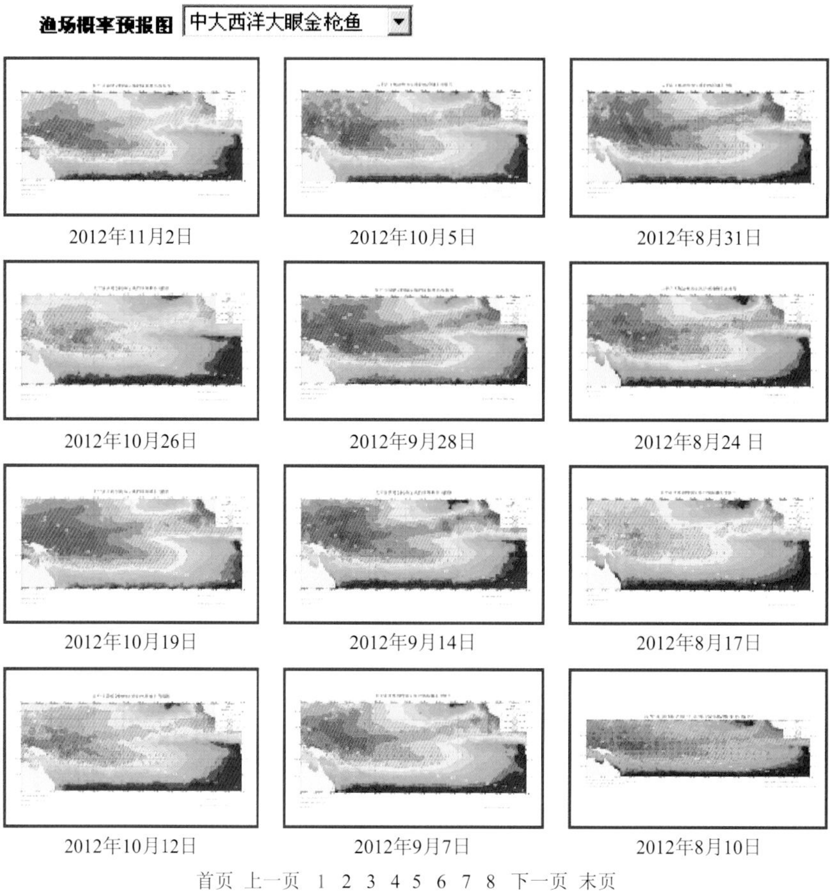

渔场概率预报图　中大西洋大眼金枪鱼　▾

2012年11月2日	2012年10月5日	2012年8月31日
2012年10月26日	2012年9月28日	2012年8月24 日
2012年10月19日	2012年9月14日	2012年8月17日
2012年10月12日	2012年9月7日	2012年8月10日

首页　上一页　1　2　3　4　5　6　7　8　下一页　末页

图 5.24　影像分页显示效果

　　创建"＜div＞"标签,命名为 Div1,在标签里面在创建两个"＜td＞"标签分别命名 TD1 和 TD2,在 TD1 中加入 DataList,TD2 中为空。然后设置移动速度,获取 TD1 开始标记和结束标记之间的内容赋值给 TD2,定义 LeftMove 函数控制 Div1 向左移动,设置 Div1 的鼠标移入事件停止滚动,鼠标移出事件开始滚动,效果如图 5.25 所示,程序示例程序体如下。

```
var speed = 2 //设置的数值越大速度越慢
Td2. innerHTML = Td1. innerHTML
function LeftMove(){
if(Td2. offsetWidth - Div1. scrollLeft< = 0)
Div1. scrollLeft - = Td1. offsetWidth
else{ Div1. scrollLeft + +  }}
var MyMove = setInterval(LeftMove,speed)
Div1. onmouseover = function(){clearInterval(MyMove)}
Div1. onmouseout = function(){ MyMove = setInterval(LeftMove,speed)}
```

卫星影像

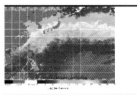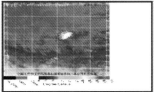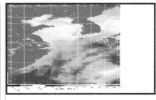

| 2012年10月21日～2012年10月27日 | 2012年10月21日～2012年10月27日 | 2012年10月14日～2012年10月20日 |

图 5.25　首页卫星影像滚动显示效果

（4）影像搜索。数据库中存储着影像所属类别、影像标题时间、图像文件大小、创建时间、图片分辨率等信息，客户在影像搜索中输入的查询条件后在服务器端实现数据库查询，并返回符合条件的影像记录集，在客户端按多页显示缩略图和标题，点击某个影像后可以下载和显示原始影像。

3）信息的反馈与收集

渔业用户在使用渔情海况信息产品中，对产品的使用效果和存在问题通过电子邮件或电话等联系，技术人员根据获取的信息对产品进行验证，对制作流程做进一步的改进。在渔业生产中碰到渔获产量大的变动时，常常及时反馈到渔情信息中心，如某个阶段渔获量突然下降，研究人员会对变动的区域研究分析当前海况状况，比较往年情况给出存在的可能原因，预测渔场分布的变化，及时与渔业公司沟通，从而指导渔业生产。为了提高渔情速报的准确度，根据渔业公司发回的捕捞数据，信息中心对实时的捕捞数据和积累下来的历史捕捞数据来辅助渔情速报和产品验证改进。

参 考 文 献

陈希孺. 2002. 广义线性模型(一). 数理统计与管理，21(5)：54-64.

陈新军. 1997. 关于西北太平洋的柔鱼渔场形成的海洋环境因子的分析. 上海水产大学学报，4：263-267.

陈新军. 2004. 渔业资源与渔场学. 北京：海洋出版社.

崔雪森，杨胜龙，樊伟. 2008. 基于栅格局部细分的带约束条件的不规则三角网生成算法. 测绘学报，37(2)：196-199.

杜云艳，苏奋振，仉天宇，等. 2005. 基于案例推理的海洋涡旋特征信息空间相似性研究. 热带海洋学报，24(3)：1-9.

樊伟，陈雪忠，沈新强. 2006. 基于贝叶斯原理的大洋金枪鱼渔场速预报模型研究. 中国水产科学，13(3)：426-431.

冯波，陈新军，许柳雄. 2009. 多变量分位数回归构建印度洋大眼金枪鱼栖息地指数. 广东海洋大学学报，29(3)：48-52.

胡芬，陈卫忠. 2001. 应用渔业资源评估专家系统预测东海鲐鱼年产量. 水产学报，25(5)：469-473.

李纲，陈新军. 2009. 夏季东海鲐鱼渔场产量与海洋环境因子关系研究. 东海海洋，27(1)：1-8.

李清，刘金全. 2009. 基于案例推理的财务危机预测模型研究经济管理，经济管理，6：123-131.

毛志华，朱乾坤，潘德炉，等. 2003. 卫星遥感速报北太平洋渔场海温方法研究. 中国水产科学，10(6)：502-506.

牛明香，李显森，戴芳群，等. 2010. 智利外海西部渔场智利竹荚鱼资源与海表温度分布特征. 海洋科学，29(3)：373-377.

牛明香，李显森，徐玉成. 2009. 智利外海竹荚鱼中心渔场时空变动的初步研究. 海洋科学，33(11)：105-109.

潘德炉，龚芳. 2011. 我国卫星海洋遥感应用技术的新进展. 杭州师范大学学报（自然科学版），10(1)：1-10.

邵全琴，戎恺，游智敏，等. 2005. 海洋渔业中温度水平梯度计算的误差分析和新算法研究. 遥感学报，9(2)：148-157.

沈新强，樊伟，韩士鑫，等. 2000. 中心渔场智能预报系统的设计与实现. 中国水产科学，(2)：69-72.

谭宁，史忠植. 1999. 实现渔业资源评估专家系统的一种方法. 计算机应用，19(9)：27-30.

王晓，庄严明. 2001. 基于案例推理的非常规突发事件资源需求预测. 华东管理经济，25(1)：115-117.

杨胜龙，马军杰，伍玉梅，等. 2008. 基于 Kriging 方法 Argo 数据重构太平洋温度场研究. 海洋渔业，30(1)：19-25.

杨胜龙，周为峰，伍玉梅，等. 2011. 西北印度洋大眼金枪鱼渔场预报模型建立与模块开发. 水产科学，20(11)：666-672.

叶施仁，史忠植. 2001. 基于 CBR 的中心渔场预报. 高技术通讯，5：64-68.

殷名称. 1995. 鱼类生态学. 北京：中国农业出版社.

张巍，张韧，王辉赞，等. 2010. 分形插值参数的遗传优化及其 ARGO 海温场应用试验. 大气科学学报，33(2)：186-192.

Dagoberto F A，Luis A C，Sergio P N. 2001. The jack mackerel fishery and El Niño 1997-98 effects off Chile. Progress in Oceanography，(49)：597-617.

Goodchild M F，Rhind D W. 1991. Geographical Information Systems：principles and Applications. London：Longman.

Hopkins J，Challenor P，Shaw A G P. 2010. A New Statistical Modeling Approach to Ocean Front Detection from SST Satellite Images. Journal of Atmospheric and Oceanic Technology，27(1)：173-191.

Hwang K，Aoki I，Komatsu T，et al. 1996. Forecasting for the catch of jack mackerel in the Komekami set net by a neural network. Bull Jpn Soc Fish Oeanogr，60：136-142.

Hwang K，Aoki I. 1997. An approach to neuro-computing for forecasting catches of multiple species in the set net of Seisho region，Western Sagami Bay. Nippon-Suisan-Gakkaishi，63：549-556.

Iglesias A，Arcay B，Cotos J M，et al. 2004. A comparison between functional networks and artificial neural networks for the prediction of fishing catches. Neural Comput & Applic，13：24-31.

Jeffrey J P，Evan H，Donald R K，et al. 2001. The transition zone chlorophyll front，a dynamic global feature defining migration and forage habitat for marine resources. Progress in oceanography，49(3)：469-483.

Morrison M L，Marcot B G，Mannan R W. 1998. Wildlife-Habitat Relationships：Concepts and Applications. Madison：University of Wisconsin Press.

Nieto K，Ynez E，Silva C. 2001. Probable fishing grounds for anchovy in the northern Chile using all expert system. IGARSS，International Geoscience and Remote Sensing Symposium. Sidney，IEEE，9-13.

Sadly M，Hendiarti N，Sachoemar S I，et al. 2009. Fishing ground prediction using a knowledge-based expert system geographical information system model in the South and central Sulawesi coastal waters of Indonesia. International Journal of Remote Sensing，30(24)：6429-6440.

Shimada T，Sakaida F，Kawamura H，et al. 2005. Application of an edge detection method to satellite images for distinguishing sea surface temperature fronts near the Japanese coast. Remote Sensing of Environment，98(1)：21-34.

Thomasma L E，Drummer T D，Peterson R O. 1991. Testing the habitat suitability index model for the fisher. Wildlife Society Bulletin，19：291-297.

Valavanis V D，Georgakarakos S，Kapantagakis A，et al. 2004. A GIS environmental modelling approach to essential fish habitat designation. Ecological Modelling，178：417-427.

Valavanis V D，Pierce G J，Zuur A F，et al. 2008. Modelling of essential fish habitat based on remote sensing spatial analysis and GIS. Hydrobiologia，612：5-20.

第6章 渔场渔情分析速预报应用案例

利用遥感技术进行渔场环境监测及渔情分析预报,国内外都已经有诸多成功的应用,并且自 20 世纪 90 年代开始逐步由试验研究阶段发展到了业务化应用阶段。我国也在各类科技项目的支持下,结合我国海洋渔场渔情分析应用研究的具体情况,开展了研究和系统开发,所开发的东海区中心渔场预报系统、西北太平洋鱿鱼渔场生产及管理决策支持系统、大洋金枪鱼渔场预报系统等均得到了实际应用或业务化运行。本章正是在实际应用的和前述理论与技术方法的基础上,详细说明了遥感渔场渔情分析预报技术在我国东黄海渔业及远洋渔场捕捞开发中的具体应用方法,以期为今后的相关研究提供借鉴与参考。

6.1 东黄海区中心渔场速预报

1. 东黄海区渔场环境及资源概况

东黄海是西北太平洋西部一个较开阔的半封闭型边缘浅海,主要由中国大陆架海域构成。东黄海海域整个海区的海底地形,由海岸带区向东延伸,海底徐徐降低,在 150 m 深度左右,地形产生波折,水深加大,转入大陆坡,然后加大坡降进入冲绳海槽,其最大深度超过 2 000 m。东黄海海域海底地形平坦,水深较浅,沿岸有长江口、杭州湾、象山港、乐清湾和胶州湾等大海湾,拥有台湾岛、舟山群岛等众多岛屿,在舟山附近海域沿海上升流较多。东黄海的海流由沿岸流和黑潮暖流两大流系组成。沿岸流具有低盐(冬季兼有低温)的特性。黑潮暖流具有高温、高盐的特性,在台湾北部和济州岛南部分出台湾暖流和黄海暖流,这两支暖流与沿岸流及从黄海南下的冷水团相交汇,其交汇处往往形成良好的渔场。两大流系的消长变化和相互配置对东海的水文状况和渔场形成影响均很大。

东黄海区大陆架自然条件优越,生物资源丰富,是我国最重要的海洋捕捞作业渔区。据统计,仅东海区就有鱼类 694 种,虾蟹类 442 种,头足类 78 种(郑元甲等,2003)。其中,中上层鱼类占 11.4%,底层及近底层鱼类占 39.8%(赵传烟,1990)。经济价值较高的有 20 多种,包括鲐鱼、鲹类、鲳类、蓝点马蛟、鳀鱼等中上层鱼类和带鱼、小黄鱼、大黄鱼、绿鳍马面鲀、黄鳍马面鲀、海鳗等底层及近底层鱼类。此外,葛氏长臂虾、哈氏仿对虾、中华管鞭虾、鹰爪虾、日本对虾、三疣梭子蟹和头足类也是东黄海重要的海捕资源。杨纪明(1985)评估结果认为,东海区鱼类生产量为 337.8 万 t,宁修仁等(1995)评估的东海渔业资源为 363.1 万 t,最大持续产量为 182 万 t。2000 年东海区海洋捕捞产量实际达到 625.4 万 t,达到该海区的历史最高水平,远远超出了评估的资源量,渔业资源出现了较严

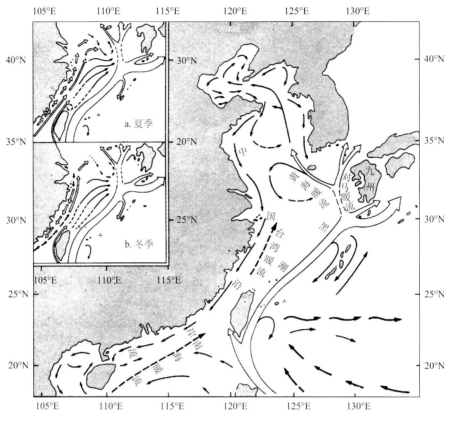

图 6.1　渤、黄、东海主要流系

重的衰退。自 1950 年以来,我国东黄海区的渔业资源开发可划分为中等开发阶段
(1950～1958 年)、充分开发利用阶段(1959～1974 年)、过度捕捞(一些传统经济鱼种资源
出现衰退)阶段(1975～1983 年)、严重过度捕捞(渔区资源总体状况趋于衰退)阶段(1984
年至今)。

2. 东黄海区渔场分析及预报

　　东黄海区作为我国最重要的传统作业海域,早在 20 世纪 60 年代就开始尝试进行渔
情分析预报。早期的或传统的渔场渔情分析预报受计算技术和渔场环境信息获取能力的
限制,主要采用经典统计学为主的线性回归分析、相关分析、判别分析、聚类分析等模型方
法,如李雪渡等(1982)研究统计分析了温度与渔场的关系;刘树勋等(1984,1988)用判别
分析研究渔情预报问题;韦晟和周彬彬(1988)采用一元线性回归方法进行蓝点马鲛的渔
情预报。统计分析预报主要是用观测获取的诸如水温、盐度、气压、气温等海洋环境参数
与捕捞产量数据进行统计分析并计算各种渔业统计学参数,建立回归方程,分析相关性或
进行归属划分等,对渔期出现的早晚或渔获量的丰歉预报取得了一定的成功。20 世纪 70
年代开始,随着计算机技术及空间信息技术的进步,利用遥感与地理信息系统技术开展渔

场渔情分析预报逐渐得到应用,并逐渐实现了业务化应用。

我国最早始于20世纪80年代初,东海水产研究所进行了气象卫星红外云图在海洋渔业上应用的可行性研究,并利用同期的现场环境监测和渔场生产信息,经过综合分析,手工制作成东黄海区渔海况速报图(韩士鑫,1992;韩士鑫和刘树勋,1993)。此后,1991年东海水产研究所与上海气象科学研究所合作开展了气象卫星海渔况情报业务系统的应用研究,如气象卫星海面信息的接收处理、海渔况信息的实时收集与处理、海渔况速报图的实时制作与传输等方面的研究。国家海洋局海洋环境预报中心、海洋技术研究所等单位在海军航空兵的配合下,也曾作了航空遥感测温速报的试验,取得了良好的效果(张建华和王志珍,1996;井彦明和谭世祥,1996)。在此期间,国家海洋局第二海洋研究所与生产单位配合,也曾进行卫星遥感海况速报的试发试验工作,但均未转入业务化。"九五"以来,国家"863"计划海洋领域先后开展多项海洋渔业遥感信息服务集成系统的应用研究,把卫星遥感技术、地理信息系统和人工智能专家系统等高新技术相结合进行渔情信息分析与预报,初步实现了业务化应用(沈新强等,2000)。

1) 中心渔场专家系统智能预报

由于渔情预报的复杂性,日本一些学者于20世纪80年代开始把专家系统应用于鲣鱼的渔况预报。沈新强等(2000)应用人工智能技术把在中心渔场判别、分析、预报研究等方面大量分散的因人而异的经验、知识和方法,通过归纳、总结提出中心渔场智能预报系统的设计。

中心渔场智能预报系统的总体结构如图6.2所示,由服务器端和客户端组成,通过开放的数据接口ODBC连接。服务器端包括海洋渔业综合数据库、综合范例库和专家规则库;客户端包括范例推理和专家规则修正。

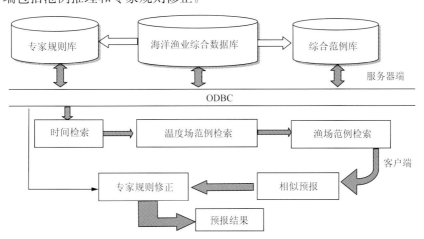

图6.2　中心渔场智能预报系统总体结构(沈新强等,2000)

历史样本范例库设定为每周 1 次,范例库分为 2 类:①为渔场范例库,包括中心渔场位置、平均网产、总渔获量和主要渔获种类等;②为温度场范例库,包括温度场内各点的水温值。

由对中心渔场分布产生显著影响因子的统计和分析形成的不同规则所构成。在渔业生产实践中已积累了许多有关中心渔场的形成、移动方面的经验,如高盐暖水强,带鱼中心渔场偏北;冲淡水势力强,渔场偏外;风力强且持续时间长,中心渔场移动快、降温率大,渔场南移加快等。把这些定性的经验知识分类整理成规则,从海洋渔业综合数据库中提取相关信息,通过序列统计获得分级判别标准。

把当前的中心渔场(从捕捞生产动态信息网络获取)作为测试范例,设计通过 3 级相似检索找出当前范例与历史范例中的最大相似范例。1 级相似检索也称时间相似检索。根据当前范例的起止日期,找出历史同期范例,同时根据中心渔场的渔海况相似性在时间上有提前和滞后的特点,因此还需检索出历史同期范例的前 2 周和下 2 周的范例。通过 1 级相似检索从范例库中建立 1 组时间相似范例。

2 级相似检索也称温度场相似检索。在时间相似检索的基础上,找出温度场相似的范例。首先计算当前范例和历史范例在温度场内各个温度的差值总和,即相似距值。相似距计算公式为

$$D_{db} = \sum_{i=1}^{m}(W_i(T_{ai} - T_{bi}))/\sum_{i=1}^{m}W_i \tag{6.1}$$

式中,m 为温度场内温度值个数;T_{ai}、T_{bi} 分别为 a、b 两范例中第 i 个温度值;W_i 为各点温度值对中心渔场的影响权重因子。

通过相似计算,得到若干个最大温度相似范例即建立 1 组温度场相似范例。3 级相似检索也称渔场相似检索。在温度场相似检索的基础上,找出最大渔场相似范例。渔场相似范例通过计算当前范例的各个中心渔场与历史范例对应渔场的距离,以渔场重心为指标,找出与历史范例中渔场距离最近的范例,渔场相似距计算公式为

$$S_{db} = \left[\left(\frac{1}{m}\sum_{i=1}^{m}X_{ai} - \frac{1}{n}\sum_{i=1}^{m}X_{bi}\right)^2 + \left(\frac{1}{m}\sum_{i=1}^{m}Y_{ai} - \frac{1}{n}\sum_{i=1}^{m}Y_{bi}\right)^2\right]^{1/2} \tag{6.2}$$

式中,X_{ai},Y_{ai} 分别为 a 范例在第 i 个渔区中心的纬向、经向坐标;X_{bi},Y_{bj} 分别为 b 范例在第 j 个渔区中心的纬向、经向坐标;m,n 分别为 a、b 两范例中心渔场的渔区个数。

通过 3 级相似检索,获得当前范例与历史范例前若干个最大渔场相似范例即建立 1 组渔场相似范例。它们各自下期渔场的重心位置的加权平均即为相似预报渔场的重心,各自下期渔场的分布范围的加权平均即为预报渔场的范围,权重根据渔场相似距离大小确定。

在范例推理获得相似预报渔场的基础上,通过形成的专家规则,对相似预报渔场进行修正,最终给出准确的中心渔场预报。

2) 渔业资源评估专家系统预报

渔业资源评估是根据渔业生物学、统计数据等利用数学公式对渔业资源历史、现状及

变化趋势进行定量分析的方法,准确评估海洋渔业资源现状,对合理、持续利用海洋渔业资源有重要作用。渔业资源评估分析过程通常由资料收集、分析计算、专家评估分析、最终应用目标几个部分组成(图 6.3),其中专家评估分析是渔业资源研究过程中最为复杂和繁琐的过程,它包括渔业资源评估模型的选择、模型参数的选择及修正、渔业资源量的估算、评估结果的判别、资源状况的判断和渔获量的预报等内容。

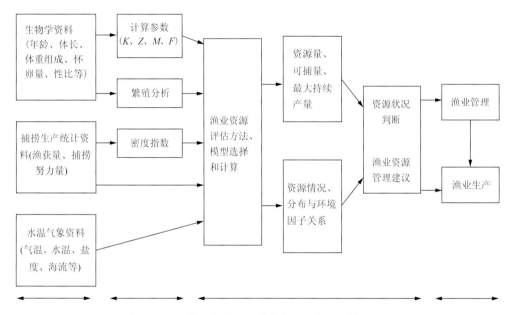

图 6.3　渔业资源评估过程分析框图(陈卫忠等,1999)

渔业资源评估专家系统是根据现有的统计资料(产量、渔获量等)、鱼类群体生物学参数、评估的需求和目标,利用专家系统中的模型库和专家知识对模型进行选择、拟合和计算,最后利用系统的专家知识对拟合的模型进行验证,并对模型计算的结果进行判断和提供必要的解释。它主要由 4 部分组成:①面向对象推理机;②知识库;③模型库;④数据库。

面向对象推理机是专家系统的核心部分,根据知识库中的知识选用合适的搜索控制策略去求解问题是推理机的任务。渔情分析专家系统中推理机的建立从分解问题入手,着重考虑不确定性问题的求解,同时建立的推理机应有处理多种不同类型知识的能力。

知识库是专家系统的记忆体,包括因子库、规则库和个例库。因子库的建立是根据资源评估的基本思路和预报目标,分别建立各环节的预报因子,选取反映时空变化的多维因子,划分因子的判别值域。规则库的建立是根据渔业专家对资源评估的知识和经验,表达成为一规则的集合,主要包括鱼类各种生物学参数模型的建立、渔业资源评估和预报模型的建立。个例库是通过对一些典型渔场和有关要素的空间分布及随时间演变的规律,建立个例知识库。

　　模型库主要存储了适合我国主要经济鱼类的资源评估模型（如多元回归分析、实际种群分析、体长股分析和剩余产量模型等）。这些模型是利用带鱼、鲐鱼及绿鳍马面鲀等经济鱼种的资料，以各年份的实际产量为依据，对各种模型进行检验和分析找出的。

　　渔业资源评估与动态预测的关键是根据特定的目标和特定海区选择最佳的评估和预测模型。以东海带鱼为例，进入渔业资源评估专家系统后，系统首先利用内部的专家知识，通过交互式问答的方式，向用户提出数据等方面的问题，帮助用户选择一个最佳模型进行拟合分析，也可由用户直接选择模型进行拟合分析。根据带鱼的生物学特性及其生态学特征，从服务器的基础数据库中提取得到相应的数据，然后选择系统提供的模型中的相关模型中的多元线性回归模型，通过回归分析，系统得出线性三元回归方程，方程式如下：

$$Y = -64.492\,008\,7 + 3.211\,440\,41X_1 - 0.133\,300\,058\,2X_2 + 0.164\,511\,236\,7X_3$$

(6.3)

式中，X_1 为平均表温；X_2 为平均肛长；X_3 为资源密度指数；相关系数 $R = 0.955\,6$；F 值 $= 14.034\,8$；显著水平 $p = 0.013\,7$；剩余标准差 $S = 1.209\,3$。利用该系统对 1995～1998 年的东海区带鱼进行冬汛可能渔获量试回报，4 年的评估准确率为：最高 95.8%，最低 86.0%，可信度较高。

3）海渔况速报系统开发及应用

　　东黄海区渔海况速报产品制作系统是专门为我国在东黄海区从事渔业捕捞生产的各海洋渔业公司、个体渔船和有关的渔业管理、科研部门等对渔场海况信息的需求应用而开发的。主要用途及功能是：系统采用自主接收的静止气象卫星和极轨卫星影像反演的准实时渔场环境（海水表层温度），并根据所建立的历史渔场数据库，可实现东黄海区的渔场海况的人机交互分析和产品制作，有助于渔民分析判断渔场位置，提高产量，合理安排捕捞生产。系统能够对历史生产数据进行渔获量及渔场环境的任意匹配查询和可视化显示；对渔场环境信息（海水表层温度、叶绿素、海面高度等）进行多样化的绘图分析（图形叠加、等值线、海图任意缩放、动态播放等），为渔业管理部门提供生产决策信息。

　　渔海况速报系统采用 C/S 体系模式，服务器端和客户端分别采用 Window 2000 Server 和 Windows XP 作为开发应用平台，与系统相关的综合数据库采用 SQL Server 2000 数据库管理系统。系统的开发采用 DELPHI 7.0 程序设计语言，控件式 GIS 开发工具为 ESRI 公司的 GIS 控件 MapObjects 2.0，控件式 GIS 技术便于实现海洋渔业空间数据与属性数据的无缝连接与集成，实现了渔业生产数据、海洋环境数据的可视化表达，叠加分析等功能，并结合 VC++ 开发的 OCX 控件及动态链接库 DLL 进行开发，系统功能界面如图 6.4 所示，系统总体结构如图 6.5 所示，系统发布的产品如图 6.6 所示，不仅包括表温和底温等温线，也包括渔场分析情况。

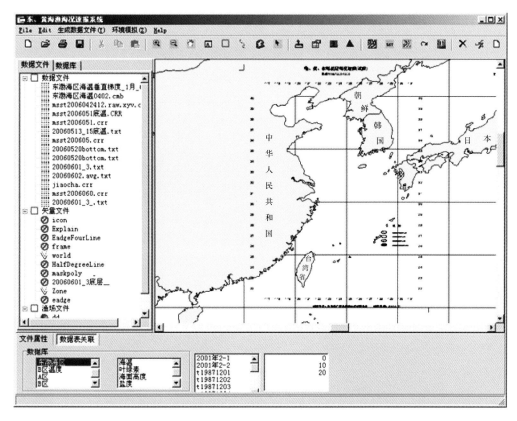

图 6.4　东黄海渔海况速预报系统功能界面

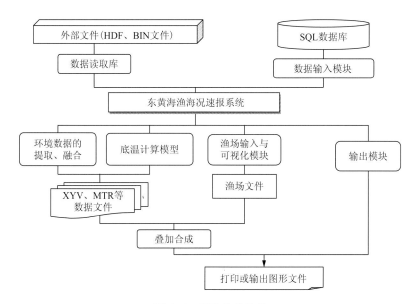

图 6.5　系统总体结构

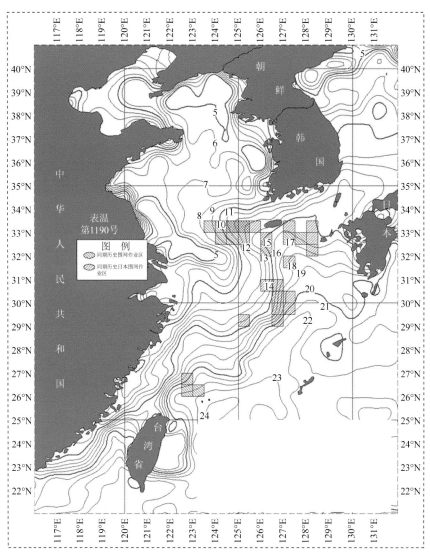

制作单位：东海水产研究所渔业遥感研究室　　制作日期：2011.3.11

图 6.6　预报系统产品实例——东黄海海渔况速报图

本期速报海区大部分海域表层水温稳中有升，浙江及福建沿岸海域升温幅度比较明显，但升温幅度一般不超过 2.0℃；其余海域变化比较小，变化幅度一般不超过 1.5℃。与去年同期相比，速报海域大部海域与去年同期差不多，黄海海域比去年同期偏低一些，但偏低幅度比较小，一般不超过 1.5℃。与多年平均相比本期速报大部海域与比多年平均偏低一些。渤海海域比多年平均同期偏低幅度大一些。但一般不超过 1.0℃，台湾海峡邻近海域比多年平均略高一些。从流系动态看来，黑潮暖流、台湾暖流势力略有增强。供参考

6.2　西北太平洋巴特柔鱼渔场速报

1. 西北太平洋巴特柔鱼渔场环境及资源开发状况

西北太平洋巴特柔鱼（拉丁名为 *Ommastrephes bartrami*，英文名为 Red oceanic

squid,本书以下简称柔鱼)按照生物学分类,为头足类,是柔鱼科(Ommastrephidae Steenstrup,1857)的柔鱼亚科(Ommastrphinae)柔鱼属(*Ommastrephes* Orbigny,1835)的模式种(董正之,1991),通常也称巴氏柔鱼、枪柔鱼、赤鱿、红鱿鱼等。柔鱼为大洋性的暖水域种类,广泛分布于世界亚热带和亚极区水域,是北太平洋海域重要的头足类经济鱼种之一。

北太平洋柔鱼洄游规律大致为:冬生和春生群体柔鱼早期幼体生活在 35°N 以南和 155°E 以西的黑潮逆流海区,一直生长到稚柔鱼阶段,此后向北洄游至黑潮锋面附近。5～8月未成熟的柔鱼向北或东北洄游进入 35°N～40°N 黑潮亲潮交汇区,沿着在 144°E～145°E、148°E～150°E 和 154°E～155°E 左右的黑潮分支北上洄游,此间柔鱼的主要移动路线与黑潮暖水系分支方向关系密切。8～10 月性未成熟或成熟的柔鱼主要分布在 40°N～46°N 亚极海洋锋面暖寒流交汇区及其周围海域。此阶段由于交汇区内饵料生物丰富,北上洄游又受到亲潮冷水的阻碍,因此柔鱼滞留索饵集群育肥,滞留期较长,即为所谓的"滞泳期",是主要的捕捞生产阶段。10～11 月以后,柔鱼达到性成熟高峰期,并随着亲潮冷水的南下扩展,开始向南洄游,南下洄游的路线与亲潮表面水温 10℃ 以下的冷水舌的锋带关系密切。且雄性比雌性性成熟早,因而向南洄游开始也较早。产卵期从冬季延续到春季。简而言之,就是 5～10 月份北上索饵,10 月份以后开始向南作产卵洄游。此外,柔鱼除了水平空间的大范围季节洄游之外,研究还发现柔鱼具有周日垂直移动规律,通常巴特柔鱼一般夜间从表面游至水深 70 m 为止,日出前后就下潜,白天游至水深 500～700 m,日落前后上浮,显示出巴特柔鱼具有明显的周日垂直移动。

日本是最早开发巴特柔鱼资源的国家(陈新军等,2011),1974 年日本首先采用鱿钓船开发了该资源,1978 年日本开始采用更为有效的流刺网渔法作业,产量迅速增加到 15.29 万 t,渔场向东扩展到 165°E。1980 年流刺网捕捞成为主要作业方式,产量也增加到 20.5 万 t,作业渔场随之扩展到 160°W 海域。1992 年之后由于流网渔业对其他海洋生物的危害性较大,国际上禁止了该海域公海的流网作业,1993 年北太平洋柔鱼生产步入低谷。我国于 1993 年对北太平洋海域的柔鱼资源开展了生产性试捕,1994 年开始大规模的商业性开发利用,至 2001 年作业渔场已到达 165°W 海域。渔获产量稳步上升,至 20 世纪末(1997～2000 年),我国北太平洋柔鱼钓年均渔获量达 11 万余吨,北太平洋柔鱼鱿钓业已成为我国远洋渔业的重要组成部分。

西北太平洋海域水文的变动主要取决于黑潮暖流和亲潮寒流两大流系。黑潮为高温(15～30℃)、高盐(34.5‰～35‰)水,来源于北赤道流,是世界第二大暖流之一。亲潮为低温、低盐水,起源于白令海,沿着千岛群岛自北流向西南方向。强大的黑潮暖流和亲潮寒流交汇于日本以东海域,并收敛混合向东扩展,形成广泛的交汇区,为海洋生物的生长发育提供了丰富的饵料基础,对柔鱼渔场的形成、变动及分布具有直接的决定性作用。

2. 北太平洋柔鱼渔场速预报系统及其应用

北太平洋柔鱼作为大洋暖水性种类,分布在北太平洋的广大海域,渔场主要表现为东西带状分布,东西向跨度达 50 个经度左右。因数据来源和技术条件的限制,我国在 2000 年前缺少为北太平洋柔鱼渔业生产提供必要的助渔海况信息和渔场分析预报的信息服务平台,因此就亟需进行西北太平洋柔鱼渔场渔情速预报技术的研究,开发出为我国柔鱼生产服务的柔鱼渔场渔情速预报系统。在此背景下,在国家 863 计划项目的资助下,开发完成了为我国西北太平洋柔鱼生产服务的西北太平洋柔鱼渔场渔情速预报系统。

针对渔情知识带有随机性和模糊性的特点,在开发过程中对北太平洋柔鱼渔情知识采用建立范例库的方法。在渔场预测过程中,对已建立好的范例库进行多策略的逐级检索,找出当前渔场与历史上最大平均相似渔场,由此实现中心渔场的预测。中心渔场速报内容,除了能为用户提供渔场的渔况以外,也为用户提供大量的海况信息(包括海洋表层温度(SST)、表层温度梯度、温度的趋势面、海面高度、叶绿素分布以及期间的温度变化、断面的温度变化),这对于分析渔海况的变化趋势及分析渔场环境有很大帮助。

1) 系统的总体结构设计

北太平洋柔鱼渔场速预报系统的设计主要是把基于范例推理的人工智能技术和组件式地理信息系统技术相结合,以包括生产信息和海洋环境要素(SST、SST 梯度等)在内西北太平洋柔鱼综合数据库为基础,对综合数据库中的相关数据进行存储、转换和抽取,再分别建立柔鱼的中心渔场范例库、渔场环境范例库(温度场、温度梯度场等),然后根据所获取的当前西北太平洋柔鱼海渔况准实时信息,通过渔情知识提取和推理以及 GIS 可视化分析与制图,从而实现柔鱼中心渔场的渔情速报产品制作和趋势预测(崔雪森等,2003)。系统功能主要包括三大部分,即数据更新模块、环境数据显示分析模块、渔场速报模块和产品输出模块,并通过数据库与整个系统进行集成。系统的总体结构如图 6.7所示。

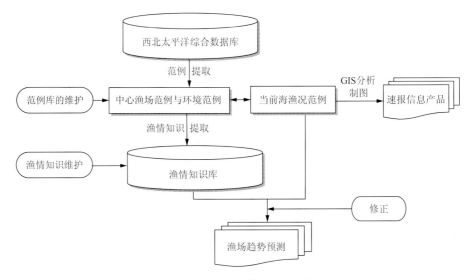

图 6.7　西北太平洋柔鱼渔情速预报系统总体结构

2) 建立综合数据库

西北太平洋柔鱼综合数据库包括柔鱼捕捞生产数据库和渔场环境要素数据库,数据

空间覆盖范围为 $140°E \sim 170°W$、$30°N \sim 45°N$。其中捕捞生产数据库为 $1995 \sim 2000$ 年我国渔业企业的捕捞统计数据,数据字段有生产渔区(半个经纬度大小)、生产日期、所属公司、生产渔船数量、总捕捞量等。渔场环境要素数据库包括温度、温度梯度等数据。数据来源为 NOAA 卫星传感器所获取的卫星影像以及按照特定算法进行信息反演提取和质量控制后的三级数据产品,时间跨度是 $1995 \sim 2000$ 年。数据的空间分辨率为半个经纬度,时间分辨率则根据系统的目标和应用目的,取为 7 天。

3) 建立范例库

经过对有关数据进行计算、转换和抽取,从综合数据库中分别获取相应的中心渔场范例库和渔场环境范例库。

建立中心渔场范例库首先是对中心渔场进行定量的判别与确定,实际上也就是建造中心渔场范例库的过程。根据西北太平洋柔鱼的钓业生产方式和生产统计数据,综合对中心渔场的界定要素和形成机制等进行分析,在参考有关指标体系建立和设计原则的基础上,确定按渔区总产量(M)、渔区单船产量($A = M/N$)、渔区作业船数(N)及总产量和单船产量的综合指数[$F = (MA)1/2 = M/N1/2$]等四种对中心渔场的评价指标。在实际的操作当中,主要根据综合指数来确定中心渔场,然后将综合指数(F)作为计算渔场重心的权重来计算出每个中心渔场的重心。中心渔场范例库的建造采用计算机自动提取的方法,将相邻渔区作为同一中心渔场,可达到既快捷又准确的效果。

柔鱼中心渔场的形成是众多海洋渔场环境要素综合作用的结果。根据所获取的海洋环境要素数据和中心渔场的环境特征指标来建造渔场环境范例库,为实现系统的渔场速报和渔情趋势预测奠定基础。这里以温度场范例为例说明渔场环境范例库的抽取与建造。由于柔鱼中心渔场在某一较短时期(如 7 天)并不是均匀分布,而是呈现团块状分布,因此对温度场范例的抽取和计算不是在全部研究海区内进行,而是考虑与所出现的中心渔场关系最密切的周围 5 个经纬度(即 11×11 矩阵)范围内的温度场范例进行范例推理计算。

要进行中心渔场的速报产品制作和渔场趋势预测,还需要获取当前准实时的渔场生产信息和渔场环境信息。依据在西北太平洋渔业生产船上建立的船基卫星接收系统和生产数据采集系统,可将采集的实时渔业生产信息和渔场环境信息通过国际卫星直接传送回系统中心,解压后分别按照一定格式进行存储,经范例提取后即可获取当前范例。

4) 系统的开发与实现

西北太平洋柔鱼渔情速预报系统的开发基于客户/服务器(C/S)体系模式,通过人工智能专家系统与 GIS 的结合,系统开发采取基于范例推理的人工智能技术和组件式 GIS 技术相结合的方法,以 Borland 公司的可视化编程工具 Delphi 6.0 和 ESRI 公司的 GIS 控件 MapObject 2.0 为开发工具,实现了海洋渔业空间数据与属性数据的无缝连接与集成,实现了渔业生产数据、渔场环境数据的可视化、海图任意放大缩小、生产与环境数据叠加分析、动态连续播放、断面分析、中心渔场信息提取等功能。柔鱼中心渔场的渔情分析和趋势预测采用范例推理与专家知识修正相结合的方法,范例推理将当前中心渔场作为当前范例,通过三级相似检索找出与当前范例相似性最大的历史范例,具体检索策略为先进行一级相似检索,即时间相似检索,然后进行二级相似检索,即温度场相似检索,最后进行三级相似检索,即渔场相似检索。通过三级相似检索,可获得当前范例与历史范例中若干个最为相似的渔场范例,对这些相似范例求取它们的重心位置和分布范围的统计学平均,最终可得到当前渔场的移动方向和下期渔场可能的分布范围,从而进行趋势预测分析。

试验性速报实例为 2002 年 7 月 9～15 日的柔鱼渔情速报(图 6.8),该时间段内总产量为 1 965.98 t,总船数达 2 240 艘次,日均渔获量为 327.66 t/d。7 月 9 日在 1157 渔区的日产量最高,达 21.67 t。经判定本期中心渔场只有 1 个,渔场范围包括 23 个渔区,渔场重心位于 169°17′E,41°21′N,该中心渔场表层平均温度为 17.22℃。通过三级相似检索,与本期中心渔场相似历史范例分别为 1999 年 7 月 6～12 日和 2001 年 7 月 3～9 日,经推理分析预测渔场将向偏西方向移动,由 2002 年 7 月 16 日至 22 至 28 日的实际分布比较可知,渔场移动趋势预测结果正确。

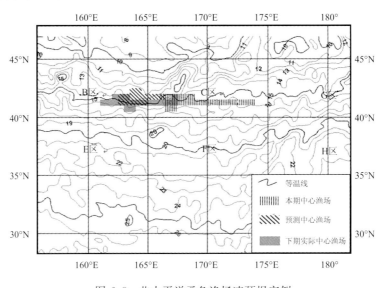

图 6.8　北太平洋柔鱼渔场速预报实例

6.3　西南大西洋阿根廷滑柔鱼渔场预报

1. 西南大西洋阿根廷滑柔鱼渔场概述

阿根廷滑柔鱼(拉丁名为 *Illex argentinus* Castellanos;中文名为白鱿鱼,阿根廷鱿鱼;英文名为 Argentine shortfin squid)属头足纲、鞘亚纲、枪形目、开眼亚目、柔鱼科、滑柔鱼亚科、滑柔鱼属。为大洋性浅海种,寿命短,生长迅速,整个种群几乎为单一世代组成,产卵后死亡。通常分布于 22°S～54°S 巴塔哥尼亚大陆架和大陆坡 50～1 000 m 水深处,尤其是 35°S～52°S 附近海域。夏、秋季广泛分布于大陆架和沿岸海域,高度密集。阿根廷滑柔鱼是西南大西洋海域鱿鱼钓生产最主要的捕捞对象,渔获物几乎全部为单一的阿根廷滑柔鱼,其中公海渔场的渔获物为单一的阿根廷滑柔鱼。

　　早在 1946 年,就有阿根廷当地渔民捕捞鱿鱼的记载,但直到 1977 年该鱼种一直仅作为无须鳕底拖网渔业的兼捕对象。1978 年开始,以波兰和日本为主的外国远洋拖网渔船队的捕捞规模迅速扩大,同时,阿根廷本国也在布宜诺斯艾利斯至北巴塔哥尼亚海域发展以捕捞鱿鱼为主的拖网渔业。阿根廷滑柔鱼的渔获量开始大幅度上升,1978 年和 1979 年分别为 7.3 万 t 和 12.2 万 t,1982 年便达到 20 万 t。1984 年和 1985 年台湾和日本鱿钓渔业进入该海域生产作业,阿根廷滑柔鱼年总捕捞量得到进一步提高,1987 年达到 54 万 t。此后,阿根廷滑柔鱼的渔获量基本稳定在 50 万~60 万 t(王晓晴,1998)。

　　按产卵期和各生命阶段的个体分布海区的不同,阿根廷滑柔鱼主要可分为三个不同的种群(Haimovici et al.,1998;陈新军等,2009):夏季产卵种群(SSS),该种群个体较小,性成熟个体体长范围 140~250 mm,12 月~翌年 2 月,产卵前和产卵群体集中在 $42°S$~$46°S$ 的布宜诺斯艾利斯—北巴塔哥尼亚的中部和外部大陆架海域,3 月份以前出现产卵后个体。南部巴塔哥尼亚种群(SPS),该种群的个体较大,性成熟体长范围 210~350 mm,产卵前群体集中在 $44°S$ 的大陆架外部及斜坡,向南洄游可到达 $54°S$ 火地岛附近浅水水域,主要索饵洄游时间为 2~6 月,7~8 月产卵,估计在 $40°S$ 附近福克兰海流和巴西海流交汇处的冷水一侧,根据其产卵时间,这一群体又被称为冬季产卵种群。布宜诺斯艾利斯—北部巴塔哥尼亚种群(BNS),个体也较大,性成熟体长为 200~350 mm,4~9 月产卵前群体集中在 $35°S$~$45°S$ 的大陆架外部海域,个体成熟后向大洋水域洄游,9~11 月在大洋水域中交配和产卵,产卵场可能接近于巴西海流—福克兰海流锋区的西部。根据其产卵时间,这一群体又称为春季产卵群体。

　　西南大西洋阿根廷鱿鱼钓渔场地处南半球的亚热带和温带海域,渔场环境主要受南下的巴西暖流和北向的福克兰寒流两者共同的影响。巴西暖流是南大西洋副热带环流系的一部分,主要沿着南美大陆边缘向极地方向流动,成为南大西洋的西部边界流。巴西暖流为高温、高盐水系,在 $35°S$ 附近,巴西海流与来自极地的福克兰寒流交汇,然后离开大陆架转向东南方向的深水域。福克兰寒流起源于南极西风漂流的一个分支,为低温、低盐水系,沿着 100~200 m 深的大陆架等深线向北移动,可达 $38°S$,最远可到 $30°S$。

　　巴塔哥尼亚—布宜诺斯艾利斯大陆架长而宽,为阿根廷滑柔鱼渔场的形成提供了有力的地理条件。北部的拉普拉塔河汇集其他小河流,又将大量的营养物质带入大西洋,为渔场的形成提供了物质条件。同时,在巴西暖流和福克兰寒流在 $35°S$~$45°S$ 附近海域汇合后形成亚热带辐合区,形成许多反气旋的暖水涡和等温线密集的交汇区。巴西暖流和福克兰寒流外部之间锋区的聚合作用使浮游生物在该海域高度密集,同时伴有冷水性的上升流。在大陆架坡折处(shelf-break),整个春季和夏季都有高浮游生物量。高浮游生物量密集区域的存在为阿根廷滑柔鱼卵的孵化和稚仔及幼体的成长提供了良好的环境机制。

2. 阿根廷滑柔鱼渔场预报

　　我国自 1998 年开始从事阿根廷滑柔鱼的鱿鱼钓捕捞作业,迅速发展为自北太平洋鱿鱼钓之后的我国另一大远洋作业渔场,因此,利用卫星遥感进行渔场预报研究和开展渔情信息服务具有同样的积极意义。阿根廷滑柔鱼的渔场预报主要通过构建栖息地指数模型进行渔场预报。栖息地指数(habitat suitability index，HSI)模型主要用来模拟生物体对其周围栖息环境要素反应，已广泛应用于物种管理、鱼类分布等领域。阿根廷滑柔鱼渔场预报主要采用SST、叶绿素等环境指标，分析它们与作业次数和平均日产量的关系，建立栖息地综合指数模型，从而为我国鱿钓船在西南大西洋海域进行高效捕捞阿根廷滑柔鱼提供科学依据。

1) 阿根廷滑柔鱼栖息地指数模型构建

渔船作业次数即捕捞努力量，通常认为可代表鱼类出现或鱼类利用情况的指标。CPUE可作为表征资源密度的指标。因此，可以利用作业次数和CPUE分别与SST、Chl-a来建立适应性指数(SI)模型。假定最高作业次数NET_{max}或$CPUE_{max}$为阿根廷滑柔鱼资源分布最多的海域，认定其适应性指数(SI)为1，而作业次数或CPUE为0时通常认为是阿根廷滑柔鱼资源分布最不适宜的海域，并认定其SI为0，其构建的技术方法如图6.9所示(高峰，2011)。SI计算公式如下

$$SI_{i,NET} = \frac{NET_{ij}}{NET_{i,max}} \quad 或 \quad SI_{i,CPUE} = \frac{CPUE_{ij}}{CPUE_{i,max}} \tag{6.4}$$

式中，$SI_{i,NET}$为i月以作业次数为基础获得的适应性指数；$NET_{i,max}$为i月的最大作业次数；$SI_{i,CPUE}$为i月以CPUE为基础获得适应性指数；$CPUE_{i,max}$为i月的最大CPUE。

$$SI_i = \frac{SI_{i,NET} + SI_{i,CPUE}}{2} \tag{6.5}$$

式中，SI_i为i月的适应性指数。

然后，利用正态和偏正态函数分别建立SST、Chl-a和SI之间的关系模型，并通过此模型将SST、Chl-a和SI两离散变量关系转化为连续随机变量关系。最后利用算术平均法可计算获得栖息地综合指数HSI。HSI值在0(不适宜)到1(最适宜)之间变化。计算公式如下

$$HSI = \frac{1}{2}(SI_{SST} + SI_{GSST}) \tag{6.6}$$

式中，SI_k为SI与SST、SI与GSST的适应性指数。

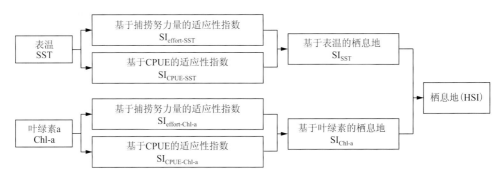

图6.9　栖息地指数模型构建技术路线

利用正态和偏正态模型分别进行以作业次数和CPUE为基础的SI与SST、Chl-a曲线拟合，拟合SI模型结果见表6.1，模型拟合通过显著性检验($P < 0.01$)。

根据表6.1中各月适应性指数，计算获得2000～2004年1～5月栖息地综合指数

HSI(表 6.2)。从表 6.2 可知，当 HSI 为 0.6 以上时，1 月份作业次数比重分别占 81.79%，CPUE 均在 7.8 t/d 以上；2 月份作业次数比重分别占 76.00%，CPUE 均在 7.0 t/d以上；3 月份作业次数比重分别占 84.33%，CPUE 均在 9.5 t/d 以上；4 月份作业次数比重分别占 75.82%，CPUE 均在 7.0 t/d 以上；5 月份作业次数比重分别占 81.52%，CPUE 均在 6.1 t/d 以上。

表 6.1　1～5 月阿根廷滑柔鱼适应性指数模型

月份	适应性指数模型	P 值
1 月	$SI_{effort\text{-}SST}=\exp[-0.275\,3(X_{SST}-13.5)^2]$	0.027
	$SI_{CPUE\text{-}SST}=\exp[-0.167\,1(X_{SST}-15.5)^2]$	0.000 1
	$SI_{effort\text{-}Chl\text{-}a}=\exp\{-8.500\,1[\ln(X_{Chl\text{-}a})-0.048\,8]^2\}$	0.023 4
	$SI_{CPUE\text{-}Chl\text{-}a}=\exp\{-1.817\,4[\ln(X_{Chl\text{-}a})-0.048\,8]^2\}$	0.000 1
2 月	$SI_{effort\text{-}SST}=\exp[-0.483\,3(X_{SST}-14.5)^2]$	0.000 8
	$SI_{CPUE\text{-}SST}=\exp[-0.217\,2(X_{SST}-14.5)^2]$	0.004
	$SI_{effort\text{-}Chl\text{-}a}=\exp\{-0.911\,3[\ln(X_{Chl\text{-}a})+0.798\,5]^2\}$	0.000 1
	$SI_{CPUE\text{-}Chl\text{-}a}=\exp\{-0.540\,6[\ln(X_{Chl\text{-}a})+0.798\,5]^2\}$	0.000 1
3 月	$SI_{effort\text{-}SST}=\exp[-0.3972(X_{SST}-13.5)^2]$	0.006
	$SI_{CPUE\text{-}SST}=\exp[-0.0806\,(X_{SST}-13.5)^2]$	0.000 1
	$SI_{effort\text{-}Chl\text{-}a}=\exp\{-1.102\,2[\ln(X_{Chl\text{-}a})+0.798\,5]^2\}$	0.000 1
	$SI_{CPUE\text{-}Chl\text{-}a}=\exp\{-1.164\,8[\ln(X_{Chl\text{-}a})+0.287\,7]^2\}$	0.000 3
4 月	$SI_{effort\text{-}SST}=\exp[-0.191\,5(X_{SST}-10.5)^2]$	0.044 6
	$SI_{CPUE\text{-}SST}=\exp[-0.200\,8\,(X_{SST}-10.5)^2]$	0.000 3
	$SI_{effort\text{-}Chl\text{-}a}=\exp\{-4.603\,2[\ln(X_{Chl\text{-}a})+0.693\,1]^2\}$	0.002
	$SI_{CPUE\text{-}Chl\text{-}a}=\exp\{-0.769\,4[\ln(X_{Chl\text{-}a})+0.693\,1]^2\}$	0.000 1
5 月	$SI_{effort\text{-}SST}=\exp[-0.299\,5(X_{SST}-8.5)^2]$	0.022 4
	$SI_{CPUE\text{-}SST}=\exp[-0.809\,3\,(X_{SST}-8.5)^2]$	0.000 3
	$SI_{effort\text{-}Chl\text{-}a}=\exp\{-1.299\,3[\ln(X_{Chl\text{-}a})+1.204\,0]^2\}$	0.001
	$SI_{CPUE\text{-}Chl\text{-}a}=\exp\{-1.380\,9[\ln(X_{Chl\text{-}a})+0.693\,1]^2\}$	0.000 1

表 6.2　2000～2004 年 1～5 月不同 SI 值下 CPUE 和作业次数比重

HIS	1 月		2 月		3 月		4 月		5 月	
	CPUE /(t/d)	作业次数 比重/%	CPUE /(t/d)	作业次数 比重/%	CPUE /(t/d)	作业次数 比重/%	CPUE /(t/d)	作业次数 比重/%	CPUE /(t/d)	作业次数 比重/%
[0,0.2)	4.84	0.57	1.00	1.93	1.20	1.30	1.44	2.18	3.53	1.35
[0.2,0.4)	6.33	1.47	4.55	4.87	4.01	1.78	3.20	1.77	4.03	3.52
[0.4~0.6)	6.63	16.17	6.09	17.20	4.72	12.59	3.68	20.23	5.66	13.61
[0.6~0.8)	7.85	32.18	7.09	30.67	9.59	39.28	7.06	36.52	6.11	35.22
[0.8~1.0]	9.51	49.61	11.25	45.33	11.40	45.05	10.94	39.30	7.80	46.30

2）阿根廷滑柔鱼渔场预报试验应用

　　根据上述建立的栖息地指数模型，利用研究海域 2009 年 1～4 月各月 SST、Chl-a、SSHA，获得了各渔区 HSI 值，并绘制各月 HSI 分布图，并将同期产量进行空间叠加（图 6.10）。从图 6.10 可知，实际作业渔场基本上都分布在 HSI 为 0.5 以上的海域，但 HSI 值为 0.5 以上的渔区要比实际作业的渔区多。

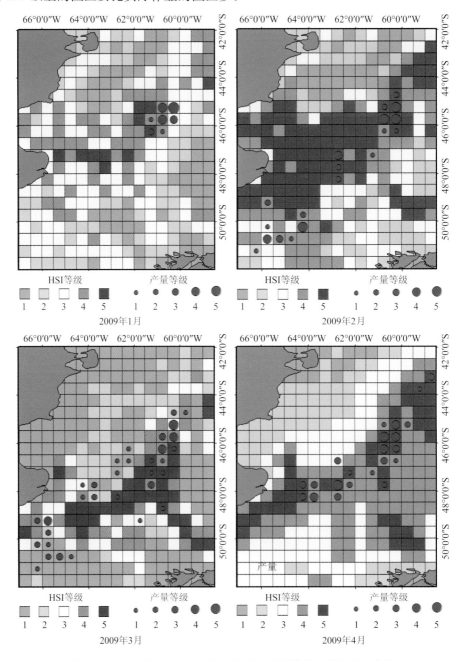

图 6.10　2009 年 1～4 月阿根廷滑柔鱼产量分布及其栖息地指数

经过统计,1～2 月份中心渔场预报准确率为 57％多,期间作业渔区数分别为 7 个和 19 个。3～4 月份预报准确率提高到 72％～74％,期间作业渔区数分别增加到 34 个和 22 个。1～4 月份预报平均准确率为 68.29％。

6.4　大洋金枪鱼渔场预报

1. 金枪鱼渔业资源开发概况

金枪鱼类属鲈形目(Perciformes)鲭科(Scombridae),又叫鲔鱼,是大型远洋性重要商品食用鱼的统称。金枪鱼是大洋暖水性高度洄游鱼类,主要分布于低中纬度海区,在太平洋、大西洋、印度洋都有广泛的分布,我国东海、南海也有分布。主要金枪鱼捕捞种类包括有大眼金枪鱼、黄鳍金枪鱼、长鳍金枪鱼、鲣鱼、蓝鳍金枪鱼等种类,捕捞方式主要有延绳钓、围网及竿钓等。

金枪鱼及类金枪鱼经济价值高,分布范围广,属高度洄游鱼类种群。金枪鱼渔业一直是各渔业国家和地区,尤其是远洋渔业国家和地区发展的重点。1988 年,世界金枪鱼及类金枪鱼产量突破 400 万 t,20 世纪 90 年代初达到 440 万 t,1996 年为 458 万 t。其中,经济价值较高、对渔业影响较大的主要是大眼金枪鱼、黄鳍金枪鱼、长鳍金枪鱼和鲣鱼 4 个种类,这 4 种金枪鱼的产量 1998 年达到 382.6 万 t,2006 年增加到 430 万,2007 年为 440 万 t,2008 年为 430 万。由此可见,近几年来 4 种主要金枪鱼渔获量稳定在 430 万～440 万 t。

大眼金枪鱼产量占全球金枪鱼产量的 10％左右,分布在三大洋热带和温带的 55°N 至 45°S 海域,为延绳钓、竿钓及围网所捕获。历史上,大眼金枪鱼捕捞产量太平洋最高,大西洋次之。但最近几年,印度洋大眼金枪鱼产量快速上升,1997 年已经超过大西洋,仅次于太平洋。在太平洋海域,自 1998 年以来,整个太平洋的大眼金枪鱼渔获量一直上升,2000 年达到了 26.18 万 t,2000 年以来整个太平洋海域大眼金枪鱼渔获量稳定在 23 万～26 万 t。在大西洋海域,到 20 世纪 70 年代中期,大眼金枪鱼年总渔获量逐年增加,达到 6 万 t,1991 年其渔获量超过 9.5 万 t,并继续增长,1994 年达到历史最高产量,此后,渔获量呈下降趋势。2007 年大西洋金枪鱼养护管理委员会应用多种评估方法,对大眼金枪鱼的资源量进行了评估。评估认为,计其最大持续产量(MSY)为 9 万～9.3 万 t。印度洋大眼金枪鱼的开发相对较晚,但 20 世纪 80 年代后期发展迅速。2003～2007 年平均渔获量为 12.2 万 t,2007 年渔获量为 11.8 万 t。根据 2008 年的资源评估,印度洋大眼金枪鱼的最大持续产量(MSY)为 9.5 万～12.8 万 t。

长鳍金枪鱼占全球金枪鱼产量的 7％左右,广泛分布于大西洋印度洋和太平洋的热带和温带 55°N 至 45°S 之间的海域,但在 10°N 和 10°S 之间的表层水域很少发现。在太平洋海域,长鳍金枪鱼可分为 2 个种群,即北太平洋种群和南太平洋种群,其渔获量近几年分别维持在 6 万 t 左右,2007 年太平洋海域金枪鱼达到 12.45 万 t(包括南北太平洋)。在大西洋海域,2001 年以后其产量在 4 万～7 万 t 之间波动,2008 年长鳍金枪鱼产量为 4.14 万 t,其中北大西洋为 2.02 万 t,南大西洋为 1.86 万 t,地中海为 0.25 万 t。资源评估表明,北大西洋长鳍金枪鱼最大持续产量在 2.9 万 t 左右,南大西洋的最高持续产量为 3.33 万 t。印度洋海域长鳍金枪鱼在 2003～2007 年平均渔获量为 2.55 万 t,2007 年渔获量达到 3.22 万 t，最大持续产量为 2.83 万～3.44 万 t。目前资源种群大小和捕捞压力在可接受的范围内。渔获量、平均体重、渔获率在最近 20 年来一直处在稳定状态。

黄鳍金枪鱼分布在三大洋的热带和亚热带水域，通常在大洋的低纬度海域集群，资源量较大，主要为围网和延绳钓所兼捕。在太平洋海域黄鳍金枪鱼资源最为丰富，2004 年金枪鱼与旗鱼常设委员会有关专家评估得出中西太平洋黄鳍金枪鱼的最大持续产量为23.8 万～31 万 t，而在 2008 年中西太平洋的实际产量为 53.9 万 t，创历史新高。大西洋海域黄鳍金枪鱼渔场的范围为 55°N 至 45°S 间。1990 年大西洋海域黄鳍金枪鱼总渔获量为 19.25 万 t，为历史最高点。2001 年以来渔获量持续下降，2005～2008 年渔获量在10 万 t 左右。据国际养护大西洋金枪鱼委员会科学与统计常设委员会报告，大西洋黄鳍金枪鱼的最大持续产量为 13 万～14.6 万 t。印度洋海域黄鳍金枪鱼资源量仅次于太平洋，其产量自 1981 年以来迅速增加。2003～2007 年平均渔获量为 43.48 万 t，印度洋黄鳍金枪鱼最大持续产量为 25 万～36 万 t。

鲣鱼在三大洋热带和亚热带海域广泛分布，是集群性强的世界性种类，其资源量为金枪鱼类之首，渔获量为金枪鱼之冠，约占全球金枪鱼总渔获量的一半。鲣鱼主要为表层渔业，尤其是围网渔业捕捞。太平洋海域鲣鱼资源最为丰富。近几年，其年产量接近 200 万t，其中中西太平洋鲣鱼的渔获量维持在 150 万 t 以上，而东太平洋也基本在 30 万 t 左右。印度洋海域鲣鱼资源量仅次于太平洋。20 世纪 90 年代以来，印度洋鲣鱼产量均在 23 万t 以上，2003～2007 年平均渔获量为 51.4 万。大西洋海域 1991 年鲣鱼的产量超过 20万 t，1995～2008 年的产量稳定在 11.6 万～16.3 万 t，其中东大西洋产量为 12.8 万 t，西大西洋为 22 万 t。资源评估认为，东大西洋最大持续产量为 14.3 万～17 万 t，西大西洋最大持续产量为 3 万～3.6 万 t。

我国金枪鱼延绳钓渔业最初从 1988 年开始，主要由原来在我国近海生产的拖网渔船、流刺网渔船等改装而成的非专业金枪鱼延绳钓渔船，生产水域限于帕捞、密克罗尼西亚等中西太平洋有关岛国的专属经济区内。我国大洋性超低温金枪鱼延绳钓渔业始于1993 年，主要由从韩国购买的二手金枪鱼延绳钓渔船在大西洋进行渔场调查和试捕。2002 年开始，我国又利用购置的金枪鱼围网渔船开始了西太平洋金枪鱼围网作业捕捞。发展到 2010 年为止，我国金枪鱼作业渔场已经遍布三大洋七个海域，金枪鱼渔船已达300 艘的规模，年产量达到 15.8 万 t，成为我国远洋渔业中捕捞生产规模最大的产业。由于金枪鱼渔场分布范围广，洄游移动距离长，因此开展金枪鱼渔场分析预报研究更有显著的经济与科学价值。目前国际上关于金枪鱼渔场渔情速预报业务应用的研究仍较少，金枪鱼渔场的预报模型及应用研究仍处于探索试验阶段。

2. 金枪鱼渔场预报模型及产品

1）数据

金枪鱼捕捞产量数据采用太平洋共同体秘书处（SPC）提供的 1960～2000 年太平洋海域全球各国捕捞的金枪鱼产量资料，其中捕捞产量为分月、分鱼种的 5°×5° 经纬度单元网格统计产量（这里把该单元格称为渔区，即一个经纬度网格为一个渔区）。由于金枪鱼围网作业主要集中在西太平洋区域，故该组织对金枪鱼围网捕捞产量的统计范围限于 160°W 以西的太平洋海域。渔场环境资料主要为美国 NASA 提供的 1981～2001 年卫星遥感反演全球区域月平均海表温度(SST)数据,数据空间分辨率为 1°×1°,其他还包括有 1997～2003 年的遥感反演叶绿素数据、ARGO 浮标数据等,用于进行渔场分析。

2) 模型研究

根据所收集到的金枪鱼历史捕捞产量数据周期长和金枪鱼接近充分开发阶段的特点,金枪鱼渔场渔情分析预报模型采用考虑人们所掌握的先验知识的贝叶斯概率预报模型(樊伟,2006),如下式表示

$$p(h_0/e) = \frac{p(e/h_0) \times p(h_0)}{\sum_{i=0}^{1} p(e/h_i) \times p(h_i)} \tag{6.7}$$

式中,h_0 指假设为真的情况,即渔场为真的情况;h_1 为假设非真情况;$P(h_0/e)$ 为在给定条件下的渔场的概率,也即后验概率;$P(e/h_0)$ 为条件概率;$p(h_0)$ 为不考虑给定环境条件时渔场的先验概率。

金枪鱼渔场的预报概率主要由其条件概率和先验概率计算得到。

金枪鱼渔场先验概率的计算主要利用全球金枪鱼的历史捕捞产量数据,其基本假设是渔区历史捕捞总产量(或单位努力渔获量,简称 CPUE)和有渔获产量的渔区出现频率高的海域,资源丰度分布较高,形成渔场的概率就高。因此,金枪鱼渔场先验概率的计算考虑以下两方面的因素。

一是渔区累计的渔获产量(或 CPUE),也即累计渔获产量(或 CPUE)高的渔区,形成渔场的概率就高,公式为依据累计产量(或 CPUE)的先验概率 P_1 计算式

$$P_1 = \frac{Y_i}{Y_{\min} + Y_{\max}} \times 100\% \tag{6.8}$$

式中,Y_i 为某 i 渔区的累计产量(或 CPUE);$Y_{\min}$ 为所有计算渔区中的最小产量(或最小 CPUE);$Y_{\max}$ 为所有计算渔区中的最大累积产量(或最大 CPUE)。

二是考虑在过去的 40 年(1960～2000 年)期间,将渔区产量(或 CPUE)达到或超过某阈值的渔区记为渔场渔区(即渔场为"真",否则称渔场为"否"),历史上该渔区渔场为"真"的次数越多,其渔场的先验概率也较高,公式为渔场先验概率 P_2 的计算方法

$$P_2 = \frac{N_i}{N_{\text{total}}} \times 100\% \tag{6.9}$$

式中,N_i 为某 i 渔区为渔场为"真"的次数,N_{total} 为 40 年某一特定月份所有的统计期数。因此,通过对累计产量(或 CPUE)和出现频次给予不同的权值,可得到综合两方面因素的渔场先验概率 P_p,见公式

$$P_p = P_1 \times a + P_2 \times (1-a) \tag{6.10}$$

式中,a 为 P_1 的权重,$(1-a)$ 为 P_2 的权重。

贝叶斯概率预报模型中,除了计算得到先验概率外,还要计算出相应的条件概率。渔场条件概率的计算主要通过分析金枪鱼渔获产量或 CPUE 数据与渔场环境要素海水表

层温度(SST)、叶绿素、温度梯度等之间的关系得到。对渔场预报来说,渔场条件概率主要指渔场的形成同渔场环境 SST、叶绿素等环境要素之间的相关性,也就是当某渔区渔场为"真"时,某个渔区内的 SST 或叶绿素等达到某一条件的可能性。这里以 SST 为例说明渔场条件概率的计算方法。

通常,人们依据捕捞产量和温度数据研究鱼类的适温范围和最适温度,进而分析判断渔场最可能所处的位置。以 1 月份太平洋鲣鱼为例,将温度范围进行区间划分,可以统计出渔场为"真"时,某温度条件出现的概率,即条件概率 $P(e/h_0)$。同理,也可统计出渔场为"否"时,出现某温度条件出现的概率 $P(e/h_1)$

$$P(e/h_0) = M_0/N_0 \times 100\% \tag{6.11}$$
$$P(e/h_1) = M_1/N_1 \times 100\% \tag{6.12}$$

式中,N_0 为渔场为"真"的渔区总数;M_0 为在渔区为"真"前提下,某给定的温度条件出现的总次数;N_1 为渔场为"否"的渔区总数;M_1 为在渔区为"否"前提下,某给定的温度条件出现的总次数。

在计算获取渔场条件概率和先验概率分布的基础上,采用贝叶斯概率公式,便可计算预报每个渔区的后验概率,也就是所要预报的渔场形成概率。

除了 SST 外,渔场的时空分布还受其他环境因子的影响,当考虑多个环境要素时,同理可以计算得到不同环境因子的渔场预报概率,再根据不同环境因子在渔场形成中的重要性程度大小,采用加权方法得到综合的渔场预报概率。

3)系统的结构与功能

(1)系统功能结构。金枪鱼渔场预报系统的开发目的主要是为金枪鱼渔业生产及管理服务,主要包括数据处理、渔场分析、浮标分析、渔场预测和制图输出等主要功能模块。系统的总体功能结构框如图 6.11 所示。

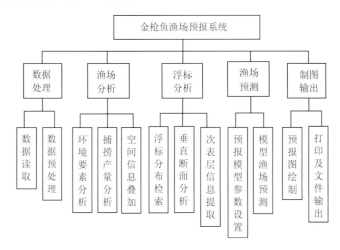

图 6.11　金枪鱼渔场预报系统总体功能

(2)系统开发环境。由于数据量大,因而金枪鱼渔场预报模型系统的开发采用客户/服务器(C/S)体系模式,服务端和客户端分别采用 Window 2000 Server 和 Window 2000 Professional 作为开发应用平台,与系统运行有关的综合数据库则采用 SQL Server 2000 数据库管理系统。系统的开发采用 VC++程序设计语言,控件式 GIS 开发工具为 ESRI 公司的 GIS 控件 MapObject2.0。其优点是用户可以像使用其他 ActiveX 控件一样使用 GIS 控件,软件功能灵活,开发简捷,成本低,无须专门的 GIS 开发语言。控件式 GIS 技术便于实现海洋渔业空间数据与属性数据的无缝连接与集成,实现了渔业生产数据、渔场环境数据的可视化表达、叠加分析、断面分析和渔场分析制图等功能。

(3) 预报系统的应用及实现。根据金枪鱼渔场贝叶斯预报模型和所开发的系统平台,我们首先对西太平洋金枪鱼围网渔场和太平洋延绳钓渔场分别进行了回报试验,这里以西太平洋金枪鱼围网鲣鱼渔场为例,给出有关回报试验结果(表 6.3)。图 6.12 为系统进行渔场预报的应用界面及预报产品实例。

表 6.3 太平洋鲣鱼渔场回报结果

概率范围/%	预报结果			
	渔场		非渔场	
	渔区个数	百分比/%	渔区个数	百分比/%
<10	577	4.5	55 789	78.0
10~20	690	5.3	3 701	5.2
20~30	928	7.2	2 857	4.0
30~40	856	6.6	2 084	2.9
40~50	994	7.7	1 831	2.6
50~60	1 182	9.1	1 589	2.2
60~70	1 495	11.5	1 357	1.9
70~80	1 976	15.3	1 151	1.6
80~90	1 903	14.7	716	1.0
>90	2 355	18.2	449	0.6

从表 6.3 的渔场预报结果分析中可见,对渔场为"真"的渔区来说,回报的渔场概率大于 50% 的渔区数量比例达到 68.8%,大于 60% 的渔区比例达到 59.7%。而对渔场为"否"的渔区,回报的渔场概率小于 10% 渔区比例达到 78%,小于 60% 的渔区比例高达 94.9%。如果把回报概率大于 60% 作为渔场进行划分,回报渔场和回报非渔场的平均综合预报准确度可以达到 77.3%。

上述渔场回报试验结果表明了系统所具有的渔场预报能力。根据所收集到的 2005 年 4~9 月份我国 7 家渔业生产企业的 25 艘生产船的实际捕捞生产数据,我们对该期间进行的 20 期(每周一期)的渔场示范预报结果进行了准确性检验。实际预报结果表明,太平洋延绳钓主要捕捞的三种金枪鱼渔场预报结果准确性较好,而围网鲣鱼预报结果准确性较低,主要是我国围网鲣鱼实际捕捞船只少且集中分布,可用于实际验证预报渔场的信息少,而使得统计预报结果准确性相当较低。但两种捕捞方式四种捕捞种类的平均综合预报准确度仍达到 61.9%,超过 60%。

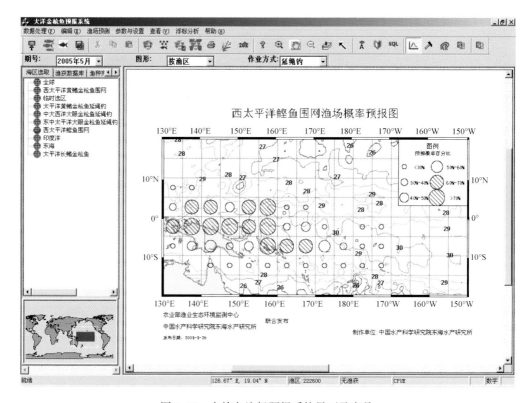

图 6.12　金枪鱼渔场预报系统界面及产品

6.5　东南太平洋智利竹筴鱼渔场预报

1. 东南太平洋智利竹筴鱼渔场环境与资源开发概况

东南太平洋智利竹筴鱼（拉丁名为 *Trachurus murphyi*；英文名为 Chilean jack mackerel）隶属鲹科、竹筴鱼属，又名秘鲁竹筴鱼，是目前世界上少数几种渔获量较高的中上层鱼类之一，广泛分布于整个东南太平洋，厄瓜多尔、秘鲁、智利和新西兰等国海洋专属经济区以及临近公海海域均有分布，在 30°S～48°S 形成著名的"竹筴鱼带"，是公海渔业的重要组成部分，已成为远洋渔业国家的重要捕捞对象。其全球总产量从 20 世纪 50 年代起基本呈逐年增加趋势，80～90 年代稳定在 200 万～400 万 t，2000 年以后产量有所下降，波动范围为 150 万～220 万 t。

东南太平洋拥有丰富的智利竹筴鱼资源，分布广，种群数量大，久经开发而长盛不衰，与当地的大气条件和海洋环境有着密切的关系。苏联的研究表明，在这片广阔的水域拥有得天独厚的自然条件，大气环流形成长期的高气压天气，高气压天气又造成稳定的洋流体系，孕育了丰富的竹筴鱼资源。这些洋流体系主要包括南太平洋环流、西风漂流、秘鲁寒流、合恩角寒流等。稳定的气流环境和洋流系统是形成智利竹筴鱼渔场最根本和直接的原因，其渔场分布范围几乎与南半球的西风漂流及南美洲沿岸的秘鲁寒流相一致，而西风漂流带实际上成为其分布的南部屏障，秘鲁寒流控制着竹筴鱼在东西方向上的分布。东南太平洋智利竹荚鱼渔场分布的经度和纬度范围较广,中心渔场随季节变化而在纬度方向上南北移动、在经度方向上东西移动。在秋冬季,40°S附近智利竹荚鱼主要洄游方向是由东向西期间还进行短距离的南北洄游,而到了春、夏季,主要向西和北进行产卵洄游,春季中心渔场较秋冬季分散,而夏季则难以形成渔汛。据苏联1978~1991年的13年调查和渔船生产得知,在40°S附近,东起智利沿海,西至新西兰沿海,特别是在78°W~160°W存在着一个著名的"竹荚鱼带",这里存在着密集的群体,形成良好的作业渔场,而在50°S以南则很少有密集的群体存在。有报道表明,20世纪90年代后期,新西兰、澳大利亚水域的智利竹荚鱼数量在增加,已形成当地的竹荚鱼渔业,且个体大,一般体长在38cm以上,并有当地的产卵场。由此可推测,部分智利竹荚鱼群体在作长途洄游中呈螺旋式前进,西部海域中的群体很可能在成熟以后不再返回东部海域,如图6.13所示。

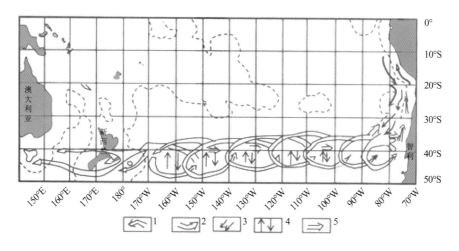

图6.13　智利竹荚鱼洄游规律示意图(张敏等,2011)
1.产卵洄游路线;2.性成熟群体索饵洄游路线;3.2~3龄渔群洄游路线;
4.产卵后个体种群索饵及洄游路线;5.幼鱼和当年生群体分布及洄游方向

我国的智利竹荚鱼渔场开发起步较晚,2000年中国上海开创渔业公司在该海域进行了试探捕,产量较好。2001年农业部下达了智利外海中部渔场的探捕,随后又进行了北部和南部渔场的探捕活动。2003~2008年我国智利竹荚鱼总产量达到10万t以上,约占该海域产量的1/3~1/4;船只数也达到9~13艘,约占智利竹荚鱼大洋渔场作业船数的一半,年产值为0.5亿~1.5亿美元。随着众多国家对该资源的充分开发和捕捞竞争加剧,渔业资源量有所下降,传统的中心渔场位置变动很大,2009~2010年我国总体捕捞量有所下降,特别是2010年总产量不到5万t,约占2009年的50%。2011年产量也只有4.6万t。另外,2000年以来,随着世界上各种大型拖网渔船进入到该渔场,渔获量逐年增加,经初步统计,2005~2008年公海海域的大型拖网渔船年捕捞产量为30万~40万t。另外,2003年以来,约有24%~32%的智利小型围网渔船在本国专属经济区外的公海作业,2009年船只甚至更多。调查发现,2007年以前若发现一个较好的渔场,一般可以捕捞作业2~5天,而2008~2009年仅可捕捞1~2天,很少能超过3天,这暗示着由于捕捞强度的增大,资源已受到较大的捕捞压力(张衡和樊伟，2010)。2009 年 11 月，《南太平洋公海渔业资源养护和管理公约》已正式制定，将对公海海域智利竹筴鱼进行科学管理;同时，南太平洋区域性管理组织(SPRF-MO)目前正在就智利竹筴鱼种群问题、资源评估和管理模式进行讨论研究，拟对公海捕捞国进行限额捕捞，这将有助于该鱼种资源的恢复和保护。

2. 智利竹筴鱼渔场预报

由于智利竹筴鱼属于高度洄游性鱼类，且分布范围广，渔场资源变动大，中心渔场难以准确把握，开展渔场渔情速预报技术，可为快速发展智利竹筴鱼渔业提供科学决策和生产指导。关于南太平洋智利竹筴鱼渔场预报模型最近也开展了一些工作，如方宇等(2010)应用栖息地适应性指数模型对智利竹筴鱼的中心渔场位置以及分布特征进行了初步研究，东海水产研究所渔业资源遥感信息技术重点开放实验室则应用贝叶斯概率、范例推理以及贝叶斯网络等方法构建了南太平洋智利竹筴鱼渔场的速预报模型，并进行预报试验，这里仅给出贝叶斯网络模型预报应用实例。

1) 贝叶斯网络模型原理

贝叶斯网络又称信度网络，是一系列变量之间概率关系的图形模型。贝叶斯网络一般包括两个部分:一是贝叶斯网络结构图，即有向无环图(directed acyclic graph，DAG)，其中的每个节点代表变量，之间的连线表示条件独立语义(conditional independencies);二是贝叶斯网络中节点之间的条件概率表(conditional probability table，CPT)。

假设 $Y = \{y_1, y_2, \cdots, y_n\}$ 是一有限随机变量集合，其中 n 为大于 0 的整数。一个贝叶斯网络可以用一个二元组 $B = \{G, \Theta\}$ 表示。其中，G 表示一个 DAG，其结点分别对应于随机变量 $y_1, y_2, \cdots, y_n$。有向边表示变量间的条件相关关系，各变量与其非子孙结点间相互独立。Θ 是对结点的条件概率参数集。变量集合 Y 的联合概率分布为

$$P(Y) = \prod_{i=1}^{n} P(y_i \mid Pa(y_i)) \tag{6.13}$$

在其他结点给定值的情况下，可推导出 y_i 的后验概率分布公式为

$$P(y_i \mid w_y) = aP(y_i \mid Pa(y_i)) \prod_{j=1}^{m} P(s_j \mid Pa(s_j)) \tag{6.14}$$

其中，w_y 为除 y_i 以外其他结点的集合，s_j 为 y_i 的第 j 个子结点，$Pa(s_j)$ 表示 s_j 的父结点的集合，m 为 y_i 的子结点的个数，α 为正规化因子。公式(6.14)表明，一个结点的概率与其父结点、子结点以及其子结点的父结点有关。

贝叶斯网络结构学习是贝叶斯网络构建中的关键，通常通过专家经验建模、数据学习和知识库三者结合来实现，以确保网络建模的准确性。在缺乏专家知识和知识库的情况下，就需要从数据中学习，来建立起贝叶斯网络结构。学习算法主要包括 4 类，分别为基于评分的学习算法、基于约束的结构学习算法、局部发现的学习算法和混合学习算法，具体代表算法分别为 hill climbing (HC)、incremental association markov blanket (I-AMB)、chow. liu 和 max-min hill climbing (MMHC)。

渔场的形成与环境因素有密切关系，除了单位捕捞努力量渔获量(CPUE)外，还选取海表温度(SST)、叶绿素浓度(Chl-a)、海表温度距平(ΔSST)、叶绿素浓度距平(ΔChl)、海

面高度异常(SSHA)和海表温度梯度强度(grad)等 6 个环境因素作为影响渔场变动重要因子。另外,在一个海域中渔场受不同季节索饵、产卵等洄游影响,所以其形成可能与时间也存在着某种联系,所以也将月份(month)列入其中。

2) 结果与分析

将离散化的数据分为学习数据集(2002～2008 年)和测试数据集(2009 年)两部分,其中用于学习的数据共 942 条。使用 R 统计软件中的 bnlearn 包,输入数据后,选用不同的学习算法,可得到以下四个不同的网络结构图(如图 6.14)。图中具有线段联系的结点表示具有条件相关关系。网络的评分可以评价数据的拟合程度,这里选用 loglik、aic、bic、Bde、k2 五种评分函数,分别对四种网络结构打分,结果如表 6.4 所示。

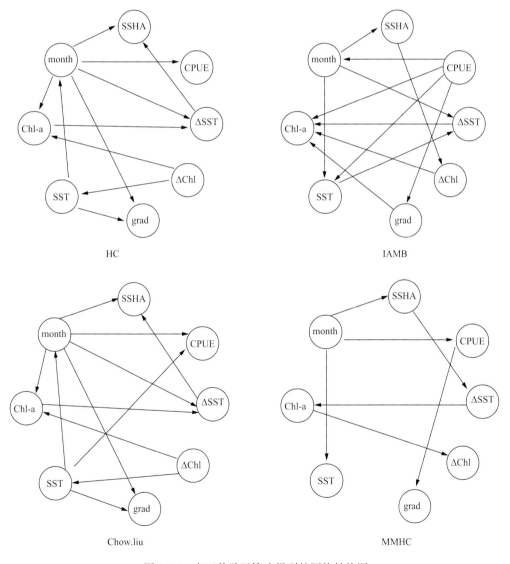

图 6.14　由四种学习算法得到的网络结构图

表 6.4　4 种网络结构在不同评分函数下的得分表

学习算法	评分函数				
	loglik	aic	bic	Bde	K2
HC	−11 745.31	−12 034.31	−12 780.28	−12 499.01	−12 245.42
IAMB	−11 815.06	−12 285.06	−13 498.22	−13 080.204	−12 452.46
chow. liu	−12 063.97	−12 180.97	−12 482.97	−12 373.29	−12 321.00
MMHC	−12 160.47	−12 239.47	−12 443.39	−12 365.34	−12 356.26

表 6.4 显示了利用各种评分函数对不同网络结构评分的得分情况。通过比较可知各种不同的网络结构得分大致相近。虽然 IAMB 综合来看得分不是最高,但由此算法得到的网络结构图中最大限度地考虑了多个环境因素,所以选用此算法得到的贝叶斯网络结构图计算渔场概率。由此得到的公式 5 反映了渔场形成与月份、海表温度、叶绿素浓度、海表温度梯度、海表温度距平和叶绿素浓度距平具有条件相关关系,而与海面高度异常是条件独立的。

将 CPUE 等于 0.333 百分位点处作为形成渔场的划分阈值,计算该海域所有海区CPUE 大于 19.3 t/网的概率值,分别对 2009 年 3～8 月该海域中各个渔区的概率值计算后得到图 6.15 的结果(图中只显示了渔场概率大于 65% 的点)。

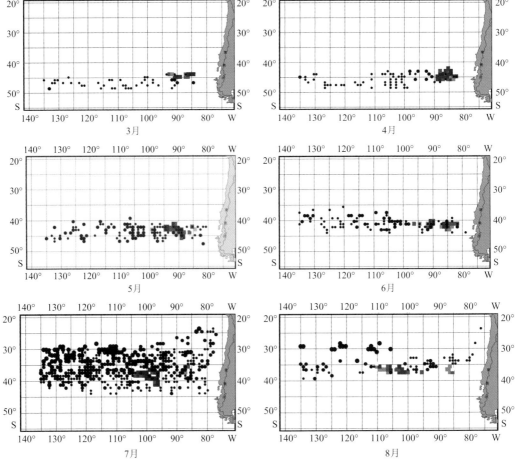

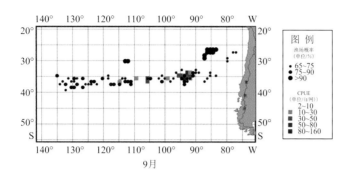

图 6.15 2009 年各月份智利竹筴鱼的渔场位置与贝叶斯网络渔场概率对比图

通过图 6.15 中所显示的实际生产数据看,除个别月份外,利用贝叶斯网络模型得出的高渔场概率(概率大于 65%)位置与实际生产中高 CPUE 区域大致符合或接近。从渔场纬度上看,从 3 月开始,预报的高概率渔场重心随着月份的增长,其位置有逐渐向北移动的趋势,与实际生产渔场的重心移动方向也是一致的(图 6.16)。由于研究中所涉及的渔船数量有限,作业区域范围相对狭小,所以不能验证所有高概率渔区是否存在渔场。

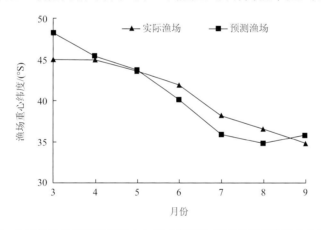

图 6.16 2009 年各月份实际渔场重心与贝叶斯网络得到高概率渔区重心的纬度对比

贝叶斯网络将有向无环图与概率理论有机结合,将随机变量之间以有向图地形式将相关关系以及随机变量间的联合概率直观地表达出来,具有坚实概率理论基础。在一般的回归和归类(如决策树和向前神经网络)等问题中,并不过多考虑变量间的相关关系,而贝叶斯网络则提供了清晰的概率关联关系。另外,贝叶斯网络简化了知识表示的复杂程度,剔除了与目标变量条件独立的变量,从而减小了推理过程的复杂性。

参 考 文 献

陈新军,田思泉,陈勇,等. 2011. 北太平洋柔鱼渔业生物学. 北京:科学出版社.

陈新军,刘必林,王尧耕. 2009. 世界头足类. 北京:海洋出版社.

陈卫忠,李长松,胡芬,等. 1999. 渔业资源评估专家系统设计及实践. 水产学报,23(4):343-349.

崔雪森,樊伟,沈新强. 2003. 西北太平洋柔鱼渔情速报系统的开发. 水产学报,27(6):600-605.

董正之. 1991. 世界大洋经济头足类生物学. 济南:山东科学技术出版社.

樊伟，陈雪忠，等. 2006. 基于贝叶斯原理的大洋金枪鱼渔场速预报模型研究. 中国水产科学，13 (3)：426-431.

高峰，陈新军，范江涛，等. 2011. 西南大西洋阿根廷滑柔鱼中心渔场预报的实现及验证. 上海海洋大学学报，20(5)：754-758.

韩士鑫. 1992. 我国渔业遥感现状与发展趋势. 现代渔业信息，7(2)：5-8.

韩士鑫，刘树勋. 1993. 海渔况速报图的应用. 海洋渔业，15(2)：78-80.

井彦明，谭世祥. 1996. 海南岛海区(含西沙海域)渔海况速报试验. 海洋技术，(3)：30-42.

李雪渡. 1982. 海水温度与渔场之间的关系. 海洋学报，4(1)：103-112.

刘树勋，韩士鑫，魏永康. 1988. 判别分析在渔情预报中应用的研究. 海洋通报，7(1)：63-70.

刘树勋，韩士鑫，魏永康. 1984. 东海西北部水团分析及与渔场的关系. 水产学报，8(2)：125-133.

宁修仁，刘子琳，史君贤. 1995. 渤、黄东海初级生产力和潜在渔业生产量的评估. 海洋学报，17(3)：72-84.

沈新强，樊伟，韩士鑫，等. 2000. 中心渔场智能预报系统的设计与实现. 中国水产科学，7(2)：69-72.

王晓晴. 1998. 阿根廷及马岛周围海域鱿鱼渔业的评估. 远洋渔业，(4)：36-40.

韦晟，周彬彬. 1988. 黄渤海蓝点马鲛短期渔情预报的研究. 海洋学报，10(2)：216-221.

杨纪明. 1985. 海洋渔业资源开发潜力估计. 海洋开发，(4)：40-46.

郑元甲，陈雪忠，程家骅，等. 2003. 东海大陆架生物资源与环境. 上海：上海科学技术出版社.

张衡，樊伟. 2010. 2009 年秋冬季东南太平洋智利竹筴鱼的渔业生物学特征. 海洋渔业，32(3)：340-344.

张敏，邹晓荣. 2011. 大洋性竹筴鱼渔业. 北京：中国农业出版社，70-80.

张建华，王志珍. 1996. 南海近海渔场航空测温. 海洋预报，13(4)：65-70.

赵传姻. 1990. 中国海洋渔业资源. 杭州：浙江科学技术出版社.

Haimovici M，Brunetti N E，Rodhouse P G，et al. 1998. Illex argentinus. In：Rodhouse P G，Dawe E G，O'Dor R K，eds. Squid recruitment dynamics. FAO. Rome：27-58.

第7章 渔业栖息地与水产养殖的遥感监测及应用

在渔业发展过程中,科学家和管理者逐渐意识到栖息地对鱼类资源的维持和持续利用起着至关重要的作用,因此在渔业管理实践中,逐步强化了生境保护意识。卫星图像提供了广泛的几乎是全球的海表环境条件的知识基础。利用遥感和地理信息系统等空间监测技术与分析手段结合现场环境和生物数据进行栖息地的识别,可以了解那些影响到物种分布的重要的海洋过程,洞悉其分布模式和对环境变化的响应;在特定的海洋环境中通过生态区的设计识别需保护的优选站位,逐一建立保护框架。而在水产养殖监测方面,高分辨率的资源遥感卫星影像可计算获取很多影响到养殖区分布的要素,如潮间带宽度、植被生境状况、邻近海域污染情况等信息,还可以测定湖泊、水库等大面积的水域形态、水生植物分布及数量、富营养化及污染情况、叶绿素总量及初级生产力,依据这些信息可在水产增养殖的区域选址、种类选择、劳动力成本等方面进行科学评估与决策,从而实现保护渔业资源或提高水产养殖效率及管理水平的目的。

7.1 渔业栖息地生境

1. 定义

栖息地,又称生境,通常是指某类生物或生物群落栖息(生活和生长)的自然环境,具有栖息于其中的生物所必需的各种生存条件(食物、活动空间和生物适应的其他生态因素),如湿地生境、潮间带生境、河口生境、深海热液口生境等。

生物与栖息地间的关系一直是生态学研究的重点,也是资源管理上的重要决策依据。栖息地关系着生物的食物链和能量流。在各种水域环境中,对鱼类的生存和繁衍起着关键作用的那些生境成为水域生态学和渔业管理的关注焦点。这些生境通常被称为鱼类关键生境,或鱼类基础生境(essential fish habitat,EFH)。在渔业发展过程中,科学家和管理者逐渐意识到栖息地对鱼类资源的维持和持续利用起着至关重要的作用,因此在渔业管理实践中,逐步强化了生境保护意识,最终形成了基于生态系统的渔业管理(ecosystem-based fisheries management)理论与方法。

鱼类产卵、繁殖、摄食或育成所必须依赖的水域或底质环境称为鱼类关键生境。其中的"鱼类"是指除了海洋哺乳动物和鸟类以外的各种有鳍鱼类、软体类、甲壳类以及其他所有的海洋动物,并非专指狭义上的脊椎动物门的鱼类。为便于全面理解EFH的定义,美国国家海洋渔业服务部门(NMFS)指南对该定义中的其他关键词进行了详细阐述:定义中"水域"包含了鱼类所利用的各种水体及其相关的物理、化学和生物学属性,也包括鱼类在以往历史中生活过的区域;"底质"包括各类沉积、硬质海底、水中的各种结构物以及相关的生物群落;"必须"是指这种生境在支撑一个可持续的渔业和维持一个健康的生态系统的过程中必不可少;"产卵、繁殖、摄食或育成"则涵盖了一个种类全部的生命史。NMFS 同时也特别指出,对 EFH 的描述不应仅仅局限在生境中的温度、盐度、营养盐、溶氧、底质类型和植被组成等环境条件,还应包括其理化和生物区系特征,因为后者往往是影响鱼类分布和群落组成的关键因子。

2. 由来

20 世纪中后期,世界各沿海国家的渔业发展普遍经历了"渔业复兴—快速发展—充分开发—捕捞过度—渔业管理"的过程。在这历程中,伴随人类工业化进程而来的环境污染和过度捕捞成为鱼类栖息地退化并逐步丧失的罪魁祸首,并最终成为制约各国渔业长期发展的桎梏,越来越多的渔业科学家和管理者意识到渔业健康持续的发展离不开栖息地的保护。健康的生境是鱼类繁殖、生长和洄游以及维持渔业资源可持续发展的基本需求。而目前我们对各种栖息地的认识仍然有限,鉴于此,有必要进行针对各种重要栖息地的系统研究和全面管理。鱼类关键生境就是在这样的背景下催生出来的。

栖息地的质量可以直接从鱼类对其利用的强度上反映出来,质量越高的栖息地,其支撑的鱼类密度往往也就最高。Bond 等(1999)在研究南加利福尼亚湾的鱼类栖息地时提出一种评价栖息地价值的新方法,就是基于鱼类功能群的组成情况,功能群越复杂,则相应的栖息地利用率越高,其价值也就越大。上述研究虽然未融入 EFH 的概念,但实际上已经为 EFH 识别技术的后续发展奠定了必要的理论基础。在进行与栖息地相关的各种鱼类及无脊椎动物研究时,首要且必须做的是对 EFH 进行识别。对 EFH 的识别和保护是管理各资源种群的重要环节,对鱼类栖息地的识别、保护和修复是渔业可持续发展的关键。《生物学评估操作规范》(OCAPBA)指出,在 EFH 的识别过程中,对鱼类繁殖、产卵和洄游起关键作用的 EFH 必须包含以下各方面的详细信息:①底质组成;②水文水质;③水量、水深和流态;④栖息地外延的梯度变化和稳定性特征;⑤饵料生物组成;⑥栖息地覆盖度及复杂性;⑦栖息地的垂直和水平空间分布特征;⑧栖息地的各种进出口和通道;⑨栖息地的连续性特征等。

7.2　渔业栖息地分类与识别

1. 渔业栖息地分类

EFH 的概念越来越深入到不同的国家渔业管理计划,用以确定那些对于维持健康的鱼类种群具有非常重要意义的地理位置。对于绝大多数鱼类而言,不同的生命周期对应的生境类型不同。对于一个物种的基础生境(EFH)的描述应该包括对这个物种完成其生命周期起到至关重要作用的所有的生境类型,可以考虑分为几个类别:①产卵区;②育苗区(幼体和幼鱼);③成体生存区;④洄游通道;⑤一个物种可能被高度限制的特定区域。

不同类型渔业(远洋渔业、近海渔业和养殖渔业)的对象其生境大为不同,从地理空间上可做如下分类。

1) 开阔海域

Tait(1981)提出海洋主要分区，在水平方向上分为浅海区(neritic province)和大洋区(oceanic province)等。

(1) 浅海陆架区。大陆架上的水体，平均深度一般不超过 200 m，宽度变化很大，平均约为 80 km，浅海区由于受大陆影响，水文、物理、化学等要素相对来说是比较复杂多变的。浅海陆架区是海洋中最具生产力和经济价值的区域之一，全世界大部分渔业都位于该海域，是人类活动(航运、捕捞等)的重要海域。

(2) 上升流区。海洋中深层海水涌升到表层的区域，其典型的表层水团表现出低温、低溶解氧、高营养盐含量、盐度和密度比周围的表层水高等主要特征。上升流区是海洋中重要的高生产力区。近岸上升流是海洋的重要渔场。

(3) 大洋区。大陆缘以外的水体，大洋区是海洋的主体，其理化环境条件比浅海区较为稳定。大洋表层是大洋区的生产区，浮游生物数据量丰富，一些摄食浮游生物的种类可集群大量出现，成为远洋渔业的捕捞对象。

2) 近岸海洋生境

(1) 河口区生境。河口区生境是近岸海洋典型生境类型之一，在大河高浊度河口，凭借径流的大量水沙输出，于海岸潮汐能较小的区域发育而成。河口生境有很高的资源生产力又是许多重要经济鱼种的洄游必经之地，河口区也常常是重要的港区和口岸。河口区属于陆海相互作用强烈带，也为敏感区和脆弱带，河口生境极易受到高强度人类活动的影响。

(2) 基岩海岸。坚硬岩石组成的海岸称为基岩海岸。岩岸潮间岸最显著的一个特征是就是在退潮时可以看到生物有明显的垂直带状分布现象。

(3) 砂砾质岸。由颗粒较粗的砂砾组成的平原海岸。生活于此的很多生物个体很小，隐蔽在砂粒里，大型种类也多为穴居种类。

(4) 盐沼湿地。盐沼(salt marsh)是主要分布在温带河口海岸带的长有植被的泥滩，植被的成带分布特征反映了不同的潮汐淹没时间；由于水体盐度的影响，植被以盐土植物为主。

(5) 红树林生境。红树林为热带和亚热带海岸潮间带特有的盐生木本植物群落，红树林生境主要分布在热带、亚热带区域的江河入海口及沿海岸线的海湾内，是全球海岸带最典型的海洋生境之一，具有重要的生态、社会与经济价值。

(6) 珊瑚礁。珊瑚礁是由生物作用产生的碳酸钙沉积而成，在全球海洋中，珊瑚礁不但孕育了最丰富的生物多样性，构建了最具生产力和能流物流效率的生态系统，而且对全球的碳循环和气候变化意义重大。在海洋环境中，珊瑚礁生物群落是物种最丰富、多样性程度最高的生物群落。

(7) 海草床。海草是一种在浅海生活的显花草本植物。海草能生长在世界大部分的浅海泥沙底的海岸及河口地区,通常在沿海潮下带形成宽广的海草场。海草床是沿岸重要的海洋生境之一,在净化海水水质、护岸减灾、提供食物(主要以碎屑形式)、提供栖息地、育婴场和避难所,以及生态系统 C、N、P 等营养元素的生物地化循环等方面扮演着非常重要的角色。

3)内陆渔业

(1)池塘。池塘是指比湖泊小的水体。通常池塘都是没有位于地面的入水口的。它们都是依靠天然的雨水、地下水源或以人工的方法引水进池。池塘与湖泊有所不同,是封闭的生态系统。

(2)湖泊。湖泊是内陆洼地中相对静止、有一定面积,不与海洋发生直接联系的水体。湖泊支持着非常重要的生态系统,湖水的平均深度一般在 2 m 到 100 m 左右,这是阳光能够穿透的深度,因此,湖水从上到下都能给生物足够的能量,维持丰富的生物。

(3)河流。河流是指陆地表面呈线形的自动流动的水体。河流是一个完整的连续体,左、右岸构成一个完整的体系,连通性是评判河道或缀块区域空间连续性的依据。河道通常会为很多物种提供非常适合生存的条件,它们利用河道来进行生活、觅食、饮水、繁殖以及形成重要的生物群落。河道一般包括两种基本类型的栖息地结构:内部栖息地和边缘栖息地。

2. 渔业栖息地识别与评估

目前 EFH 识别方法主要有:①借鉴渔民的以往经验和渔业科学家的已有研究结果进行 EFH 的识别;②利用水下声学设备(如探鱼仪、旁扫声纳等)进行 EFH 的识别;③利用 GIS、RS 等空间监测技术与分析手段结合现场环境和生物数据进行 EFH 的识别;④水下摄像(定点观察、ROV 跟踪观察或潜水随机观察)进行 EFH 的确定;⑤利用标志放流和无线追踪设备识别 EFH;⑥通过独立的生物、生态学调查进行 EFH 的识别;⑦应用稳定同位素示踪法识别 EFH;⑧利用基于鱼类生物学数据和环境数据的栖息地指数模型识别 EFH;⑨基于目标种不同生活史的多阶段模型判别 EFH;⑩利用鱼类的生长和耳石微化结构识别 EFH;⑪在特定的海洋环境中通过生态区的设计识别需保护的优选站位,逐一建立 EFH 的保护框架。

EFH 的评估内容包括:①对提议的管理和科研事项进行详细阐述;②对 EFH 进行识别,就上述事项对 EFH 的可能影响(包括持续效应)进行分析,并对目标种及其他相关种类不同生活史阶段的管理进行探讨;③给出各联邦机构对 EFH 相关行动效果的看法及观点;④提出减缓不利影响的可行性措施。

如果按所建议的方式进行管理有可能带来很大影响的话,在适合的条件下,对 EFH 的评估还应包括现场视察的结果、权威专家对受影响的栖息地或种类的看法、相关文献的回顾、对建议方案的其他选择的分析以及任何其他相关的信息。事实上,不同的渔业管理机构对 EFH 评估的实施要求并不完全一致,这是由于所处的海域环境和资源状况以及相关的研究背景的差异所造成的。

3. 海洋渔业栖息地

鱼类栖息地的识别对于生物多样性的保护和促进可持续渔业管理来说是非常重要的。限制人为压力对栖息地的影响,可以保护鱼类种群,促进相关渔业的可持续发展。暗含在生态系统方法中的渔业管理(EAFM)的基本概念之一是不同的地理区域有不同的生物生产能力。即使存在着亚表层的现象不能被遥感的方式所描述而且卫星数据也只有从1980年以后才能够获取等这样的限制,卫星图像依然提供了广泛的几乎是全球的海表环境条件的知识基础。人们可以获得海表的高低形态,可以绘制出那些影响到物种分布的重要的海洋过程。此外,广泛的大规模调查,通常提供某些物种分布的时间序列和整个水柱的海洋学数据,可以进行环境变化和物种环境参数之间关系的研究。最后,空间统计分析和地理信息系统技术提供了工具,用以刻画物种与栖息地的关系以及它们的变化,并标识确定出基础生境区域。

一系列研究表明,许多海洋物种有广泛的分布范围,并通过改变其分布模式和栖息地利用实现对环境变化的响应。海洋环境从根本上说是动态的,在一个固定的水深和海底底质的背景下,海洋状况和可获取的渔获物是随时间和空间变化的,时间上存在着昼夜间、季节间和年际间的变动,空间上存在着不同尺度的垂直变化和水平变化。表7.1给出了已经被用于海洋物种生境建模的数据集,遥感可获取的海洋表面环境的有关内容详见本书的第4章。

表 7.1　已经被用于海洋物种生境建模的数据集列表(数据集描述和来源)

参数	传感器/模型	单位	分辨率	来源
海表叶绿素 a (CHLO)	SeaWiFS	mg/m³	0.083 333 3°	http://oceancolor.gsfc.nasa.gov
海表叶绿素 a (CHLO)	MODISA	mg/m³	0.083 333 3°和 0.041 666 7°	http://oceancolor.gsfc.nasa.gov
海表温度 (SST)	AVHRR	℃	0.012 874 8°	http://eoweb.dlr.de:8080
海表温度 (SST)	MODISA	℃	0.083 333 3°和 0.041 666 7°	http://oceancolor.gsfc.nasa.gov
光合成有效辐射 (PAR)	SeaWiFS	einstein/m²/day	0.083 333 3°	http://oceancolor.gsfc.nasa.gov
海表风速风向 (WIND)	QSCAT	m/sec and°fromN	0.25°	www.ssmi.com
海面表层流速度和方向(SSC)	Merged T/P,Jason-1, ERS-2,Envisat	m/sec and°fromN	0.125°	www.jason.oceanobs.com
平均海表异常(MSLA)	Merged Jason-1,Envisat, ERS-2,GFO,T/P	cm	0.294 288 8°	www.jason.oceanobs.com

参数	传感器/模型	单位	分辨率	来源
海表盐度 (SAL)	CARTON-GIESE SODA，CMA BCC GODAS，and NOAA NCEP EMC CMB GODAS models	psu	0.333 330 9°	http：//iridl.ldeo.columbia.edu
透光层深度 (ZED)	SeaWiFS (Lee and/or Morel)	m	0.083 333 3°和 0.041 666 7°	http：//oceancolor.gsfc.nasa.gov
水深 (BATH)	GEBCO	m	0.016 666 6°	www.ngdc.noaa.gov
水深 (BATH)	Geosat and ERS-1	m	0.028 032 2°	http：//ibis.grdl.noaa.gov/SAT/

　　渔业资源调查数据集包含各种来源于渔业声学数据、实验拖网数据、仔稚鱼和鱼卵数据的调查参数。通常来说,商业性渔获资料和捕捞努力量数据的空间分辨率比较粗,但也可以提供新补充的鱼类的分布和丰度。可能相关的环境(生态地理的)参数包括海面温度(SST)、叶绿素-a(Chl-a)、光合有效辐射(PAR)、真光层深度(EUD)、海平面异常(SLA)、风速和方向、海面盐度的模式数据(SAL)和表面流(SSC)等。水文调查数据可以提供额外的亚表层和海底条件的信息。由统计和地统计学工具分析的空间位置变量和空间分布格局可以作为一个或多个未知的环境变量的替代,或者是那些不能轻易测量的变量的替代,从而增加预测的能力。它们可以掌握真正的地理效应,例如与最适生境特征(如产卵场)的邻近度。对于海洋过程而言,SST 和叶绿素浓度的数据可以用来确定温度锋面和初级生产力递增锋面、海洋生产力热点区域,从而确定样本点与这些物理特征的距离。固定的海洋物理特征包括深度和其派生变量,如海底坡度、深度和坡度变率、坡向、与海岸带的距离、与特定地形区的距离、海底底质类型等。

　　刻画 EFH 变量的选择要尽可能根据物种的生物学和生态学的知识。理想的情况下,变量应能说明物种的生态学特征,标识相关海洋过程的存在或强度(例如上升流或锋面),例如使用这些调查样本点离这些海洋过程的距离。

　　地理信息系统可以导入并管理这些环境数据集和其他栖息地特征数据集,可以被投影为一种通用的地理参考系统,对于每一个采样站位以提取出一套环境参数。有许多工具可以实现这一目的(如 ArcGIS、MapInfo 等),以及各种数据格式转换工具实现这些工具之间的数据通信。在欧盟支持的 EnviEFH 这个项目(Environmental Approach to Essential Fish Habitat(EFH) Designation(2005~2008))里,ESRI 的 ArcGIS 软件和ARC 宏语言(AML)的编程语言被用于创建这些信息的矢量和栅格图层信息。采用ArcGIS GRID 模块将那些被解译的卫星遥感影像作为规则栅格图层来处理,同时那些渔业调查数据被 ArcGIS Arc 模块处理成点状的矢量数据。使用 ArcGIS 的 INFO/TABLES 和 ARCPLOT 模块,环境数据被匹配到每一个渔业数据采样点上。需要的考虑是缓冲区(每个采样点周围地区)的大小,缓冲区被用来计算平均环境参数,如与一个给定的样本相关联的 SST,可以是每周的平均值或每月的平均值。在经度和纬度上,范围可以从1 km到数千米。计算提取的描述性特征,如与温度锋面和初级生产力递增锋面、海洋生产力热点区域、温度和叶绿素浓度异常、不同沉积类型的最短距离和离开海岸带和特定地形区的最短距离,都可以在 Arc 模块下使用 ArcGIS 内嵌的距离函数来获取。

4. 栖息地与内陆水域水生物多样性的监测

联合国环境规划署在 2003 年 3 月 10 日至 14 日于蒙特利尔召开了第八次生物多样性公约会议,会议形成了《内陆水域生态系统生物多样性快速评估方法和准则的专家会议报告》。这个报告中的主旨虽然是在讨论内陆水域水生多样性的快速评估,由于渔业栖息地是内陆水域生物多样性监测内容的组成部分之一,报告中给出的评估框架(表 7.2)和监测数据可以被内陆渔业栖息地的监测所借用。

表 7.2 设计和开展内陆水域生物多样性快速评估概念框架

步骤	指导
1. 说明目标和指标	说明进行快速评估的原因:为什么需要信息,谁需要
a. 确定规模和分辨率	确定达到目标和指标所需的规模和分辨率
b. 确定核心或最小数据集	确定可以充分描述内陆水域位置和面积以及任何突出特征的核心或最小数据集。必要时,可以利用有关影响内陆水域生态特性的因素和其他管理问题的补充信息来完成
2. 审查现有的知识和信息——找出差距(如能完成,编写报告;如果完不成,设计研究方案)	利用案头研究和讲习班等方式审查现有的信息来源和各方人士(包括科学家、利益相关者、当地和土著社区居民)掌握的知识,以便确定正在审议的区域内有关内陆水域生物多样性的现有知识和信息水平。将所有可以利用的数据源包括在内。确定栖息地的优先顺序
3. 研究设计	
a. 审查现有的评估方法,并选择适当的方法	审查现有的方法并在必要时征求专家的技术建议,以选择可以提供所需信息的方法。应用快速评估决定树并选择适当的实地调查方法
b. 必要时建立栖息地分类系统	选择一种适合评估目的的栖息地分类法,因为目前还没有一个全球公认的分类系统
c. 制定时间表	制定以下活动的时间表:①规划评估;②收集、处理并解释所收集的数据;③报告结果
d. 确定所需资源的程度,评估要求的可行性和成本效益	确定可供评估使用的资源的范围和可靠性。必要时制定应急计划,确保数据不会因资源不足而丧失。评估是否可以在现有的体制、资金和人员条件下开展包括报告结果在内的方案 确定取得和分析数据的成本是否应列入预算范围,以及是否为完成方案编制了预算。[酌情制定一项方案定期审查计划]
e. 建立数据管理系统和标本浸制系统	制定一些明确的议定书,规定收集、记录和保存数据,包括以电子或硬拷贝格式进行存档。确保对标本进行适当的浸制。这可以帮助以后的使用者确定数据的来源及其精确性和可靠性,并取得参考集合。在这一阶段,还有必要确定适当的数据分析方法。所有数据均应使用经过测试的严格方法进行分析,而且所有信息必须经过证明。数据管理系统应当支持而非限制数据分析 元数据库应当用于:①记录编目数据集信息;②概述数据保管和其他用户使用数据的详情。采用现行的国际标准(指《拉姆萨尔湿地编目框架》)

步骤	指导
f. 确定报告程序	确定以及时高效的方式解释和报告所有结果的程序 报告应简明扼要,说明是否达到了目标并提出生物多样性管理活动方面的建议,包括说明是否需要其他数据或信息
g. 确定审查和评价程序	确定正式公开的审查程序,确保所有程序的效率,包括报告和在必要时提供信息以调整评估程序
4. 进行研究并对方法进行持续评估(必要时返回有关步骤并修改设计)	开展方法研究。测试并调整正在使用的方法和专门设备,评估有关人员的培训需求并确定对数据进行比较、收集、记录、分析和解释的方式。特别是要确保通过适当的地面实况调查对遥感进行补充
5. 数据评估和报告(是否实现了研究的目的? 如果没有,返回步骤3)	确定正式公开的审查程序,确保所有程序的效率,包括报告和在必要时提供信息以调整甚至终止方案 应当以适当的方式专门向地方当局、地方社区和其他利益相关者、地方和国家决策者、捐助者及科学团体十分详细地介绍所取得的结果

在确定是否需要进一步开展实地评估之前,首要是收集和评估尽可能多的现有相关数据和信息。这一部分评估应明确现有哪些数据和信息,是否可以获得。数据来源可以包括地理信息系统和遥感信息源、公布的和未公布的数据以及从当地居民那里获得的有益的传统知识和信息。这类信息收集本身也需要评价,以确定现有信息是否适合评估要求,或者是否需要开展新的实地调查。表7.3中打有星号的数据一般从地形图或遥感图像,特别是高分辨率卫星影像或是航摄像片中得出。

表 7.3 可以(部分)通过快速评估收集到的优质数据、主要湿地的实地调查方法以及湿地生物物理和管理特性评估数据域

生物物理特性	通过快速评估收集到的优质数据
栖息地名称(栖息地和汇水的正式名称)	(√)
地区和边界(面积和变化,范围和平均值)*	(√)
位置(预测系统,地图坐标,地图质心,海拔)*	(√)
地貌环境(在地貌景观中出现的地点,与其他水生生境的联系,生物地理区域)*	(√)
一般描述(形状、截面图和平面图)	(√)
气候——气候带和主要特征	(√)
土壤(结构和颜色)	(√)
水域状态(如周期,泛滥的范围和深度,地表水源头和与地下水的关联)	(√)
水化学性质(如盐度、pH、颜色、透明度、营养成分)	(√)
生物区(植被带和结构,动物种群和分布,包括稀有/濒危物种的突出特征)	(√)
管理特征	
土地使用——当地,河川流域和/或沿海区	(√)

续表

生物物理特性	通过快速评估收集到的优质数据
对湿地的压力——湿地内部、河川流域和/或沿海区	（√）
土地占有和管理机构——湿地、河川流域和/或沿海区的重要部分	（√）
湿地维护和管理状况——包括法律文书和影响湿地管理的社会或文化传统	（√）
湿地生态系统的价值和惠益（货物和服务）——包括产品、功能和属性以及可能情况下对人类福祉的贡献	（√）
管理计划和监测方案——在内陆水域、河川流域和/或沿海区内订出并准备实施	（√）

　　鱼类基础生境全面调查和评估所需的各类数据和信息并非全都能够通过快速评估方法收集获得。但是，一般可以收集一些初步信息，以了解在主要调查和评估中普遍使用的所有核心数据。在某些情况下，快速评估只能得出初步的结果，而且数据集的可信度也较低。不过，此类数据和信息可以用来确定在资源允许的情况下哪些领域需要进一步开展更为详细的评估。

　　大多数的快速评估都包括对某个地点进行单一的"瞬时"调查。但是，许多内陆水域系统和依靠它们生存的生物群（比如迁徙物种）都具有季节性，这意味着在一年不同的时间里可能需要对不同的生物分类群进行调查。要使评估取得可靠的结果，就要考虑按季节性做出快速评估的时间安排，了解内陆水域系统的季节性并在设计和安排快速评估的时间时将此考虑在内是十分重要。

7.3　水产养殖分布遥感监测方法

　　水产养殖是指商业性的饲养水生生物包括鱼类、软体动物、甲壳类和水生植物的活动。水产养殖可按操作的基面性质分为陆地、水面和滩涂三大类。以陆地为主的系统主要包括池塘、稻田以及在陆地建造的其他设施；以水面为基础的养殖系统包括拦湾、围栏、网箱及筏式养殖，通常位于设有围场的沿海或内陆水域；以滩涂为基础的养殖系统包括基塘养殖和高位池养殖。我国是世界第一水产养殖大国，也是世界上唯一的养殖产量超过捕捞产量的国家，而且水产养殖仍在继续快速增长中。在为满足世界水产品需求做出巨大贡献的同时，我国的水产养殖正面临着水环境状况的日益恶化、社会舆论的监督、政策与法规的监控及水产品质要求日益提高等各方面的压力。因而水产养殖日益成为当前研究的热点之一。

　　通过遥感影像快速提取所需水产养殖专题信息，可以用来进行养殖场选址优化、优选养殖品种和养殖密度、养殖水体污染（赤潮、水质等）监测。结合 GIS 技术，还可对养殖区进行规划和管理，评估水产养殖区对环境的影响，加深对鱼类等水生生物栖息地的理解和认识。涉及范围包括海洋、海岸带、内陆水域大水面的养殖、增殖等方面，其投入产出比远比常规方法要高出很多。

　　由于陆地观测传感器的发展较水域观测传感器的发展容易，以及农业活动和降水作用导致的水质随季节变化,因而水产养殖需要更小的时间分辨率来获取信息。相对于其他应用,例如地质学和林业监测,遥感在水产养殖上的发展很慢。但是近年来,随着遥感数据源的日益丰富。一方面,多平台、多传感器、多分辨率的遥感图像为水产养殖信息获取提供了新的契机;另一方面,研究人员对水产养殖专题信息的快速、高精度提取方法也进行了积极探索和深入研究,使得遥感在水产养殖中的应用愈加广泛。

鉴于目前的研究现状,需要对当前用于水产养殖分布调查的遥感数据源、信息提取的方法进行分析和总结,分析不同方法的优势和劣势,并进一步探讨其研究和应用趋势。

1. 多源遥感数据源

随着遥感技术的发展,越来越多的不同类型的遥感器被用于对水域的观测。这些多平台、多传感器、多分辨率的遥感数据,在水产养殖分布提取中具有自身的优势和特性。不同类型的遥感数据具有不同的应用领域和信息提取精度。包括气球、飞艇、固定翼、旋转翼飞机等在内的航空器遥感,由于其平均费用远高于航天遥感,应用面较窄。

因此,目前常用的提取水产养殖区分布的卫星遥感数据主要有以下几种:可见光的多光谱影像、全色图像和微波雷达的 SAR 图像,分别如图 7.1～图 7.3 所示,表 7.4 给出了目前水产养殖分布的遥感提取常用的卫星遥感数据。一般来说,多光谱遥感可记录地物波谱反射、辐射特征的微弱差异,拥有丰富的光谱信息,有助于识别水产养殖区域,是目前水产养殖区信息提取研究的主要信息源。但大多数多光谱遥感影像数据空间分辨率相对较低,即空间的细节表现能力比较差,将多光谱图像和全色图像融合,可以极大地提高图像解译能力。SAR 具有全天时、全天候、多波段、多极化工作方式、可变侧视角、穿透能力强和高分辨率等特点,同时 SAR 图像中含有丰富的纹理结构信息。在沿海水域当雷达波发射时,由于海水的回波能量较弱,而养殖用的基座、围栏和网箱等回波能量较强,色调比

图 7.1　养虾池塘可见光多光谱 SPOT 影像(厄瓜多尔瓜亚基尔附近,多波段假彩色合成)

周围的海水更亮,两者对比度更大,因而可从 SAR 图像中提取养殖区域的相关信息。此外,在进行精度验证时,还可利用 Google Earth 平台提供的在线照片,这为实地调查验证提供了便利。

图 7.2　养殖区的 Landsat-ETM 全色影像[中国海南(分级设色)]

图 7.3　RADARSAT 标准模式影像(中国胶州湾)

表7.4　水产养殖分布的遥感提取常用的卫星遥感数据

遥感图像类型	卫星名称	重复周期/天	传感器	扫描幅宽/km	分辨率/m
多光谱全色图像	Landsat(美国)	16	TM	185	15(全色)～120
			ETM	185	15～60
			MSS	185	78
	EOS-AM1＝TERRA(美国)	16	ASTER	60	15
			MODIS	2 330	250～1 000
	EOS-PM1＝AQUA(美国)	16	MODIS	2 330	250～1 000
	NOAA(美国)	一天数次	AVHRR	2 800	1 100
	SPOT(法国)	26	HRG	60	2.5(全色)～20
			HRS	120	10
	CBERS(中国)	26	CCD	113	19.5
	北京一号(中国)	—	CCD	600	32
SAR 图像	RADARSAT(加拿大)	24	SAR	50～500	10～100
	ENVISAT(欧洲空间局)	35	ASAR	56～105	30～150

2. 水产养殖区分布的提取方法

水产养殖区分布的提取方法,由于受研究时间、研究区域、数据源等客观因素的限制,还没有一种方法是最普遍和最佳的。目前常用的水产养殖区分布的提取方法主要有以下几种。

1)目视解译

目视解译是最常用、最基本的方法之一,它根据遥感影像目视解译标志(色调、颜色、阴影、形状、纹理、大小、位置、图形、相关布局等)和解译经验,与多种非遥感信息资料相结合,运用相关知识,采用对照分析的方法,进行由此及彼、由表及里、去伪存真、循序渐进的综合分析和逻辑推理,从而从遥感影像中获取需要的地学专题信息。目视解译主要采用人机交互式判读的方法。它通过遥感图像处理软件对图像进行一些预处理,包括图像增强、图像融合等处理,有效地提高图像分辨率,突出主要信息,使图像中目标特征更加清晰,改善图像目视判读效果,从而提高判读的精度。

杨英宝等(2005)借助6景TM图像和三期高精度航空像片,利用人机交互式判读方法分析了东太湖20世纪80年代以来网围养殖的时空变化情况。李新国等(2006)借助3景航空影像对东太湖的网围养殖面积动态变化进行人机交互目视解译。樊建勇等(2005)借助增强处理后的SAR图像,对胶州湾海域养殖区进行了交互跟踪矢量化。褚忠信等借助不同时期的TM影像,对黄河三角洲平原水库与水产养殖场面积进行了人机交互判读。吴岩峻等(2006)借助4景ETM＋影像,经过多次外业调查,建立判读解译标志,采用人机交互式目视解译方法,对海南省海水和内陆水产养殖区进行勾画。宫鹏等(2010)借助1987～1992年和1999～2002年TM、ETM＋影像及Google Earth平台提供的高分辨率影像和部分在线照片,对包括海水养殖场在内的全国湿地分布进行了人工目视解译,并绘制专题图。

目视解译简单易行,而且具有较高的信息提取精度,适用于绝大多数养殖区域的识别,但是它也存在一定的缺点。当判读人员的专业知识背景、解译经验不同时,可能得到不同的判读结果,其结果往往带有解译者的主观随意性;另外,当养殖区域水体同非养殖区域水体的光谱特征或空间结构特征等相似时,判读人员就很难根据判读标志将其区分开来,精度受到限制。此外,目视解译工作量大、费工费时,难以实现对海量空间信息的定量化分析。在当今的信息社会,信息的时效性尤为重要,因此,研究遥感信息的自动提取方法已成必然。

2) 基于比值指数分析的信息提取

比值型指数创建的基本原理就是在多光谱波段内,寻找出所要研究地类的最强反射波段和最弱反射波段,将强者置于分子,弱者置于分母。通过比值运算,进一步扩大两者的差距,使感兴趣的地物在所生成的指数影像上得到最大的亮度增强,而其他背景地物则受到普遍的抑制,从而达到突出感兴趣地物的目的。比值型指数通常又会作归一化处理,使其数值范围统一到$-1 \sim 1$。

马艳娟等(2010)利用 ASTER 数据,分析养殖水体与非养殖水体在影像各波段上的分布差异,如图 7.4 所示,构建用于提取影像中的水产养殖区域的指数 NDAI(normalized difference aquaculture index);并分析用 NDAI 提取得到的结果中错分的受大气、传感器影响的水体与自然水体的各波段灰度值的分布,构建用来进一步提取深海区域的指数 MEI(marine extraction index),将近海水产养殖区的养殖水体与其他水体区分开,并取得了较高精度。由于基于比值指数分析的方法只考虑各波段上的灰度信息,当部分养殖区在光谱上与深海水域接近或是当深海水域光谱并非均一时,会导致错分。该方法适用于养殖区与背景环境光谱差异大的地区,否则将无法克服传统遥感分类方法所普遍存在的"椒盐"噪声,导致错分。

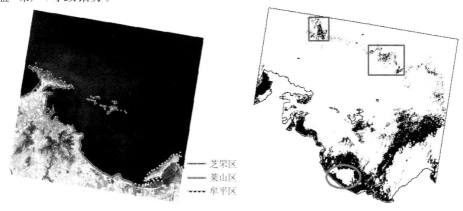

(a) ASTER-1B影像　　　　　　　　　(b) 经过MEI变换后

图 7.4　基于比值指数分析的养殖区域提取

(山东烟台;马艳娟,2010)

3）基于对应分析的信息提取

对应分析是在因子分析的基础上发展起来的，又称 R-Q 型因子分析。该种分析方法已在生物和统计领域得到广泛的认同和应用，遥感领域仍然相对较新。在遥感领域中，对应分析既研究各波段之间的关系，还研究像元之间的关系，不仅如此，它还能在同一个直角坐标系内同时表达出波段与像元两者之间的相互关系。正是由于在分析过程中，它不仅考虑了影像波段特征属性及其相互关系，同时也考虑了像元特征之间的相互关系，有利于提取精度的提高。

王静和高俊峰（2008）应用该方法对滆湖围网养殖区进行了提取，表明此种分析方法可以快速有效地对湖泊围网进行提取。该方法对遥感图像的质量要求较高，并在分析前要进行严格有效的图像预处理。此外，该方法并无法有效地解决"异物同谱"、"异物同纹理"的分类问题。

4）基于空间结构分析的信息提取

空间结构分析的处理方法有邻域分析、纹理分析、线性特征提取等。其中，邻域分析是依据像元四周邻近的像元对每一个像元进行空间上的分析，分析和运算的像元数目和位置由扫描窗口确定。纹理表现为图像灰度在空间上的变化和重复或图像中反复出现的局部模式（纹理单元）及其排列规则，反映了一个区域中像素灰度级的空间分布。纹理分析的基本方法有三类：统计分析方法，结构分析方法和频谱分析方法。

周小成等（2006）采用 ASTER 遥感影像，以九龙江河口地区为研究示范区，利用卷积算子，采用邻域分析来增强水产养殖地的空间纹理信息。李俊杰等（2006）利用纹理分析统计分析方法中的灰度共生矩阵（gray level co-occurrence matrices, GLCM），选用中巴资源卫星 02 星多光谱数据，以白马湖为试验区，提取湖泊围网养殖区，实验表明纹理量化的均值指标能够较好地反映自然水体、围网养殖区和其他地物内部结构的异质性，取得较理想的效果。林桂兰等利用方差算法对厦门海湾海上的网箱养殖和吊养进行纹理分析，得到养殖专题图。初佳兰等（2008）选用长海县广鹿岛海区的 SAR 影像，统计有效视数（effective number of looks）并对影像进行多种方法滤波分析，对浮筏养殖信息进行了提取，如图 7.5 所示。

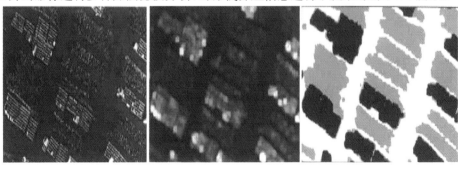

　　(a) IKONOS影像　　　　　　(b) 纹理分析　　　　　　(c) 养殖专题提取

图 7.5　基于空间结构分析的养殖区提取

（厦门海湾；初佳兰等，2008）

基于空间结构分析的养殖区识别,适用于近海水产养殖地的自动提取,而不适用于内陆水产养殖地,因为后者在空间上的分布孤立,板块小,与其他农用坑塘水体的空间类似,其空间结构分析的结果宜作为遥感图像识别的辅助。

5) 基于面向对象的信息提取

面向对象的图像分析其主要思想是:首先将图像分割成具有一定意义的影像对象,然后综合运用地物的光谱特征、纹理、形状、上下文及邻近关系等相关信息,在最邻近法和模糊分类思想的指导下,确定分割对象所属类别,得到精度比较高的遥感影像分类结果。

对于养殖区分布的提取,面向对象的图像分析方法包括多精度图像分割、面向对象的水陆划分和非养殖水域剔除三个基本步骤。首先,使用多精度图像分割对原始图像进行分割以获得分割图斑,并计算各个图斑的特征为后继分析服务;其次,根据遥感图像中水域的辐射特性进行水陆分割;接着根据图斑的光谱、形状及空间特征提取出面状、线状非养殖水域部分;最后在水陆划分得到的水域全图的基础上剔除以上提取的面状水系和线状水系得到最后养殖水域提取结果。

面向对象的图像分析将处理的对象从像元过渡到了图斑的对象层次,更接近人们观测数据的思维逻辑,更利于知识与规则的融合。在很多情况下,面向对象的遥感影像分析方法会比基于像元的分析方法取得更好的效果。此外,采用面向对象技术,在解决常规图像分类时的"椒盐"噪声效应、结果的可解释性上有很大优势,因此在高分辨率图像信息提取中能够发挥更大的作用。

谢玉林等(2009)利用该方法,对珠江口养殖区域进行了提取,验证该方法在水产养殖区提取上的可行性。关学彬等(2009)采用该方法对海南省文昌地区的水产养殖区进行监测,取得了理想效果。孙晓宇等(2010)采用该方法,利用多时相遥感数据对珠江口海岸带地区水产养殖场的变化进行了提取。

3. 讨论

养殖用地类型与其他水体具有非常相似的光谱特征,常规多光谱遥感只能提供大于100 nm 分辨率的间断波段信息,而高光谱遥感有足够的光谱分辨率对那些具有纳米级诊断光谱特性的地表物体进行区分。谱像合一技术是高光谱遥感的显著特点,在对目标地物成像的同时,每一个像素都获得了几十至几百个连续光谱的覆盖,使其图像同时具有空间、辐射和波谱的信息。因此利用高光谱数据来研究和分析水产养殖区域,尤其是对养殖水体污染(赤潮、水质等)的监测,将是今后研究的重点之一。

随着遥感技术和计算机技术的发展,针对水产养殖专题信息的提取方法不断涌现。人工智能、非线性理论的引入,使遥感信息计算机提取技术具有了自学习和智能化的特点,有着广泛的应用前景。专家系统的应用是遥感信息提取的一个重要的研究方向,它采用人工智能语言将某一领域的专家分析方法或经验,对地物的多种属性进行分析、判断,从而确定各地物的归属,实现遥感图像的智能化解译和信息获取。不同信息提取方法各有优劣,单纯利用其中某种方法已经不能满足高精度提取要求,如何综合运用多种方法的优点,扬长避短,将其应用于水产养殖专题信息的提取上,将是今后研究的重点之一。

7.4　水产养殖区适宜性评估与决策支持系统

　　水产养殖区适宜性就是对某个地区是否适宜发展水产养殖及其适宜程度如何,进行综合评定,是养殖资源利用和发展规划的主要依据。长期以来,传统的水产养殖适宜性评价大都是采用定性和经验方式进行,定量分析不够,存在一定的局限性。因此,在决策中模糊的判断较多,主观成分较大。遥感技术可以提供更加宏观并且快速实时的方法来帮助养殖场选址、决定养殖品种和养殖密度、养殖水体污染(赤潮、水质等)监测,涉及范围包括海洋、海岸带、内陆水域大水面的养殖、增殖等方面。近年来,国内外学者把模糊数学、多元统计等方法和遥感、地理信息系统等手段引入到资源评价中,通过建立综合评价指标体系和大量的信息处理,得出比较客观反映实际情况的评价结果,有效地克服了以往经验式的评价弱点。

1. 选取评价因子

　　评价因子的选择是进行水产养殖资源适宜性评价的关键。因子是否具有较好的代表性,将会影响评价的整个过程及最终结果。要获取科学系统、实用性高度统一的评价成果,遵循一定的评价原则是实现这一目标的前提。目前,水产养殖适宜性评价还没有通用的原则,借鉴了FAO《土地评价纲要》中对土地的评价原则:

　　(1) 主导性原则,选择对资源利用方式有较大影响的因子。

　　(2) 差异性原则,选取的因子在评价区域内的差异应较大。

　　(3) 稳定性原则,选取的评价因子在时间序列上应具有相对的稳定性,因此评价的结果能够有较长的有效期。

　　(4) 因地制宜原则,所选因素应当与当地的资料技术水平相协调,充分利用当地现有的资料,选取评价因子应与评价区域的大小有密切的关系,应采用最接近的现势性较好的数据。

　　针对不同的生境区域,评价因子选择的侧重有所不同。

　　对于海水养殖而言,利用遥感技术可以监测海洋温度场分布、洋流、叶绿素分布状况、沿岸居民点分布可能带来的污染、可能形成的赤潮区域等,结合地理信息系统的地理属性可形成决策系统。同时,遥感信息可提供潮间带宽度、潮间带的底质类型、环境交通状况、人文情况、邻近海域污染情况等信息。依据这些信息与滩涂水产养殖有关的参数可更好地对滩涂养殖的选址、养殖品种、劳动力成本等进行评估。

　　对于内陆水域大水面水产养殖来说,遥感技术可以测定水域形态、周长、水体面积、水生植物分布及数量、富营养化及污染情况、已有网箱养殖位置及分布、叶绿素总量及初级生产力评估。依据大水面的河道出入口可以推断、评估水体的营养来源、水质变化的原因等,同时遥感技术可以很方便地监测破坏渔业生产的污染源等等。水产增养殖可以依据上述遥感方法测得的数据对项目进行决策、评估,以确定选址、选种、资金投入等内容。Bryan L. Duncanu 在 1991 年曾给出如下一些水产养殖选址的有关因素。

1）微咸水/潮汐区

（1）场地接近感潮区，包括影响盐渍化状况与潮汐类型；上游工业造成的潜在污染可能性。

（2）地形，包括影响感潮河段的程度；决定所需开挖土方的多少与挖掘形式。

（3）区域的形状与大小，包括确定池塘的可能性（如红树排布宽度）；确定池塘的大小、数目与外形；对建议方略或要求的方法提出建议。

（4）植被类型与范围，它提供下列各项的直接指示：潮差；地形；土壤特征。

（5）有效水数量，它局部取决于：潮汐特征；感潮水道的长、宽、深。

（6）有效水的质量，如受来自河口附近流向影响的盐渍度，以及降雨方式；悬浮物质数量，它可指示沉积物积累速率与肥力。

（7）区内基础设施，如道路、村落等的接近程度。

（8）区内现有池塘、自然水体等的接近程度。

2）内陆河流区域

（1）地形，它影响所需供水类型与池塘设计。

（2）分水岭覆盖度，它影响表面径流与河边流量的数量与质量。

（3）土壤类型，其中主要考虑持水能力，而无过量渗漏。

（4）排水类型。

（5）季节性洪水。

（6）现在土地利用。

（7）道路、村落和其他基础设施的接近程度。

3）自然水库（如湖泊、牛轭湖等）

（1）存在与位置。

（2）面积。

（3）深度与水底形状。

（4）形状/海岸边线轮廓——笼养、围栏等保护区。

（5）水的肥力——影响水产养殖生产的成本。

（6）水循环方式。

（7）水生植被——可能干扰水产养殖活动。

2. 评价的流程

“发展的适宜性”和“管理框架”可以两个层次看：第一个层次仅涉及对开展水产养殖本身的要求；第二个层次是在土地和水资源其他用途背景中的水产养殖。对于发展和管理任务，在 GIS 平台内对有关具体标准的所有来源的空间和特征数据进行处理和分析，以便做出决策。结果以数据库、地图和文件方式报告。

从地理角度看，信息的三个宽泛分级对海水养殖发展和管理至关重要：①环境对准备养殖的动植物的适宜性；②环境对养殖构造的适宜性；③进入。进入是最宽泛和最复杂的。进入需要考虑行政管辖权以及底基、底层、水体、水面和土地(后者为确定岸上支持设施或陆基海水养殖)的竞争利用情况。还要检查支持养殖地点的成本(按时间和距离)以及养殖产品的市场分布。地理信息系统不是脱离经济的。相反，在其由经济专家参与并按经济学条件解释时，基于地理信息系统的研究将提供最有用的结果。评价的流程图如图 7.6 所示。

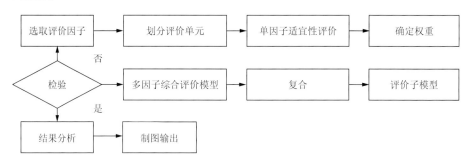

图 7.6　水产养殖区适宜性评估

3. 多标准评价

基于 GIS 的多标准评价(MCE)涉及地理数据的利用、决策者的偏好、数据整合以及根据具体决策规则的参考选择。过去十年中，在 GIS 环境中实施了大量多标准方法，包括加权线性组合(WLC)、理想点方法、一致性分析、层次分析法(AHP)、分析网进程(ANP)和指令加权平均(OWA)。在这些程序中，WLC 和布尔覆盖运算被认为是最直接的，并作为决策支持工具在传统上占据 GIS 利用的主导地位(Malczewski，1999；Malczewski，2006)。

在加权线性组合中，标准被定型到共同数值范围，然后按加权平均结合。加权线性组合的结果是适宜性地图，然后通过一个或多个限制掩饰，最终产生加阈值的最后决定。在布尔程序中，将所有标准归纳为适宜性逻辑语言，然后通过一个或多个逻辑运算符结合，例如交叉(AND)和合并(OR)。指令加权平均(OWA)模块提供了常用的线性加权组合方法的有趣替代，以聚集多重标准。通过改变因素的重要性，特别是顺序位置，可将解决办法纳入最后模式中在因素和风险规避之间调整权衡水平。加拿大安大略省锡达河流域发展管理战略将多标准决策分析和 GIS 纳入其中，可以处理涉及的现实世界环境管理问题。马尔茨斯基(Malczewski，2006)介绍了一个有趣的执行 OWA 的做法。

4. 决策支持系统

"决策支持系统"是指一个互动、基于计算机的系统，其处理并展示空间数据，以支持有根据的和客观的，并在某些情况下参与式的决策。"模式"是现实的一种简化表示，用来模拟现实进程，了解情况，预测结果或分析问题。通过消除偶然细节以及允许现实世界的一些基本方面的出现或被测试，该模式可以被看作是一个选择性的逼近(FAO，2006)。

鉴于渔业和水产养殖从根本上是空间的分配，因此负责任的管理需要对潜在的空间问题有深入的认识。地理信息系统(GIS)和遥感提供了水生资源及其环境、渔业管理单位、生产系统等的绘图技术,可以支持决策过程。从组织和实施的角度看,很明显,海洋渔业和海水养殖需要共同环境和经济数据,许多物种既被养殖也被捕捞。此外,海水养殖和渔业的空间分析程序是相同或相似的。从用于阈值的属性数据的角度来分析,需要①目前正在养殖或有海水养殖潜力的物种的生物物理需求的信息整合;②养殖结构的物理环境要求;③生物经济模式。

　　GIS 应用的最高目标是空间决策支持,而空间决策支持的核心必然是空间分析。水产养殖决策支持系统实施的关键在于:社会经济数据的增加使用、定制工具的开发和利用其他领域采用的/创建的决策支持系统,以更好处理水产养殖的具体决策问题。国外在应用 GIS 进行水产养殖和海洋保护的决策支持方面已经有许多成功的案例。在软件方面,多数展示 GIS 应用的文件依赖:ArcView、Idrisi 和 MapInfo 以及这 3 个软件提供的决策支持工具。

参 考 文 献

初佳兰,赵冬至,张丰收,等. 2008. 基于卫星遥感的浮筏养殖监测技术初探——以长海县为例. 海洋环境科学, 27(2):35-40.

褚忠信,翟世奎,孙革,等. 2006. 遥感监测的黄河三角洲平原水库及水产养殖场面积变化. 海洋科学,30(8): 10-12.

樊建勇,黄海军,樊辉,等. 2005. 利用 RADARSAT-1 数据提取海水养殖区面积. 海洋科学,29(10):44-47.

宫鹏,牛振国,陈晓,等. 2010. 中国 1990 和 2000 基准年湿地变化遥感. 中国科学(地球科学),40(6):768-775.

关学彬,张翠萍,蒋菊生,等. 2009. 水产养殖遥感监测及信息自动提取方法研究. 国土资源遥感,21(2):41-44.

匡霞,陈贻运,戴昌达. 1986. 专家系统在 TM 图像分类中的应用. 环境遥感,4(4):257-266.

黄其泉,王立华. 2002. 遥感技术在水产养殖规划中的应用研究. 中国渔业经济,(5):27-28.

李俊杰,何隆华,戴锦芳,等. 2006. 基于遥感影像纹理信息的湖泊围网养殖区提取. 湖泊科学,18(4):337-342.

李新国,江南,杨英宝,等. 2006. 太湖湖泊利用与网围养殖的遥感调查与研究. 海洋湖沼通报,(1):93-99.

联合国环境规划署第八次生物多样性公约会议. 2003. 内陆水域生态系统生物多样性快速评估方法和准则的专家会议报告. 蒙特利尔.

詹姆斯·麦克纳德·凯匹特斯基,阿塞·阿拉尔·曼加雷兹. 2009. 海水养殖发展和管理的地理信息系统、遥感和制图. 联合国粮农组织渔业技术论文 No.458. 罗马.

林桂兰,孙飒梅,曾良杰,等. 2003. 高分辨率遥感技术在厦门海湾生态环境调查中的应用. 台湾海峡,22(2): 242-247.

罗国芝. 2007. 水产养殖规划环境影响评价研究. 同济大学博士学位论文.

马鸣远. 2006. 人工智能与专家系统导论. 北京:清华大学出版社.

马艳娟,赵冬玲,王瑞梅,等. 2010. 基于 ASTER 数据的近海水产养殖区提取方法. 农业工程学报,26(S2): 120-124.

彭望,白振平,刘湘南,等. 2005. 遥感概论. 北京:高等教育出版社.

沈国英,黄凌风,郭丰,等. 2010. 海洋生态学(第三版). 北京:科学出版社.

石瑞花,许士国. 2008. 河流生物栖息地调查及评估方法. 应用生态学报,19(9):2081-2086.

苏伟,李京,陈云浩,等. 2007. 基于多尺度影像分割的面向对象城市土地覆被分类研究——以马来西亚吉隆坡市城市中心区为例. 遥感学报,11(4):521-530.

孙晓宇,苏奋振,周成虎,等. 2010. 基于 RS 与 GIS 的珠江口养殖用地时空变化分析. 资源科学,32(1):71-77.

王静,高俊峰. 2008. 基于对应分析的湖泊围网养殖范围提取. 遥感学报,12(5):716-723.

吴岩峻，张京红，田光辉，等. 2006. 利用遥感技术进行海南省水产养殖调查. 热带作物学报，27(2)：108-111.

谢玉林，汪闽，张新月. 2009. 面向对象的海岸带养殖水域提取. 遥感技术与应用，24(1)：68-72.

杨英宝，江南，殷立琼，等. 2005. 东太湖湖泊面积及网围养殖动态变化的遥感监测. 湖泊科学，17(2)：133-138.

詹秉义. 1995. 渔业资源评估. 北京：中国农业出版社.

张健挺，邱友良. 1998. 人工智能和专家系统在地学中的应用综述. 地理科学进展，17(1)：44-51.

章守宇，汪振华. 2011. 鱼类关键生境研究进展. 渔业现代化，38(5)：58-65.

周小成，汪小钦，向天梁，等. 2006. 基于 ASTER 影像的近海水产养殖信息自动提取方法. 湿地科学，4(1)：64-68.

Assessment M M E. 2005. Ecosysems and Human Well-Being：Scenarios. Washinton DC：Island Press.

Benaka L R. 1999. Fish habitat. Essential fish habitat and rehabilitation. Bethesda，MD，USA：American Fisheries Society.

Bethea D M，Hollensead L，Carlson J K. 2006. Shark nursery grounds and Essential Fish Habitat studies. In：Highly Migratory Species Office. Gulfspan gulf of Mexico-FY06：Report to NOAA Fisheries.

Bond A B，Stephens J S，Pondella D J，et al. 1999. A method for estimating marine habitat values based on fish guilds，with comparisons between sites in the Southern California Bight. Bulletin of marine science，64(2)：219-242.

Canada F F A O. 1997. An approach to the establishment and management of Marine Protected Areas under the Ocean Act. Canada：Communications Directorate，Fisheries and Oceans Canada.

FAO. Aquaculture production 1998-General notes：The definition of aquaculture (p. 3). FAO Year Fish Stat. Aquacult. Prod. 2000(86/2)：169.

FAO. 2006. Glossary of Aquaculture. Rome. http：//www. fao. org/fi/glossary/aquaculture/.

J S，J E. 1990. Geographic Information Systems：An Introduction. New Jersey：Prentice hall englewood cliffs.

Kapertsky J M，Travaglia C. 1994. Geographical information systems and remote sensing an overview of their Present and Potential applications in aquaculture：Proceedings of infofish-aquatech'94 international conference on aquaculture，Colombo，Sre Lanka.

Lange M. 2003. What is essential in fish habitat? Environmental Biology of Fishes，66(1)：99-101.

Langton R W，Steneck R S，Gotceitas V，et al. 1996. The interface between fisheries research and habitat management. North American Journal of Fisheries Management，16(1)：1-7.

Lena Bergström，Samuli Korpinen，Ulf Bergström，et al. 2007. Essential fish habitats and fish migration patterns in the North-ern Baltic Sea. BALANCE Interim Report No. 29.

Lenihan H S，Peterson C H. 1998. How habitat degradation through fishery disturbance enhances impacts of hypoxia on oyster reefs. Ecological Applications，8(1)：128-140.

Maccall A D. 1990. Dynamic geography of marine fish populations. Seattle，WA：University of Wshington Press.

Malczewski J. 1999. GIS and Multicriteria Decision Analysis，Wiley，New York.

Malczewski J. 2006. Integrating multiple-criteria analysis and geographic information systems：the ordered weighted averaging (OWA) approach. Int. J. Environmental Technology and Management，6(1/2)：7-19.

McDaniel S. 2004. Essential Fish Habitat：Building a Barrier to Affordable Housing. J. Land Use & Envtl. L.，20：159.

National Fish Habitat Action Plan. http：//www. nbii. gov/termination/index. html.

Nishida T，Fisher B，Srivastava S，et al. 2005. Application of Gis and Remote Sensing Technologies in Inland Fisheries Mangement and Planning in Asia：Seminar on inland fisherise management. New Delhi，India.

NMFS (National Marine Fisheries Service). 1999. Essential Fish Habitat：New Marine Fish Habitat Conservation Mandate for Federal Agencies. St. Petersburg，FL："Habitat Conservation Division，Southeast Regional Office".

NMFS (National Marine Fisheries Service). 1997. Framework for the description，identification，conservation and enhancement of essential fish habitat. USA：National Marine Fisheries Service，National Oceanographic and Atmospheric Administration.

OCAPBA (Operations Criteria and Plan Biological Assessment). 2008. Biological Assessment on the Continued Long-term Operations of the Central Valley Project and the State Water Project. In: Chapter 16: Essential Fish Habitat Assessment. U. S. Sacramento, California: Department of the Interior Bureau of Reclamation, Mid-Pacific Region.

Rosenberg A, Bigford T E, Leathery S, et al. 2000. Ecosystem approaches to fishery management through essential fish habitat. Bulletin of Marine Science, 66(3): 535-542.

Rouse JW, Haas RH, Schell JA, et al. 1973. Monitoring Vegetation Systems in the Great Plains with ERTS: Third ERT Symposium. http://www. habitat. noaa. gov/protection/efh/index. html.

Valavanis V D, Pierce G J, Zuur A F, et al. 2008. Modelling of essential fish habitat based on remote sensing, spatial analysis and GIS. Hydrobiologia, 612 (1): 5-20.

第8章 渔业灾害遥感监测预警技术

近30年来,随着我国经济的高速增长,我国近沿海海域或大型水体污染程度持续增加,富营养化严重,污染事故和海洋灾害事故频发。其中赤潮、浒苔、蓝藻、溢油等均对渔业资源或渔业捕捞生产造成严重的破坏和影响,常常使得渔业生物资源大量死亡,甚至产生有毒物质,进而影响到水产品的食用安全。如我国赤潮平均每年发生20多次,2001年和2002年赤潮发生次数分别高达77次和79次,赤潮的影响范围和持续时间都不断扩大,每年造成的渔业经济损失达数亿元。因此,应用遥感等信息技术进行渔业灾害的监测及预警研究是十分必要的。本章主要综述分析了前人的相关研究成果,以期能为渔业灾害的监测预警和减灾防灾提供技术参考。

8.1 赤 潮

1. 赤潮及其类型

赤潮是指局部海区(特别是内湾、浅海区)的某些微小生物(包括浮游植物、原生动物或细菌等)异常增殖,高度聚集以致海水变色和恶化的异常海洋生态现象(江航宇,2000a;陈琴等,2002;李绪兴,2006)。赤潮可以呈现出不同颜色,除了最常见的红赤色之外,还有粉红色、茶色、土黄色、灰褐色、绿色等,其颜色主要取决于形成赤潮的浮游生物优势种。不同海区引发赤潮的生物也不同,据统计,世界上的赤潮生物约有50属,150种,而分布在我国的赤潮生物约有20属,60余种,主要有夜光藻属、骨条藻属、束毛藻属、裸甲藻属等(江航宇,2000b;袁美玲和李岩,2010)。

我国常见的引发赤潮的生物种类如图8.1所示,形成赤潮的标准是按藻类的种类及细胞大小而异,如大型的鞭毛藻(体长约30 mm),当海域中细胞数量达1 000个/mL以上,或叶绿素a浓度达50 mg/L以上,均可认为已形成赤潮(陈琴等,2002)。形成赤潮的生物量与赤潮生物体大小密切相关,赤潮生物个体小,达到赤潮所要求的生物量大,反之则小。

赤潮一般可分为有毒赤潮与无毒赤潮两类。有毒赤潮是指赤潮生物体内含有某种毒素或以能分泌出毒素的生物为主形成的赤潮。有毒赤潮一旦形成,会对赤潮区的生态系统、海洋渔业、海洋环境以及人体健康造成不同程度的毒害。无毒赤潮是指赤潮生物体内不含毒素,也不分泌毒素的生物形成的赤潮。无毒赤潮对海洋生态、海洋环境、海洋渔业也会产生不同程度的危害,但基本不产生毒害作用。国际上把造成危害的藻华(algal bloom)称之为有害藻华(harmful algal blooms),简称之为HAB(袁美玲和李岩,2010)。

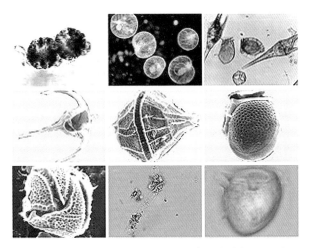

图 8.1　几种常见的引发赤潮的生物(福建省海洋与渔业厅，2010)

2. 赤潮的成因

赤潮是一种复杂的生态异常现象,发生的原因也较复杂。关于赤潮发生的机理虽然至今尚无定论,但赤潮发生的首要条件是赤潮生物增殖要达到一定的密度,否则,尽管其他因子都适宜,也不会发生赤潮。

海水富营养化是赤潮发生的物质基础和必要条件。由于城市工业废水和生活污水大量排入海中,使营养物质在水体中富集,造成海域富营养化。此时,水域中氮、磷等营养盐类;铁、锰等微量元素以及有机化合物的含量大大增加,促使赤潮生物的大量繁殖(符文侠和黄文祥,1994)。水文气象和海水理化因子的变化也是赤潮发生的重要原因。海水的温度是赤潮发生的重要环境因子,20～30℃ 是赤潮发生的适宜温度范围,盐度在 26‰～37‰的范围内均有发生赤潮的可能。温、盐跃层的存在为赤潮生物的聚集提供了条件,也易诱发赤潮。由于通流、涌升流、水团或海流的交汇作用,使海底层营养盐上升到水上层,造成沿海水域高度富营养化,进而容易引发赤潮。据监测资料表明,在赤潮发生时,海域多为干旱少雨,天气闷热,水温偏高,风力较弱,或者潮流缓慢等水域环境(符文侠和黄文祥,1994;陈琴等,2002;李绪兴,2006)。

此外,海水养殖的自身污染亦有可能会诱发赤潮。在对虾养殖中,人工投喂大量配合饵料及鲜活饵料,一方面,由于养殖技术陈旧和不完善,往往造成投饵量偏大,池内残存饵料增多,严重污染了养殖水质;另一方面,由于虾池每天需要排换水,所以每天都有大量污水排入海区,又使沿岸海水变成富营养化。这样便为赤潮生物提供了适宜的生态环境,使其增殖加快。

3. 赤潮对渔业的影响

赤潮破坏海洋生态平衡,影响海洋环境质量。通常海区发生赤潮时,赤潮生物大量覆盖在整个海面上,阻碍氧气的交换,造成海洋生物缺氧死亡;有些赤潮生物能黏附在部分鱼虾鳃上,阻碍呼吸,导致海洋生物窒息死亡;有些则因藻类细胞上的钩刺而造成机械损伤;也有些赤潮生物能分泌毒素,直接毒死海洋生物;更为严重的是赤潮生物死亡之后分解,导致局部水体缺氧,并有大量的有毒物质 H_2S、氨等出现。因此每次赤潮都会给海洋生态系统特别是海洋渔业造成严重的破坏(江航宇,2000;陈琴等,2002;林位琅,2002;李绪兴,2006;张波涛,2004)。

赤潮使海洋渔业、养殖业减产或绝收,造成严重的经济损失。藻类作为浮游动物的饵料,浮游动物又作为鱼虾的饵料。而赤潮的发生是有害的藻类爆发性繁殖,并成为优势种,作为饵料的有益的藻类(如硅藻)受到了抑制。另外大量的赤潮生物遮蔽海面,影响海洋生物的光合作用,导致一些生物逃避甚至死亡,破坏了原有的生态平衡,进而影响到海洋中正常的食物链,造成食物链中断,从而造成鱼虾类减产(李绪兴,2006)。据统计,能引起鱼、贝类死亡的有害赤潮生物有 80 多种(我国有 30 余种),主要是甲藻类的裸甲藻、膝沟藻、夜光虫及金藻中的三鞭金藻等。硅藻类赤潮很少对鱼类和贝类造成危害,但春季有时在紫菜养殖区,硅藻赤潮几乎消耗尽水体中的全部营养盐,从而造成了紫菜变色以至于失去商业价值。

赤潮对苗种繁殖的危害相当严重。在对虾育苗期间,如遇到赤潮,虾卵在此水体中卵膜有加厚现象,卵内常有异常颗粒,通常只能发育到原肠期或肢芽期,虾卵的畸形率在 $30\%\sim60\%$,有时超过 90%,幼体也常常大量死亡。束毛藻赤潮对坛紫菜壳孢子的附着、萌发及生长的影响也非常大(江航宇,2000a;李绪兴,2006)。赤潮可引起各种养殖鱼类、虾类病容的增加和流行。这是由于在赤潮后期,赤潮生物死亡分解,导致水体中的有机物和细菌增加,促进各种病菌的大量孳生繁殖,加上各种养殖鱼类、虾类经过赤潮后身体虚弱,抵抗能力差所致(江航宇,2000)。赤潮会使渔场遭到破坏。大规模有害赤潮的发生,不仅可改变海水的酸碱度,还会严重破坏海域的饵料基础,使海洋生物的索饵场发生变动,造成鱼群活动分散,鱼群洄游路线改变,渔场遭到破坏,降低捕捞产量(张波涛,2004)。赤潮会形成鱼、贝类毒素,危及人体健康甚至是生命。少数赤潮生物,在其自身代谢过程能产生一种麻痹性贝毒,这些贝毒能通过食物链转移到贝类的体内并形成累积,人们不慎食用这些毒贝就会中毒(江航宇,2000)。含有挥发性赤潮霉素的雾气能刺激人的呼吸道,会产生气管抽搐等不良反应。赤潮发生期间,气溶性赤潮毒素引起的呼吸系统麻痹和其他神经中毒症状也会导致海洋哺乳动物和海洋鸟类的死亡(张波涛,2004)。

4. 赤潮遥感监测预警的原理及方法

赤潮爆发海域的海水伴有颜色异常现象,赤潮发生时,浮游生物的过度繁殖或高度聚集导致水体光学信号的改变。一般情形下,在赤潮水体地物光谱曲线中,位于 $440\sim460$ nm 和 $650\sim670$ nm 处的光谱吸收峰由叶绿素的吸收所致(图 8.2),$685\sim710$ nm 处的反射峰是赤潮水体的特征反射峰(马毅,2003)。赤潮爆发海域浮游植物的富集导致水体叶绿素浓度异常地增高,而高叶绿素浓度水体的光谱曲特征表现为 $400\sim500$ nm 范围内的吸收峰、$650\sim670$ nm 范围内的吸收峰和 $685\sim710$ nm 范围内的荧光峰。但是,红色中缢虫赤潮水体的光谱曲线例外。以上特征为赤潮光学遥感检测提供了光谱条件。赤潮水体与正常水体的地物光谱曲线形状在 700 nm 左右有所不同(图 8.3),差异表现在是否存在中心波长大于 685 nm 的荧光峰,即赤潮水体的特征反射峰(Hoogenboom,1998;赵冬至,

2000；Tingwei et al.，2002）。赤潮水体光谱曲线的叶绿素荧光峰明显不同于正常水体，该荧光峰不仅具有光谱反射率高的现象，而且其位置随着叶绿素浓度的增高逐渐向长波方向偏移。

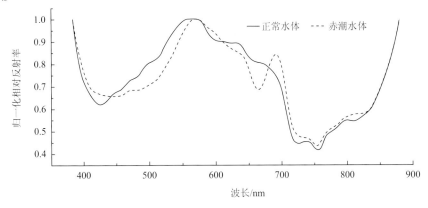

图 8.2　归一化航空高光谱反射率曲线（马毅，2003）

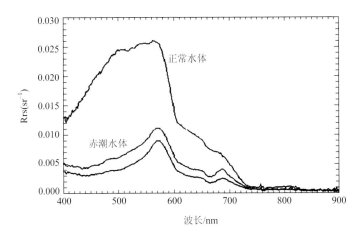

图 8.3　赤潮水体与正常海水的光谱曲线（丘仲锋，2006）

　　因此，光学遥感自然而然地成为赤潮监测的手段。另外，可见光对水体具有一定的穿透能力，而且海水中浮游植物、悬浮物和有机溶解物质对光具有吸收和散射作用，使得光学遥感器接收的海水信号——离水辐亮度包含了如上组分的贡献，于是组分浓度的遥感反演成为可能。而赤潮水体中浮游植物的高度繁殖或聚集，导致海水叶绿素浓度异常高，为赤潮光学遥感探测提供了有别于正常水体的地物组成条件（马毅，2003）。

　　随着遥感技术在最近几十年的迅猛发展，航空遥感和卫星遥感在赤潮监测中扮演着愈来愈重要的角色。航空遥感具有机动灵活、空间分辨率高、光谱分辨率高、受大气的影响小等优点，由于赤潮现象具有突发和持续时间短等特性，更加凸显了航空遥感在近岸海域环境的监测优势（图 8.4）。卫星传感器获取遥感资料的光谱分辨率、空间分辨率和时间分辨率显著提高，利用卫星遥感技术定量探测目标地物的能力和精度得到不断提高。

卫星遥感具有大面积、同步、成像相对廉价；灵敏度高、信噪比高、光谱分辨率高、时空分辨率高、动态范围宽、波段数目较多甚至是超光谱的优势和特点。高光谱遥感技术具有纳米级的光谱分辨率，将传统的图像维与光谱维信息融合为一体，在获取地表空间图像的同时，得到每个地物的连续光谱信息，从而实现依据地物光谱特征的地物识别。该技术不仅可以检测赤潮的发生，而且使赤潮生物优势种识别和赤潮生物量分布特征探测成为可能（马毅，2003）。

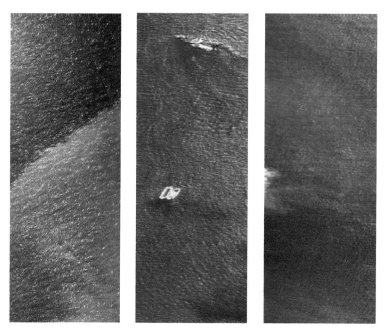

图 8.4　夜光藻、丹麦细柱藻和红色中缢虫赤潮航空高光谱假彩色合成图（马毅，2003）

充分利用船基现场监测、航空遥感和卫星遥感等现代科技手段，对海洋生态环境特别是水体污染较重、养殖密度高、赤潮频发的海区，进行全面的监测，并对赤潮形成机理进行研究，逐步掌握赤潮发生前期、旺盛期、消亡期的变化规律，从而构建覆盖沿海的立体式的赤潮监视、监测和预警系统，及时做好赤潮的预测、预警工作，并能够根据赤潮生物种类、发生面积大小，及时通知政府部门采取相应的措施，减少经济损失（江航宇，2000；马毅，2003）。

5. 遥感技术在赤潮监测中的应用

赤潮卫星遥感监测技术，大致可归纳为单波段赤潮遥感技术、多波段赤潮遥感技术和数值模拟法遥感技术（黄韦艮等，2002）。

单波段赤潮遥感技术的主要理论依据是赤潮生物细胞颗粒对入射光有较强的散射作用。赤潮发生时，高浓度的赤潮生物悬浮在表层海水中，使赤潮水体的反射率高于正常海水。1974 年，Strong 提出了利用陆地卫星多光谱扫描仪（multispectral scanner，MSS）第 6 波段数据探测赤潮的单波段赤潮遥感（Strong，1974）。1987 年 Groom 和 Holligan 利用该概念建立了 NOAA 卫星 AVHRR（advanced very high resolution radiometer）影像波段的赤潮遥感模型(Groom and Holligan,1987),其表达形式为 $R>C$,其中 R 和 C 分别为 AVHRR 第 1 波段的反射率和阈值。对应于 AVHRR 第 1 波段的遥感图像,赤潮水体的反射率通常高于清洁海水,但要低于悬浮泥沙水体。该技术已成功应用于波罗的海蓝绿藻和颗石藻等赤潮的监测。Steven 等(1989)用 NOAA-10 通道 1 的可见光图像显示了缅因湾的藻华范围,并指出藻华运动与缅因湾的环流相当一致。该技术的弱点是无法区分赤潮和非赤潮水体引起的高反射率,因此,不能应用于两类水体的赤潮监测。

国外已开发的多波段赤潮遥感技术包括双波段比值法遥感技术(Tassan,1993)、归一化植被指数法遥感技术(Prangsma and Roozekrans,1989)和多波段差值比值法遥感技术(Gower,1994)。1983 年 Holligan 等根据 Nimbus-7 卫星 CZCS(coastal zone color scanner)遥感器的水体光谱特征,提出了赤潮遥感双波段比值模型,其表达式为 $R1/R3>C$,其中 $R1$ 和 $R3$ 为 CZCS 第 1 和第 3 波段的反射率,C 为阈值。Stumpf 和 Tyler 则于 1988 年开发了 AVHRR 第 1 波段和第 3 波段的双波段比值模型,其表达式为 $R1/R3>C$,C 为阈值。此后该技术在一些近岸海域进行了使用。该技术的理论依据是水体中叶绿素 a 在红光波段有一吸收峰,随着叶绿素浓度的增加,从水体中出射的红光将减少,而近红外波段水体的反射率基本上不受色素吸收影响,故双波段反射率的比值 $R1/R3$ 能够反映叶绿素浓度的信息。因此,双波段比值模型能够反映叶绿素浓度的分布情况。但该技术在悬浮泥沙浓度较大的海域不适用,而且只能探测那些与叶绿素浓度密切相关的赤潮。归一化差值植被指数(NDVI)是陆地遥感中用以表征地表绿色植物的发育程度和健康状况的目标参数。20 世纪 80 年代,归一化差值植被指数模型用于赤潮遥感监测。由于清洁水体在近红外波段的反射率接近为 0,所以 NDVI 在一般情况下小于 0,而当 NDVI 大于 0 时,表明海水表层有高浓度的浮游藻类聚集。因此,应用 NDVI 可以用来监测蓝绿藻等自营养型生物产生的赤潮。

多波段差值比值法遥感技术是基于叶绿素、悬浮泥沙和黄色物质的光谱特性,通过多波段的组合来分离水体的赤潮信息和其他信息。1994 年 Gower 开发了基于 AVHRR 的双波段差值比值模型。随着遥感器 OCTS(ocean colour and temperature scanner)和 SeaWiFS 的升空,该类技术的研究受到了特别的关注,例如,基于 OCTS 数据的东南亚海域赤潮监测计划、欧洲和美国的 SeaWiFS 赤潮监测项目都将多波段差值比值法遥感技术的研发作为其研究的重要内容。图 8.5 是 2001 年 9 月 14 日的 SeaWiFS 的图像对沿朝鲜西海岸(汉城以北)的赤潮监测(Shanmugam et al.,2008)。图 8.5a 是波长为 555 nm(红色)、490 nm(绿色)和 412 nm(蓝色)离水辐射 SeaWiFS 数据,经过彩色合成的图像;图 8.5b 是 SeaWiFS-FPCA(C1)图像,经过主成分分析从 8 波段中获取的关键数据,其中包括近 98% 的信息;图 8.5c 是 SeaWiFS RCA-Chl 影像从 SSMM 获得(相对单位);图 8.5d 是 SeaWiFS OC4-Chl 影像,经过一般的大气校正算法获得。但遗憾的是,到目前为止,国外还未开发出实用的多波段差值比值赤潮遥感模型与技术(马毅,2003)。

数值模拟法遥感技术是正在研究中的一类赤潮卫星遥感技术(Cullen et al.,1997)。该技术基于纯海水、浮游植物、悬浮泥沙和黄色物质的吸收和散射光谱特性,利用辐射传输方程,模拟卫星接收到的海洋辐射信号,并应用反演模型分离赤潮与其他海洋信息。该技术物理意义明确,很有发展前途。但是,模型的应用需要大量的现场观测资料,反演计

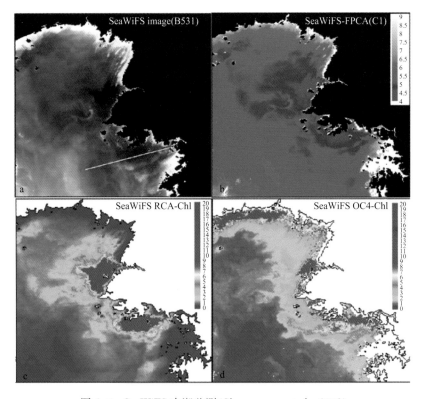

图 8.5　SeaWiFS 赤潮监测(Shanmugam et al. ,2008)

算也比较复杂。国内的赤潮卫星遥感信息提取技术主要是针对遥感器 AVHRR 和 SeaWiFS开发的,大致可以分为水温水色法遥感技术、人工神经网络法遥感技术和多波段差值比值法遥感技术。

　　水温水色法遥感技术(黄韦艮等,1998)是依据赤潮发生时海面温度异常和海水变色的原理而建立的。人工神经网络法遥感技术是通过建立遥感数据与赤潮水体信息的近似映射而完成对赤潮信息的提取的,结果表达的是海水图像像元属于赤潮水体的可能性,因此,计算结果比基于阈值的赤潮信息提取结果更符合实际情况。但人工神经网络法遥感技术的应用需要大量的遥感和现场观测资料样本进行网络参数的学习和训练。国内开发的多波段差值比值法遥感模型是基于 SeaWiFS 的波段设置和赤潮水体的光谱反射特征建立的,不同的差值比值模型又有其不同的适用海区和赤潮类型,适用性和实用性都有待进一步的验证和提高(马毅,2003)。

　　2004 年 11 月中旬,科学家注意到墨西哥湾的赤潮发展,利用 SeaWiFS 对赤潮进行监测。12 月 8 日,已经蔓延到覆盖 400 平方英里[①]。10 月 30 日(图 8.6 右下)和 2004 年 11 月 21 日(图 8.6 左),展示在了佛罗里达州西南部的墨西哥海湾叶绿素浓度,以及 11 月 21 日(图 8.6 右上)的叶绿素荧光图像。叶绿素和最高水平的荧光浓度最高的是红色,绿色和蓝色值较低。

――――――――――

　　① 　1 平方英里≈2.59 km²

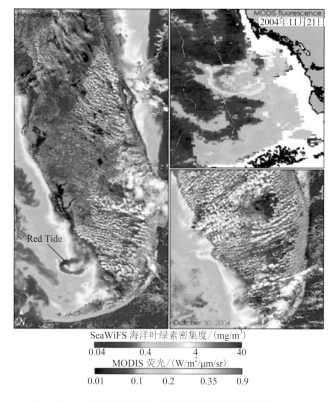

图 8.6　SeaWiFS 监测墨西哥湾赤潮发展（NASA，2004）

赤潮生物量是指赤潮生物在单位水体中的个数。通常，赤潮爆发现场的生物量观测资料来源于水样分析的结果，并以日本学者安达六郎提出的赤潮生物量基准值为参考，判断赤潮生物的密集程度。常规的现场采样方式只能采集若干站位的资料，对面积较大的赤潮海域很难形成生物量分布的整体认识，而遥感手段具灵活机动、大面积和同步的优势，加之高光谱数据的细分光谱特性，使得赤潮生物量空间分布特征提取成为可能（马毅，2003）。

由于浮游植物生物量与叶绿素浓度之间存在正相关关系，依据浮游植物与光谱反射率的关系，在同一个爆发赤潮的海域，当生物量低时，光谱反射率值在蓝光波段和绿光波段相对较高，而在红光波段较低，随着生物量的升高，蓝光、绿光波段的反射率值趋于降低，而红光波段的反射率值迅速升高。这表明，赤潮生物量的变化在赤潮水体吸收和后向散射特性的变化上得到了反映。

赤潮生物优势种类航空高光谱识别模型主要有光谱角度分析模型 SAM（spectral angle mapper）、光谱相关分析模型 SCM（spectral correlation mapper）和支撑向量机器模型 SVM（support vector machine）。

1）光谱角度分析模型 SAM

光谱角度分析法通过计算一个高光谱图像像元光谱与参考光谱之间的"角度"来确定

两者之间的相似性。参考光谱由围隔实验或者现场观测获取。光谱角度分析法通过式(8.1)确定高光谱图像像元光谱 $T=(t_1,t_2,\cdots,t_n)$ 与参考光谱 $R=(r_1,r_2,\cdots,r_n)$ 的相似性(Kruse,1993)。

$$\propto = \cos^{-1}\left[\frac{\sum_{i=1}^{n} t_i r_i}{\left(\sum_{i=1}^{n} t_i^2\right)^{\frac{1}{2}}\left(\sum_{i=1}^{n} r_i^2\right)^{\frac{1}{2}}}\right] \tag{8.1}$$

式中,n 为波段数。光谱角度分析法计算的两个向量之间的角度不受向量本身长度的影响,于是两个光谱之间相似度量并不受增益因素的影响。因此环境噪声的作用反映在同一方向直线的不同位置上。利用这一点,光谱角度分析法可以减弱环境噪声对辐射量的贡献。在应用光谱角度分析法进行光谱匹配识别之前,需要进行高光谱图像像元光谱和地物波谱数据处理工作,包括光谱重采样和光谱曲线低通平滑等。

2)光谱相关分析模型 SCM

光谱相关分析法通过计算一个高光谱图像像元光谱与参考光谱之间的 Pearsonian 相关系数来确定两者之间的相似性(Osmar Abilio de Carvalho Jr and Paulo Roberto Meneses,2000)。参考光谱由围隔实验或者现场观测获取。光谱相关分析法通过式(8.2)确定高光谱图像像元光谱 $T=(t_1,t_2,\cdots,t_n)$ 与参考光谱 $R=(r_1,r_2,\cdots,r_n)$ 的相似性

$$P = \frac{\sum_{i=1}^{n}(t_i-\bar{t})(r_i-\bar{r})}{\sqrt{\sum_{i=1}^{n}(t_i-\bar{t})^2 \sum_{i=1}^{n}(r_i-\bar{r})^2}} \tag{8.2}$$

式中,n 为波段数。光谱相关分析法克服了光谱角度分析法不考虑正负相关而只考虑角度值的缺陷。另外,在应用光谱相关分析法进行光谱匹配识别之前,需要进行高光谱图像像元光谱和地物波谱数据处理工作,包括光谱重采样和光谱曲线低通平滑等。

3)支撑向量机器模型 SVM

SVM 识别模型应用在低维空间不可分,但通过非线性映射,将低维空间变换为高维空间,在高维空间中可以构造最优可分超平面,进而对赤潮生物进行分类与识别(马毅,2003)。

8.2　蓝藻水华

我国是个湖泊众多的国家,现有湖泊中超过 77% 的已经富营养化。湖泊富营养化问题产生了一系列的生态影响,富营养化导致以蓝藻为主的水华,使我国成为世界上水华最严重、水华种类最多,分布最广泛的国家之一(肖迪和赵梦石,2007)。蓝藻是藻类生物,又称蓝细菌或蓝绿藻,一般呈蓝绿色,是地球上最早出现的光合自养生物。已知蓝藻约 2000 种,中国已有记录的约 900 种,分布十分广泛,遍及世界各地,但大多数(约 75%)生活在淡水中,少数分布在海水中。在环境条件适宜时,某些蓝藻能快速生长,当达到一定

生物量时,这些蓝藻在水体表层大量聚集,形成肉眼可见的藻类聚集体,即蓝藻水华(邱雷,2009)。水华又称"水花"或"藻花",是当水体处于富营养状态时,只要具备适当的温度、光照、风浪悬浮等有利于藻类滋生的气象、水文等自然地理条件,就能促使淡水水体中某些蓝藻类过度生长繁殖或聚集并达到一定浓度,引起水体颜色变化,并在水面上形成绿色或者其他颜色的藻类漂浮物的现象。构成水华的蓝藻群体大量滋生后又大量死亡,分解时散发出难以忍受的恶臭,污染空气;同时大量消耗水中溶解的氧气,常造成大批鱼类窒息死亡。更为严重的是,水华中还含有一类名为微囊藻类的毒素,被认为是强烈的致癌物质,直接威胁着人类的健康和生存(杨传萍,2006)。

1. 形成原因

蓝藻水华多发生在夏季 6～9 月,有明显的季节性。温度、光照、水质、营养物质、气候条件等都是其生长的影响因子,当在适宜水温(20℃以上)、有机质含量高,氮含量高,特别是氮磷比大于 7,水体总氮(TN)、总磷(TP)浓度分别在 Ⅴ 类标准浓度值以上,其比值在 1:10 左右时,水体就处在重度富营养化状态(营养状态指数≥70)、较高 pH(范围常为 9～9.2)、适宜的光照强度和光照时间的条件下,蓝藻形成气囊,上浮到水体表面,群体繁殖迅速,这样蓝藻水华就在水面上形成。蓝藻繁殖习性是喜高温、连续阴雨、闷热、弱风的气候条件,蓝藻繁殖对温度很敏感,秋冬季节在水温 17℃ 以下时,蓝藻生长会受到抑制;夏季当水温上升至 28℃ 以上时,蓝藻便会快速生长,高温天气持续越长,蓝藻生长的时间也越长。大量繁殖时形成一层浮膜浮于池塘水的表面,对其他可消化藻类有很大影响,它们死亡后产生毒素易导致鱼类死亡(杨传萍,2006;李好琴,2007;邱雷,2009)。

2. 蓝藻水华对水产养殖的影响

蓝藻的毒素是细胞内毒素,当细胞分解后,毒素就释放到水中。鱼、虾等藻类中毒可分为肝中毒和神经毒素中毒。微囊藻毒素引起的鱼类中毒原因,多数是由于肝出血和低血容量性休克所致,神经毒素中毒引起神经传导受阻,出现肌肉震颤、虚脱、骚动不安、挣扎、厌食、呼吸衰竭而死亡。中毒初期的鱼表现焦躁不安、呼吸频率加快、活动失常、鱼急剧狂游、痉挛、失去平衡、游动急促、方向不定,不久趋于平静,中毒鱼逐渐向背风浅水处集中,受惊后缓慢游向深处,不久又返回。鱼体表分泌大量黏液,胸鳍基部明显充血并逐渐扩展到各鳍基部。随着中毒时间延长,中毒程度的加深。鱼体色变淡,反应越来越迟钝,呼吸频率降低,在水下静止不动,但不浮头,受惊无反应。中毒后期,鱼不浮头,不到水面吞取空气,在平静的麻痹和呼吸困难中死去(李好琴,2007)。

3. 蓝藻水华遥感监测的原理和方法

遥感技术能够提供同一地区多时相、多尺度、多光谱、多平台的观测信息,通过对影像数据的分析与处理,能够快速有效地识别蓝藻及其空间分布,已经成为蓝藻水华监测的重要手段,对分析蓝藻爆发的动态过程有重要意义(林怡等,2011)。蓝藻爆发形成水华后,在外力(如风、水流等)的作用下,大面积积聚,在卫星遥感影像上产生类似陆生植被的光谱特征。目前几乎所有的卫星遥感传感器如 AVHRR、CZCS、SeaWiFS、MERIS、Landsat

TM/ETM、ASTER、MODIS、SAR、Hyperion&.ALI，都能够识别和监测蓝藻水华的空间分布和爆发范围，在时间序列影像数据的支持下，可以发现蓝藻水华的空间分布规律（马荣华等，2008）。

蓝藻水华爆发，水体中叶绿素含量显著升高，导致水体光谱特征发生变化。蓝、红光反射率降低，近红外波段具有明显的植被特征"陡坡效应"，反射率升高，同时荧光峰位置向长波方向移动，通常蓝藻覆盖区域光谱特征与无藻湖面有较为明显差异。段洪涛等（2008）在对太湖蓝藻水华遥感监测方法的研究结果表明，内陆湖泊水体遥感反射率 R_w 是其水体各种物质的综合反映，可由描述水体的固有光学特性参数来反映。除纯水本身外，影响因素大致可分为叶绿素、悬浮物质和黄色物质三类，可以用式（8.3）的简单模型近似描述各种物质对水体反射率的影响。

$$R_w \approx \frac{b_w + b_s + b_p}{a_w + a_s + a_p + a_y} \tag{8.3}$$

式中，R_w 为水面反射率；b_w、b_s 和 b_p 分别为水、无机悬浮物质和藻类物质的后向散射系数；a_w、a_s、a_p 和 a_y 分别为水、无机悬浮物质、藻类物质和黄色物质的吸收系数。各物质的吸收、后向散射系数均可分别写成比吸收系数、比后向散射系数和相应物质浓度的乘积。蓝藻水华爆发，水体中叶绿素 a 含量显著增加。藻华水体叶绿素 a 浓度与 440 nm、680 nm 吸收系数呈正相关关系，水体可见光波段 440 nm、680 nm 反射率减小，吸收峰增加；蓝藻水华水体叶绿素 a 浓度与位于 700 nm 附近的反射峰高度呈正相关关系，也与 690～740 nm 区间的荧光峰位置红移呈正相关关系；同时，近红外波段具有明显的植被特征"陡坡效应"，反射率升高。

4. 遥感技术在蓝藻水华监测中的应用

利用遥感技术监测蓝藻水华具有重要的现实意义。基于不同遥感数据，包括 MODIS/Terra、CBERS-2CCD、ETM 和 IRS-P6uss3，结合蓝藻水华光谱特征，采用单波段、波段差值、波段比值等方法，提取不同历史时期太湖蓝藻水华（段洪涛等，2008）。

1) MODIS 数据

MODIS 数据是美国的中分辨率成像光谱仪获取的遥感影像，有 36 个波段。按照其波段分布特征从可见光到近红外进行了重新排序（图 8.7）。其中，蓝藻选自蓝藻水华带上典型像元，浑浊水体选自太湖水体浑浊水体像元，清洁水体选自东太湖，而植被选自西山岛上典型森林植被像元。在可见光范围内（Band3、4、1），蓝藻水华与混浊水体的光谱特征类似，均在绿光 Band4 波段内形成反射峰，峰值大小没有显著差别，但明显高于清洁水体和植被；在近红外波段（Band2、5、6、7），蓝藻与水体有较大差异，更接近于植被光谱特征，尤其在 Band2（841～876 nm）出现植被的"陡坡效应"，之后形成近红外高台。由于太湖水体范围确定，蓝藻提取过程中可以排除太湖周边及其岛屿植被的干扰，因此如何区分蓝藻与水体，特别是浑浊水体的光谱特征，是利用 MODIS 数据成功提取蓝藻分布信息的关键。

Band 2 是区分蓝藻水华与浑浊、清洁水体最好的波段。可以利用 ENVI 的 Mask 工

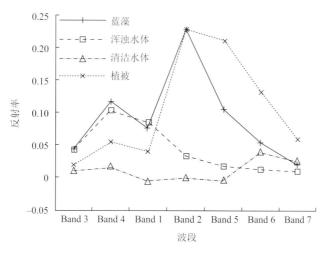

图 8.7　各类典型地物 MODIS 波段光谱特征（段洪涛等，2008）

具，建立阈值，Band2>0.1，提取蓝藻水华。但是由于部分浑浊水体近红外波段反射率相对较高，蓝藻水华光谱易与高浑浊水体混淆，因此仅使用单波段容易扩大或者减小蓝藻信息。同时，由于蓝藻水华在近红外波段高反射，可见光波段低反射；而水体恰好相反，可见光波段反射率较高，而在近红外波段强吸收，因此可以利用近红外与可见光波段比值，区分蓝藻水华和其他水体，从而提取蓝藻。近红外波段与可见光波段比值，通常利用近红外 Band2 与红光 Band1 二者比值区分蓝藻水华和水体。但同样由于高浑浊水体的缘故，Band1/Band1 也不好区分低浓度蓝藻和高浑浊水体。如果使用 Band2/Band4，由于 Band4 是叶绿素的反射峰，该波段水体反射率多明显高于近红外 Band2 波段，Band2/Band4<1；蓝藻由于"陡坡效应"，近红外（Band2）明显高于绿峰（Band4），Band2/Band4>1。因此利用 Band2/Band4，判断比值是否大于 1，可以迅速确定蓝藻水华。

图 8.8 是由江苏省测绘局组织实施的太湖蓝藻水华遥感动态监测预警系统制作的蓝藻监测图，该系统主要基于 MODIS 影像，具有从 MODIS 原始影像读入、裁剪、几何校正、常规处理，到蓝藻浓度反演模型选择、浓度反演、分析处理、统计表达及预警等功能，是一个高效的基于遥感影像的太湖蓝藻动态监测预警系统。

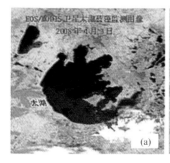
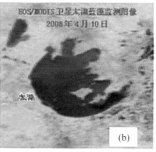
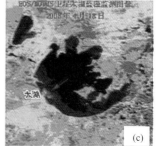

图 8.8　2008 年太湖蓝藻监测图

2) CBERS 数据

CBERS 数据是中巴资源卫星影像数据,所携带的 CCD 相机有 5 个波段。图 8.9 是 2007 年 3 月 28 日各典型地物 CBERS-2CCD 光谱特征,CBERS-2CCD 有 5 个波段,除第 5 波段全波段外,选取 CBERS-2CCD 1~4 波段进行分析。蓝藻典型像元即取自该蓝藻水华带,其余地物同以上的 MODIS。由于 CBERS-2CCD 波段范围较宽,光谱分辨率偏低,不同地物光谱诊断性特征较难辨识,可见光波段范围内(Band1、2、3)蓝藻水华反射率低于混浊水体,高于清洁水体和植被,这是由于 3 月底森林植被刚开始发芽,叶面积偏低,而蓝藻水华爆发,多呈聚集状,反射率相对较高;但同时蓝藻中叶绿素的吸收,以及浑浊水体高悬浮物的反射,导致蓝藻可见光波段反射率低于浑浊水体。近红外波段(Band4)蓝藻反射率明显高于其他地物,甚至比森林植被高出 2 倍左右,呈现典型的植被近红外高反射特征。通过分析比较蓝藻水华与其他地物光谱特征,CBERS-2CCD Band4 蓝藻水华与其他地物区别明显。蓝藻 DN 值高达 160,而其他地物包括植被最多达到 65 左右,可以利用这个差别进行蓝藻的提取。

图 8.9 是利用单波段判别式 Band4>70 提取的蓝藻分布图。由于在 Band4 波段,部分混浊水体与蓝藻容易混淆,河流入湖口处高浓度悬浮物水体被当作蓝藻错误提取。研究发现浑浊水体从 Band3 到 Band4 DN 值逐渐降低,而藻类恰好相反,因此可进一步利用 Band4/Band3 判断比值是否大于 1,剔除高悬浮水体。从不同地物光谱特征可以看出,蓝藻 Band4、Band3 差值较大,其余地物差异均明显小于蓝藻。利用该方法可以一次性剔除悬浮物的影响,最终选用 Band4-Band3>30 提取蓝藻水体,效果较好。

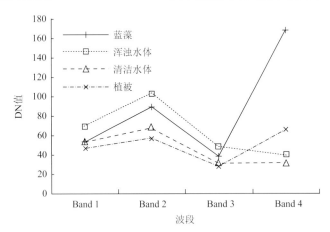

图 8.9　各典型地物 CBERS 光谱特征(段洪涛等,2008)

3) 印度 IRS-P6 卫星

IRS-P6 是印度发射的资源遥感卫星,IRS-P6 卫星的 LISS-3 数据,拥有 4 个波段。2007 年 4 月 28 日太湖蓝藻水华严重,除西太湖和南太湖沿岸外,梅梁湾、竺山湾和贡湖湾都有大量蓝藻水华聚集。图 8.10 是四类典型地物在 IRS-P6 LISS-3 上的光谱特征。

可见光波段(Band2、3)不同地物难以区分,近红外 Band4 蓝藻反射率明显增强,不仅高于浑浊和清洁水体,也大于植被,这是由于蓝藻聚集严重,生物量急剧增加,形成水华,导致近红外波段高反射。短波红外蓝藻水华低反射,但也大于水体。因此,单波段采用Band4,比值采用 Band4/Band3 进行蓝藻提取。由于太湖水体悬浮物较高,利用单波段掩膜提取蓝藻,容易导致低浓度蓝藻与高浓度悬浮物水体,以及水生植被混淆,难以区分和取舍。阈值高,将有损蓝藻信息;阈值低,将有可能将高悬浮物水体、东太湖水生植被和云误判为蓝藻。

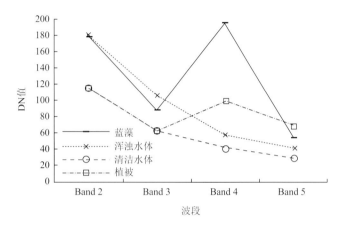

图 8.10　各类典型地物 LISS-3 光谱特征(段洪涛等,2008)

　　图 8.11(a)是 5、4、3 波段假彩色合成,绿色部分是蓝藻水华。图 8.11(b)是利用判别式 Band4>60 提取的蓝藻分布信息,通过与图 8.11(a)比较可以发现部分高悬浮物水体和东太湖水生植被以及有云的区域被当作蓝藻提取,扩大了蓝藻的分布范围。由于太湖蓝藻主要发生区域在竺山湾、梅梁湾和贡湖湾,以及西太湖和南太湖沿岸,如图 8.11(a)所示。可以尝试对太湖分区,首先将无藻区域人工剔除,或者将有蓝藻区域分别专门提出,再通过判别式 Band4>60 提取蓝藻。图 8.11(c)为划分湖区后利用判别式 Band4>60 提取的蓝藻分布图,与图 8.11(b)比较可以发现,有效剔除了东太湖区域水生植被和云的影响,但是仍有部分高悬浮物水体被当作蓝藻水华存在。根据 Band4 光谱值,对蓝藻水华强度进行了分级(图 8.12),可以发现梅梁湾水域蓝藻水华比较严重,大部在一级区。

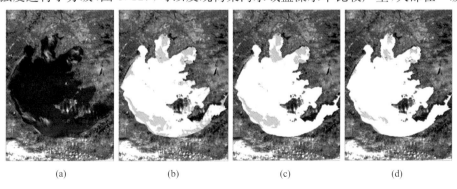

(a)　　　　　　　(b)　　　　　　　(c)　　　　　　　(d)

图 8.11　2007 年 4 月 28 日蓝藻水华分布(段洪涛等,2008)

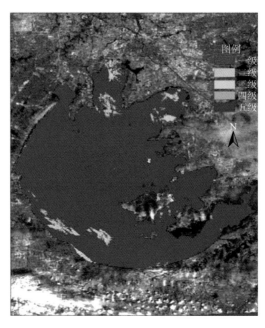

图 8.12　蓝藻水华分级图（段洪涛等，2008）

　　遥感数据可以成功的应用到蓝藻水华监测中，近红外波段、近红外波段与红光波段的差值或比值，可以有效提取蓝藻分布信息。利用不同算法对遥感影像提取的过程中发现，近红外单波段蓝藻与其他地物一般差异明显，但是低浓度蓝藻与高悬浮物水体光谱特征比较接近，或者重合，设定阈值不同，可能会有损蓝藻信息或者误将悬浮物水体当作蓝藻水华。而利用近红外和红光波段比值一般可以较好的区分蓝藻与其他地物，但是采用近红外波段/红光波段＞1时发现，由于低浓度蓝藻没有完全覆盖水面，包含有水体信息，近红外波段反射率较低，导致有些蓝藻比值小于1，对完全提取蓝藻造成了一定障碍。因此，近红外与红光波段是蓝藻监测的重要波段，今后可以发展成为不同遥感数据提取蓝藻水华信息的普适模式，但同时也要考虑到单波段的应用。

8.3　浒　　苔

　　浒苔俗称绿藻、苔条、苔菜，是绿藻门石莼科的一属。广泛分布于河口、中潮带的石沼中，对海水温度、盐度、pH 和光照强度的适应范围广，最适分布范围分别为温度 15～25℃、盐度 20.2‰～26.9‰、pH 为 7～9 和光照强度 5 000～6 000 lx（李大秋等，2008）。浒苔自然分布于俄罗斯远东海岸、日本群岛、马来群岛、美洲太平洋和大西洋沿岸、欧洲沿岸。目前世界上已记录定名且有中文名的浒苔共有 23 种，常见的主要有条浒苔、肠浒苔、扁浒苔、浒苔、管浒苔等 5 种。浒苔在我国野生藻类中资源丰富，广泛分布于海洋沿岸中、低潮区的砂砾、岩石、滩涂和石沼中，尤其在东南沿海一带分布广泛，是东海海域优势种（王超，2010）。藻体呈暗绿色或亮绿色，常在 4、5 月份藻体细胞发育成配子囊，成熟的配子囊持续不断地大量释放配子，聚集的众多配子固着后萌发生长，管状膜质，主枝明显，分枝细长,10 天左右可长出大量分支,集聚成簇,藻体可高达 1 m(马家海等,2009;王晓坤等,2007)。藻体本身无毒性,鲜菜可以食用。我国沿海均有出产,但东海沿岸产量最大。夏季产量较高。浒苔虽然无毒,但是大规模爆发也会形成灾害性的后果。和赤潮一样,大量繁殖的浒苔也能遮蔽阳光,影响海底藻类的生长;死亡的浒苔也会消耗海水中的氧气。现在国外已经把浒苔一类的大型绿藻爆发称为"绿潮",视作和赤潮一样的海洋灾害(顾行发等,2011)。2008 年 5 月 30 日,中国海监飞机执行巡航任务时,在黄海中部 35°40.7′N,121°57.6′E 附近,距青岛约 150 千米海域发现大面积条带状浒苔($Enteromorpha\ proli\-f\-erate$),认识到可能对 2008 年青岛夏季奥帆赛的正常举办造成严重威胁(李群,2010),之后,对浒苔进行监测和预警受到各方面高度重视,诸多学者也开展了科学研究。

1. 浒苔的成因

近年来,大型藻华在世界范围内频繁爆发。形成大型藻华的原因大多数是绿藻,当过度增殖的大量绿藻,潮水一样地冲刷着海岸,看上去就像"绿潮"。形成绿潮的藻种通常是石莼属($Ulva$)、浒苔属($Enteromorpha$)、硬毛藻属($Chaetomorpha$)或刚毛藻属($Cladophora$)中的一些种类。

除了环境因素的作用,绿潮的形成还与藻类自身的繁殖特征密切相关。大部分绿潮生物是机会种,对营养盐的吸收速率可超过常年生长种类的 4～6 倍;繁殖能力强,越冬孢子是其他种类的 10～50 倍;环境适应能力强,能高效适应盐度的变化,对温度变化具有较强的忍耐力。这些因素都有利于其在短时间内大量繁殖,形成绿潮。浒苔爆发的原因,目前在学界还没有一个确定的观点。有专家认为,浒苔爆发与江苏南部的水产养殖有一定的关系,认为有渔民养殖一些浒苔来喂食鱼类,使得一些浒苔没有得到控制,所以泛滥成灾;还有人认为浒苔爆发与江苏沿海自然分布生长的浒苔有关;也有一种观点认为,人类向海洋中排放了大量含氮和磷的污染物,从而使海水富营养化,不仅造成赤潮的发生,也造成了浒苔的爆发。

一些研究表明,2008 年青岛的大规模浒苔,原本是生长在淡水湖泊里的藻类,浒苔循着河流进入海洋,然后又随波逐流来到黄海海域,并长驱直入漂游到胶州湾。徐兆礼等(2009)依据经过收集和验证的东、黄海海洋物理,海洋生物和海洋化学资料,对 2008 年黄海浒苔水华过程和条件进行海洋学分析。结果显示,近年来长江口大规模赤潮逐渐减少,5 月起,东、黄海 20～25℃等温线逐渐移向长江口,其所包络的海域为浒苔生长的适温海域。长江口水域营养盐丰富,温盐环境条件良好。在此条件下,大量浒苔个体开始在长江口形成,随着长江冲淡水不断飘向东北方向的黄海南部,由于那里水面开阔,冲淡水水流逐步变缓,导致浒苔个体初步集群,形成规模较小的群体。浒苔群体继续孕育和发展,并在东南风和由南向北黄海表层流的作用下,分散而逐步飘向黄海中部。黄海表层流遇到山东半岛阻挡,表层流和沿岸流交汇在山东半岛沿海形成流隔,流隔所在水域正是浒苔在胶州湾外黄海大规模集结地。胶州湾形状呈袋状,浒苔入湾后更易聚集,使之成为整个山东半岛沿海最有利于浒苔集结的水域。李大秋等(2008)通过分析 MODIS 卫星图像显示,浒苔并非当地污染所致,而是由青岛以外长江口以北的黄海中部飘移而来。

2. 浒苔的危害

浒苔在我国沿海较为常见,养殖池中一年四季均可发生,尤其 3～5 月份,在沿海呈沙质、沙砾底质的池塘,由于前期水浅滩薄,浮游生物稀少,加上池水透明度大,光照较强,是浒苔及丝状藻类易发时期。浒苔生活的藻体,常以假根状成簇地固着在池底基质上。严重时,亦可附着在虾体、蟹身之上,传播的空间较大(徐承斌和杨同娥,2002)。浒苔海藻爆发后,藻类覆盖区域由于光照减少,水中生物受到一定影响。根据浒苔生长特点,约 15～20 天死亡,大量死亡藻类消耗水体中的溶解氧,可能形成局部水域无氧区,导致鱼、虾、贝类等生物的死亡,应引起高度重视。目前针对浒苔还没有良好的治理对策,只有打捞和围挡。因浒苔有很强的黏附性和耐着能力,它常附着在难以处理的船舶污垢上,特别容易附着于那些用传统防污垢油漆的船体上。一旦附着在船体、渔网和海水中各种桩体上就会引起污塞,从而影响被附着物体的结构,造成一定的经济损失(刘英霞等,2009)。

3. 浒苔的遥感监测基本原理

根据国家海洋局对覆盖不同厚度浒苔的水体、陆地植被和正常海水进行光谱实测,如图 8.13 显示,水面覆有浒苔的水体在可见光通道反射率较低,低于 30%。在近红外通道反射率明显上升,30cm 厚的浒苔水体近红外通道反射率最高可达 80% 左右。在短波红外通道,反射率略有下降。浒苔水体在近红外～短波红外通道反射率随着浒苔厚度或密度增大而升高,这一点与陆地植被的反射率特性较为接近。正常海水在可见光至短波红外通道反射率都较低,波长越长,反射率越低并逐渐趋于 0。因此,从光谱实测结果来看,可以利用浒苔水体在近红外波段和可见光波段的光谱特性差异建立监测模型,实现浒苔信息的提取及厚度的估算。近红外波段和可见光波段的光谱特性差异常用归一化差分植被指数(NDVI)来表示(李三妹等,2010)。

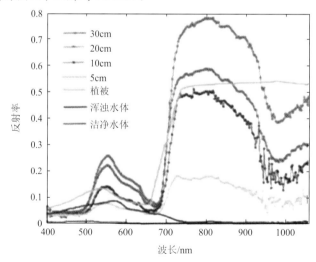

图 8.13　植被、正常海水和浒苔(厚度分别为 5 cm、10 cm、20 cm、30 cm)的
实测光谱反射率(李三妹等,2010)

浒苔水体在可见光通道反射率较低,在近红外通道反射率较高,在短波红外通道(1640 nm)的反射率接近于 0,因此在利用短波红外、近红外和可见光通道合成的假彩色图上,浒苔水体常呈现为翠绿色斑块,与海水(深蓝色或黑色)、陆地植被(绿色或黄绿色斑块)的差异较明显,利用这一光谱特性可以识别浒苔水体。

4. 遥感技术在浒苔监测中的应用

李三妹等(2008)基于中高分辨率环境卫星资料,通过对浒苔在卫星各通道资料的光谱特性分析,建立卫星遥感浒苔监测模型的方法,以及利用浒苔监测模型实现浒苔监测的分析结果,并在地理信息技术的支持下,为进一步分析浒苔影响范围和移动趋势,计算出浒苔覆盖率,并通过提取浒苔区中心位置绘制出浒苔区移动路径,实现浒苔的动态监测。李群(2010)等结合航空遥感技术在 2008 年浒苔应急监视、监测中的应用,对相关航空遥感技术进行了探讨,蒋兴伟等(2009)采用 SAR 数据对浒苔进行监测,运用一种基于区域增长面向对象的影像尺度分割方法,调整影像的分割尺度,快速提取浒苔信息。

1) 基于 SAR 浒苔信息提取

SAR 与光学图像相比,SAR 具有全天时、受天气影响小的优点,对于多云多雨的天气仍然能有效地监测海域。例如,意大利的 COSMO-SkyMed 高分辨率雷达卫星,选取SCANSAR 模式,HV 极化方式,分辨率为 30 m。该卫星具有全天候、全天时对地观测的能力以及其卫星星座特有的高重访周期,适于浒苔监测。在紧急情况下可选取成对数据,以进行浒苔漂移的计算。在收集资料的基础上对 SAR 数据进行处理的主要步骤包括去噪声、几何纠正、增强、镶嵌等。由于 SAR 数据中的噪声对浒苔信息的提取影响较大,所以在收集 SAR 数据时,必须进行去噪声处理,同时利用已有的资料对遥感图像进行几何纠正。此外,为突出浒苔信息,图像还需进行增强处理,随后对不同分辨率的影像尺度进行分割,主要针对 100 m 与 30 m 的分辨率尺度进行分割,在此基础上综合影像纹理、光谱、形状等参数来提取浒苔信息,结合其他先验知识,在 GIS 中进行分析并去除错误信息。根据需要,对最终提取的结果进行整饰制图,包括添加必要的文字注记、地名、图例、比例尺等,最终生成正式的专题图,处理流程如图 8.14 所示。

通过分割实验,用不同参数提取浒苔信息的结果如图 8.15 所示,(a)是尺度为 50,形状指数为 0.3,紧密度为 0.6;(b)是尺度为 30,形状指数为 0.1,紧密度为 0.5。在此基础上,计算 SAR 影像浒苔直方图,确定浒苔信息提取波谱特征,灰度值在 75~175 时浒苔影像最明显。在分割得到分类的基础上提取浒苔信息,但与浒苔相似的信息也被提取出来。如在 SAR 影像上,有些岛屿的表现与浒苔特征类似,这样会产生误分,研究中可以根据行政区图,把误分的岛屿去除。

2) 浒苔立体监测

顾行发等(2011)在浒苔严重威胁 2008 年夏天第 29 届青岛奥帆赛的正常举办时,利用卫星、航空、船舶等不同平台的遥感方式对浒苔灾害进行实时、连续、动态的立体监测。其建立的浒苔遥感监测系统,以多平台、多传感器、多光谱遥感数据为数据源,包含了卫星

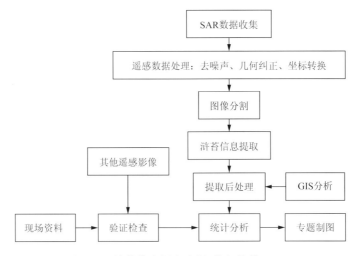

图 8.14　浒苔信息提取流程(蒋兴伟等，2009)

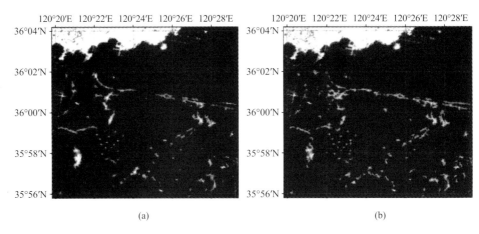

图 8.15　SAR 影像浒苔提取(蒋兴伟等，2009)

光学遥感、卫星微波遥感、航空光学遥感三种模式，并结合海面船舶监测，构成一个优势互补的立体监测系统。卫星遥感以光学数据为主，微波数据为辅，提供大尺度宏观监测结果；航空遥感以多光谱光学数据为主，提供重点监测区域的超高分辨率监测结果；船舶监测用于遥感监测结果的真实性检验和方法修正，同时本身也是一种实地监测结果。如图8.16 描述了立体监测系统的结构，多种平台获取数据，经过数据处理、信息提取、统计分析，生成报告。通过对浒苔、海水灾害现场光谱测量的基础上分析浒苔光谱特征，结合多平台、多传感器、多光谱遥感数据的特点，建立了浒苔信息提取模型；对不同平台的遥感监测结果进行了比对，结合时间序列数据，分析了浒苔灾害演变趋势。

　　利用立体监测系统对 2008 年 5～7 月出现的浒苔进行监测显示，图 8.17(a)为 5 月14 日 MODIS 监测结果，浒苔开始出现，图 8.18 为 7 月 6 日航空遥感数据监测结果，浒苔爆发期，图 8.17(b)是 7 月 20 日微波遥感监测结果，浒苔总量已经大规模减少。

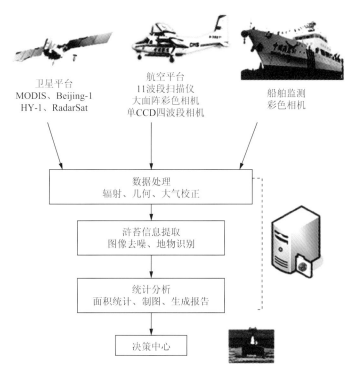

图 8.16 立体监测系统的结构(顾行发等,2011)

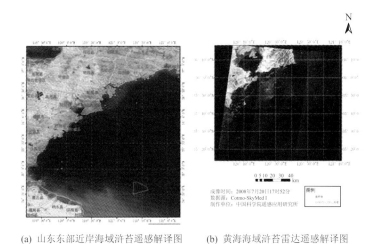

(a) 山东东部近岸海域浒苔遥感解译图　　(b) 黄海海域浒苔雷达遥感解译图

图 8.17 卫星遥感浒苔监测(顾行发等,2011)

3) 青岛浒苔与相关环境卫星监测服务系统

2009 年,以中国海洋大学海洋遥感教育部重点实验室贺明霞教授为首的课题组,在青岛市科技局的支持下,与美国南佛罗里达大学合作,根据浒苔的光谱特征,提出了一种从卫星图像中快速检测浒苔的新方法——浒苔指数法(简称"FAI"法)。利用"FAI"方法能较为准确地从卫星图像中检测出浒苔发生的范围、面积、时空变化及其与海表温度、海

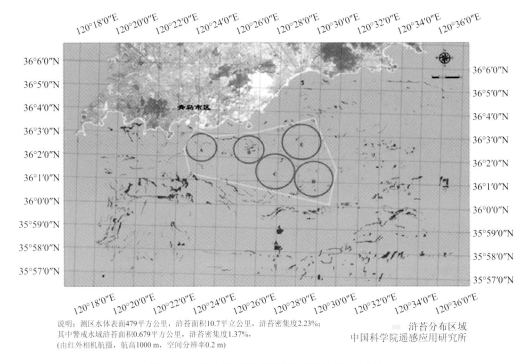

说明：测区水体表面479平方公里，浒苔面积10.7平立公里，浒苔密集度2.23%；
其中警戒水域浒苔面积0.679平方公里，浒苔密集度1.37%，
(由红外相机航摄，航高1000 m，空间分辨率0.2 m)

　　　　　　　　　　浒苔分布区域
　　中国科学院遥感应用研究所

图 8.18　航空遥感浒苔监测(顾行发等，2011)

面风场、海表流场的关系。在以上研究工作基础上，课题组在较短的时间内开发出一套面向用户的《青岛浒苔与相关环境卫星监测服务系统》，并在青岛市科技局投入业务化运行。

　　图 8.19 是 2008 年 6 月 25 日从卫星上看到的青岛浒苔图像，其中，海域中绿色絮状物即为海面浒苔。图 8.20 是利用这种卫星图像作时间序列分析，观测到 2008 年青岛浒苔的源头来自苏北浅滩北部海域。在风和海流的作用下，浒苔向青岛海域漂移。由于海温等环境条件适宜，浒苔在向北漂移过程中，自身又不断疯长，致使浒苔覆盖面积迅速扩大并逼近青岛海域。

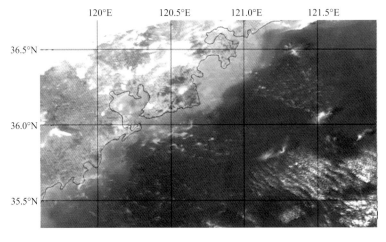

图 8.19　MODIS 卫星 RGB 图像显示的青岛近海浒苔分布

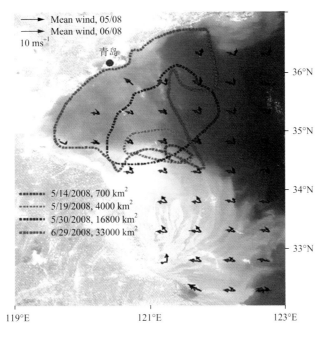

图 8.20　MODIS 时间序列图像观测青岛外海浒苔

8.4　海　上　溢　油

海上溢油就是石油在海上运输或开采过程中的流失。随着陆地资源的日趋匮乏和人类对能源需求的迅速增长,海洋石油工业和海上石油运输业正蓬勃发展。目前,进入生产性海上石油钻探的国家已达 100 多个,全世界每年油轮运输量已超过 20 亿 t,随之造成的石油污染也日趋严重。

1. 海上溢油的成因

海上溢油来源可分为天然来源和人为活动来源两类。天然来源指海底石油的渗漏、陆地渗漏、通过河流输送以及微生物对烃类的合成等。而人类活动来源则是多种途径的:陆地石油生产、操作排污、事故跑油;海洋运输中船舶作业排污、修船作业排污、码头作业排污、舱底污水排放(机舱污水、燃料油舱压舱水、燃料油污泥)、海运事故溢油;大气降落;城市污水排放;石油及其他工业污水排放;城市地表携带;河流输送;大洋倾废(陈刚,2002)。据统计,每年泄入海洋的石油及其产品约占世界石油总产量的 0.5%,其中以油轮遇难最为突出。造成海上石油大量泄漏事件频发的原因有多种:一是海上航运因素导致海上石油泄漏。主要是船舶与石油设施相互撞击、油轮与海洋其他船舶相撞、船舶搁浅等所造成的海上溢油;二是海上石油开采过程中钻塔、油井等因爆炸或其他原因沉入海底,造成大量石油泄漏;三是自然因素造成的海上石油溢油事故(姜晓娜,2010)。

2. 海上溢油对渔业的影响

据国际油轮船东防污染联合会(ITOPF)对世界溢油区域的统计显示,在过去的40年中,世界112个国家的水域发生过50t以上的溢油事故。海上溢油事故频繁发生,污染区域和规模也不断扩大,造成了严重的生态破坏和巨大的经济损失。海上溢油已经被认为是污染最广泛、影响最严重的海洋灾害之一。溢油被称为海洋环境的"超级杀手"(姜晓娜,2010)。石油是一种很复杂的自然混合物,按其结构分类,它主要由低沸点饱和烃、高沸点芳香烃和非烃类化合物等组成的(吴宛青,2010)。其中以芳香烃的毒性较为明显,低沸点的芳香族化合物(如苯、甲苯、二甲苯)对人和动物也都是有害的。高沸点芳香烃可能有长效的毒性。石油的残留物中含有致癌物质成分。低浓度的低沸点饱和烃具有麻醉作用,高浓度时则能损伤细胞和毒死低级动物,特别是动物的幼体。高沸点饱和烃对海洋生物没有明显的毒害(Neff,2002)。而非烃类化合物(如氮、硫和金属化合物),其毒性与芳香族化合物相当。因此,低分子的烃类物质对生物机体有毒害,高分子的烃类物质毒性不明显。通常毒性大的油种在同样的时间内对生物的损害大于毒性小的油种。对于大多数生物,通常炼制油的毒性要高于原油,低分子烃对生物的毒性要大于高分子烃。在各种烃类中,其毒性一般按芳烃、烯烃、环烃、链烃依序降低(陈刚,2002)。

溢油会使部分海藻、海草等海洋植物物种灭绝,同时部分植物也会以石油中的有机物为养料而迅速繁殖,改变了浮游植物的群落结构(田立杰和张瑞安,1999)。底栖生物主要生活在海底或沉积物中,运动迟缓,几乎不作远距离移动,在食物链中,底栖生物有的以大型藻类为食,有的以浮游植物或有机碎屑为食,还有的以浮游或底栖动物为食,同时其本身又是鱼类或其他动物的捕食对象。海洋底栖生物群落有多种生产者、消费者和分解者,大多数种类作为饵料性生物。底栖生物可以通过营养关系的作用,充分利用水层沉积的有机碎屑,且可以促进营养物质的分解。一旦底栖生物的栖息环境受到溢油的侵害,将对其产生长期持续的影响,底栖生物群落的变化将对海洋生态系统产生重大的影响(姜晓娜,2010)。油能降低甲壳类动物的摄食率,高浓度的油对呼吸作用有刺激作用。油污能降低甲壳类动物的运动能力,还能抑制甲壳类动物的趋化性,降低或阻抑甲壳类动物的生殖行为,而且会延长蜕皮时间,降低生长率。油对腹足类动物的亚致死或慢性毒性影响,包括麻醉作用、对化学感受器的钝化以及对呼吸和运动等功能的影响,对瓣鳃类软体动物的影响试验工作主要侧重在对生理(呼吸、渗透压调节、排泄、心律、滤食和生长等)、生化(酶活性、氨基酸组成和含量)及细胞的影响方面(陈刚,2002)。对于鱼类,最受溢油影响的是鱼卵和幼体。成体鱼由于身体灵活、嗅觉和视觉敏感,因此较容易逃脱溢油环境,且体表、腮和口腔中的黏液不易黏贴浓稠的油污。大多数鱼卵浮动在海水上层,很容易与表面的浮油接触,而成体鱼活动的空间主要是海水中下层,由于水下溶解的油类浓度较低,因此受到的影响也相对较小。乳化油对鱼类的损害尤为严重,其中又以鱼卵和幼体为甚。水质下降,鱼类抗病能力降低,容易致病(陈刚,2002)。

3. 海上溢油遥感监测基本原理与方法

主要是依据油膜在不同光谱反射区反射、散射、吸收不同的特征,选择适当的光谱区对海洋溢油进行监测,并使用一些图像处理方法来增强油膜与背景海水之间的反差,从而达到确定油膜范围、估算油膜厚度等目的(苏伟光,2008)。

Stlowart 等在 1970 年指出的油膜光谱辐射模型,随波长的增加,在蓝光区油水对比出现由正至负的变化。靠近紫外光谱的区域最适合于圈出油膜边缘,蓝光波段次之。国家海洋局第一海洋研究所的测试结果说明,在可见光范围内,油膜的反射率较小,不同油品的反射率随光波波长的变化而变化(图 8.21),波长在 0.5～0.6 μm 时,油膜的反射率小。在 0.65 μm 时,出现一个反射率峰值。而在大于 0.7 μm 时,反射率在逐渐地增加。

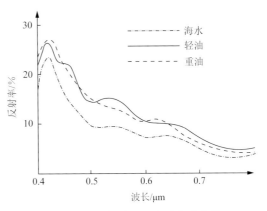

图 8.21　海水、轻油、重油光谱曲线
(苏伟光, 2008)

柴油的反射率高于海水,在 400 μm 和 430 μm 处出现于海水反差的最大值,并在 920 μm 处出现另一次峰值;润滑油反射率在可见光波段高于海水的反射率,在近红外波段略低于海水,在 410 μm 和 430 μm 处出现反差的最大值;原油反射率在可见光波低于海水,而在近红外波段高于海水,反差最大值出现在近红外波段上。轻油和重油的反射率在可见光波段都高于海水,轻油与海水的反差最大值出现在 460 μm 和 550 μm 处;重油与海水的反差最大值出现在 510 μm 和 610 μm 处(赵冬至,2006)。由此可见,在可见光波段可以对海洋油膜进行探测。轻柴油、重柴油和原油的光谱反射值小于海水,而润滑油的光谱反射值大于海水。润滑油和煤油比背景海水的反射率高,显得更亮。而对于轻柴油、重柴油和原油油膜,色泽本身比水体暗,即使在良好的光照条件下,反射率也很低(张永宁等,2000)。海洋溢油经常发生在恶劣的天气状况之下,这就给监测工作带来了许多困难。随着卫星遥感技术的发展,各种遥感平台和传感器性能的不断提高,使海洋溢油污染的快速准确监测成为可能。

航空海洋溢油遥感监测是发达国家经常使用的一种海洋溢油遥感监测技术。它是以飞机为平台,加载了可见光、红外/紫外扫描仪、合成孔径雷达(SAR)、侧视孔径雷达(SLAR)以及微波辐射计等传感器。航空遥感具有较高的空间分辨率和时间分辨率,并且具有灵活、机动的特点,所以航空遥感是使用最多的且最为有效的技术手段。当发生海洋溢油事故的时候,飞机可以迅速地到达溢油污染的发生区域,记录溢油发生的位置、扩散趋势和方向、面积等信息。同时,通过通信设备及时地报告给相关部门,及时开展油污清理工作。虽然航空遥感在对海洋溢油的实时动态监测和准确定位等方面具有许多优点,但是一般情况下,海洋溢油事故都发生在恶劣的天气情况下,这就使得飞机很难到达溢油污染发生的位置;而且,飞机因为飞行高度的限制也无法提供大范围的海洋溢油的有关油污所处位置、相对位置、油污的中心区、油污的扩散趋势以及周围海况等多种有效信息;同时,飞机不适合长距离的飞行,当海洋溢油的发生位置离海岸很远的时候,飞机也就失去了快速、灵活的优势;昂贵的费用也制约着航空遥感的发展(苏伟光,2008)。

航天遥感具有监测范围大、全天候、图像资料易于处理和解译等特点。因此,越来越受到了人们的重视。航天遥感飞行高度高,可以从宏观上更好的监测溢油,尤其是对大面积的海洋溢油监测。并且随着遥感智能化的发展,航天遥感也可迅速,准确地获取溢油信息,并对溢油的发展趋势和危害程度提供依据。但是航天遥感的空间分辨率和时间分辨率不高,这就影响了它在海洋监测溢油中的使用。由于其分辨率低,对小面积的溢油事故不能做出很好的判断。但随着 SAR 传感器的广泛使用,空间分辨率已不再是影响海洋溢油监测的主要原因了。而且,不同时间分辨率和空间分辨率的卫星相继被送入太空,使得航天遥感的重复观测周期更短,对海面油污的跟踪监测也成为可能;尽管天气状况同样对航天遥感探测产生一定的影响,但由于存在种类繁多的航天遥感数据,全天候工作的特点能够很好地克服这一问题。遥感传感器的不断发展和完善,航天遥感将在海上油污染监测研究中发挥越来越重要的作用(苏伟光,2008)。

航空遥感与航天遥感相结合的油污染监测方式和多种传感器同时使用,以覆盖面积大、空间分辨率相对较低、处理简单的卫星数据为基础,在这些卫星图像上寻找油污异常区及可疑的受污染海域,进而缩小监测范围,指导飞机进行确认和数据采集。航空遥感与航天遥感监测相结合不仅能够有效地提高对油污监测的准确性,同时降低了数据处理量,监测效率更高。与此同时,加载多种传感器使得观测光谱范围加宽,大大提高了对油污判断的准确性,对油污进行监测的波段范围由紫外覆盖至微波,多种数据相互印证,为油污种类的判断、油膜厚度的分析、油污扩散范围的勾画、油量的估算以及对可能受污染海域的预测和预报等工作提供了有力支持(苏伟光,2008)。

4. 遥感技术在海上溢油监测中的应用

1)热红外数据溢油遥感测技术

在常温下石油的发射率远小于海水发射率,在热红外图像上,油膜呈现深色调,所以在热红外波段可以清晰的探测出海面的溢油污染(图 8.22)。油膜在一定的厚度情况下吸收太阳辐射,并将一部分的辐射能量以热能的形式释放出去。油膜表现为"热"特征,中等厚度的油膜表现为"冷"特征,而薄油膜不能被检测出来。Fingast 等人的研究证明发生"冷""热"转换的厚度在 50～150 μm,最小探测厚度在 20～70 μm 之间(Fingas et al.,1997)。油膜的比辐射率随着油膜厚度的增加而增加,故热红外图像也可根据油膜不同厚度的图像灰度值推算出溢油厚度和溢油量(苏伟光,2008)。

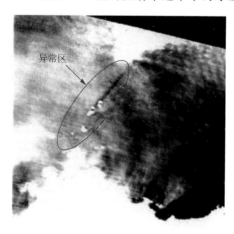

图 8.22　MODIS 监测溢油红外遥感图像
(苏伟光,2008)

2)紫外数据溢油遥感测技术

与海水相比,由于油膜对紫外辐射的反射很高,即使是油膜厚度小于 0.05 μm 也是如此,因此可以利用紫外遥感器的成像区分油膜和海水,因为石油在这个波段的反射率较弱,在紫外像片上呈白色。将紫外和红外图像重叠可以用来产生一个溢油膜相对厚度的图像,可以发现海面上的薄油膜。对监测海面中的热量变化没有反应,这就可以将热污染和油污染区分开来。紫外遥感器的缺点是它不能区分波浪或平静水面对太阳的闪光、风对海水的作用产生的闪光与海上溢油的闪光,更不能区分水生植物、水下海草与水上的溢油。由于对水生植物、水下海草的紫外遥感图像与红外遥感图像有明显的区别,所以结合紫外遥感技术与红外遥感技术可以提供一个比使用单一技术更为准确的溢油探测手段(苏伟光,2008)。

　　3) 高光谱数据溢油遥感监测技术

　　多光谱图像所具有的高光谱分辨率、高空间分辨率使得它能够很好地识别海岸特征,对因油污而引起的污染区域进行把握;判断油污种类,使用多光谱图像能够对油污的种类和成分做出判断,这将有助于污染清除方式的选择以及对油污描述模型的建立(走向、扩散速度等),因此必将在海洋溢油监测中发挥重要作用(苏伟光,2008)。图 8.23 是高光谱溢油影像,可以根据具体的光谱特征,识别地面与水面上的污染物分布,用来评估与辅助选择溢油事故清除方式。

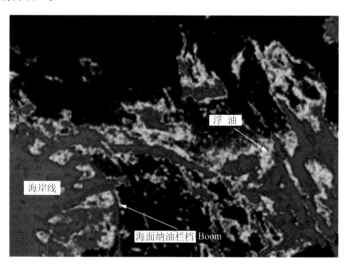

图 8.23　高光谱海上溢油监测影像(Terra Remote Sensing,2011)

　　4) 激光荧光数据溢油遥感监测技术

　　激光荧光遥感传感器是一种主动式遥感器,海水和海面的物质在激光的诱发下产生荧光特征。由于油类物质中含有某些物质,在吸收紫外线后,被激发产生荧光,这个激发荧光在光谱的可见光范围内。这是油类物质所特有的特性,因此可以根据这个特性对海洋溢油进行监测(苏伟光,2008)。

　　5) SAR 数据溢油遥感监测技术

　　雷达可以不受日照和天气条件的限制,全天候、全天时地对地进行观测,还可以穿透某些物体,这些特点使它在海洋溢油监测中具有独特的优势,也越来越受到许多国家的重视。雷达卫星的观测能力依赖于天气条件和油膜的厚度。当海面上覆盖着一层油膜时,油膜降低了海水的表面张力,使海面风不能在海表面产生足够的毛细波及短重力波,从而使海面变得较为平滑,而这种较为平滑的海面降低了微波雷达射线在海面的后向散射,导致 SAR 图像的灰度值降低,在溢油污染区形成阴暗影的特征(苏伟光,2008)。在较低的风速(<3 m/s)情况下,海面趋于平静,难以将油膜和背景海水区分开来;而在高风速(>15 m/s)情况,海浪将油膜打成很小的碎片,使得其厚度和面积的减小导致对海表面毛细波抑制作用减弱,图像上各部分的灰度值均较高,细节成分消退,使得油膜与背景海水的反差减小(图 8.24)。而在背风呷角(陆地边缘附近和峡湾地带的背风区),雨点、天然油膜(由鱼类和一些种类植物分泌的有机物质形成的海面微层或由海底油气藏烃类渗漏形成的表面油膜)等因素引起的在 SAR 图像上也表现为黑色斑块的现象,也增加了探测的难度(薛浩洁和种劲松,2004)。

图 8.24　油膜雷达影像(苏伟光,2008)

渔业环境灾害除了密切相关的赤潮、水华、浒苔、溢油等灾害外,还包括有热污染、低温冻害、台风、海冰等自然灾害,海洋遥感监测技术也可以开展有效监测及其预警。

热污染主要指现代工业生产和生活中排放的废热气所造成的环境污染。遥感是估算海水表面温度,进行热污染监测的有效方法之一。常见的主要是利用 NOAA、MODIS、SeaWIFS 等气象和海洋卫星进行温度反演监测热污染。但由于空间分辨率限制了其在近岸及陆地水环境等局地区域研究中的应用。随着热红外遥感技术的不断发展,传感器分辨率不断提高,陆续出现了如 TM 的 120 m、ASTER 的 90 m、ETM+ 的 60 m 等高空间分辨率热红外传感器,数据资料广泛用于海陆温度反演,促进了大比例尺区域的热污染监测研究。图 8.25 为遥感应用于热污染调查的示例。

图 8.25　遥感应用于热污染调查

　　此外,低温冻害也常给水产养殖带来灾难性的影响与损失。遥感技术也是对低温冰冻灾害进行快速监视监测的有效手段(国巧真等,2006)。如2008年冬季雪灾造成安徽全省积雪深度大部分在20cm以上,江淮和大别山区大部分地区在30cm以上,最深达54cm。其极端最低气温明显低于历次雪灾年。大雪对养殖业、渔业的影响较大,造成大棚、渔棚等农业设施倒塌损坏,损失严重,水产渔业方面受到不同程度的危害,如宣城特种水产幼龟、幼鳖冻死。台风作为严重的气象灾害,也会给渔业带来严重损失,台风的遥感监测与预警技术已经比较成熟,文献繁多,可参考台风及气象遥感有关书籍。

参 考 文 献

陈刚. 2002. 溢油污染对渔业资源的损害评估研究. 大连海事大学硕士学位论文.

陈琴, 王邕, 张敏. 2002. 赤潮发生对近海渔业的影响及防治对策. 广西农业生物科学, 21(3): 209-212.

段洪涛, 张寿选, 张渊智. 2008. 太湖蓝藻水华遥感监测方法. 湖泊科学, 20(2): 145-152.

符文俠, 黄文祥. 1994. 中国沿海赤潮危害及原因分析. 海洋与海岸带开发, (1): 45-47.

顾行发, 陈兴峰, 尹球, 等. 2011. 黄海浒苔灾害遥感立体监测, 光谱学与光谱分析, 31(6): 1627-1632.

国巧真, 陈云浩, 李京, 等. 2006. 遥感技术在我国海冰研究方面的进展, 23(4): 95-103.

黄韦艮, 毛显谋, 张鸿翔, 等. 1998. 赤潮卫星遥感监测与实时预报. 海洋预报, 15(3): 110-115.

黄韦艮, 肖清梅, 楼琇林. 2002. 国内外赤潮卫星遥感技术与应用进展. 遥感技术与应用, 17(1): 32-36.

江航宇. 2000a. 赤潮对渔业的危害及预防对策初探. 科学养鱼, (3): 5-6.

江航宇. 2000b. 赤潮(Red Tide)的危害及预防对策初探. 现代渔业信息, 15(4): 17-19.

姜晓娜. 2010. 海洋溢油生态损害评估标准及方法学研究. 大连海事大学硕士学位论文.

蒋兴伟, 邹亚荣, 王华. 2009. 基于SAR快速提取浒苔信息应用研究. 海洋学报(中文版), 31(2): 63-68.

李大秋, 贺双颜, 杨倩, 等. 2008. 青岛海域浒苔来源与外海分布特征研究. 环境保护, (402): 45-46.

李好琴. 2007. 蓝藻水华对水产养殖的危害及控制技术. 渔业致富指南, (15): 33-34.

李群. 2010. 航空遥感在2008年浒苔灾害海洋环境应急管理中的应用研究. 现代商贸工业, (20): 292-293.

李三妹, 李亚君, 董海鹰, 等. 2010. 浅析卫星遥感在黄海浒苔监测中的应用. 应用气象学报, 21(1): 76-82.

李三妹, 刘诚, 刘征, 等. 2008. "3S"技术支持下的黄海浒苔综合监测. 中国气象学会2008年年会卫星遥感应用技术与处理方法分会场: 360.

李绪兴. 2006. 赤潮及其对渔业的影响. 水产科学, 25(1): 45-47.

林位琅. 2002. 浅谈赤潮对养殖业的危害及其防治措施. 科学养鱼, (11): 45-46.

林怡, 潘琛, 陈映鹰. 2011. 基于遥感影像光谱分析的蓝藻水华识别方法. 同济大学学报(自然科学版), 39(8): 1247-1252.

刘英霞, 常显波, 王桂云, 等. 2009. 浒苔的危害及防治. 安徽农业科学, 37(20): 9566-9567.

马家海, 嵇嘉民, 徐韧, 等. 2009. 长石莼(缘管浒苔)生活史的初步研究. 水产学报, (1): 45-52.

马荣华, 孔繁翔, 段洪涛, 等. 2008. 基于卫星遥感的太湖蓝藻水华时空分布规律认识. 湖泊科学, 20(6): 687-694.

马毅. 2003. 赤潮航空高光谱遥感探测技术研究. 中国科学院研究生院(海洋研究所)博士学位论文.

邱雷. 2009. 蓝藻水华危害初探. 今日科苑: 267.

苏伟光. 2008. 海洋卫星遥感溢油监测技术与应用研究. 中南大学硕士学位论文.

田立杰, 张瑞安. 1999. 海洋油污染对海洋生态环境的影响. 海洋湖沼通报, (2): 65-69.

王超. 2010. 浒苔(*Ulva prolifera*)绿潮危害效应与机制的基础研究. 中国科学院研究生院(海洋研究所)博士学位论文.

王晓坤, 马家海, 叶道才, 等. 2007. 浒苔(*Enteromorpha prolifera*)生活史的初步研究. 海洋通报, 26(5): 112-116.

吴宛青. 2010. 船舶防污染技术. 大连: 大连海事大学出版社.

肖迪，赵梦石. 2007. 蓝藻水华的控制与治理. 科协论坛(下半月)，(10)：37-38.

徐承斌，杨同娥. 2002. 浒苔在池塘养殖中的危害及防治技术. 齐鲁渔业，31.

徐兆礼，叶属峰，徐韧. 2009. 2008 年中国浒苔灾害成因条件和过程推测. 水产学报，33(3)：430-437.

薛浩洁，种劲松. 2004. SAR 图像海洋表面油膜检测方法. 遥感技术与应用，19(4)：290-294.

杨传萍. 2006. 蓝藻水华对水产养殖的危害和防治措施. 安徽农学通报，12(9)：132.

袁美玲，李岩. 2010. 赤潮及有害赤潮发生趋势概述. 生物学教学，35(5)：66.

张波涛. 2004. 赤潮的危害及狙击. 农产品市场周刊，(14)：9-10.

张永宁，丁倩，高超. 2000. 油膜波谱特征分析与遥感监测溢油. 海洋环境科学，19(3)：5-10.

赵冬至. 2000. 渤海赤潮灾害监测与评估研究文集. 北京:海洋出版社，117-120

赵冬至. 2006. 海洋溢油灾害应急响应技术研究. 北京:海洋出版社.

Cullen J J，Ciotti A M，Dacis R F. 1997. Optical detection and assessment of algal bloom. Limonl Oceangr，42(5)：1223-1239.

Fingas M，Brown F，Brown C E. 1997. Review of oil spill remote sensing. Spill Science and Technology Bulletin，4(4)：199-208.

Gower J F R. 1994. Red tide monitoring using AVHRR HRPT imagery from a local receiver. Remote sensing Environment，48(3)：309-318.

Groom S B，Holligan P M. 1987. Remote sensing of coccolithophore blooms. Adv Space Res，7(2)：73-78.

Hoogenboom H J. 1998. Simulation of AVIRIS sensitivity for detecting chlorophyll over coastal and inland waters. Remote Sensing Environment，65(3)：333-340.

Kruse F A. 1993. Thespectral image processing system——Interacticve visualization and analysis of imaging spectrometer data. Remote Sensing Environment，44(2-3)：145-163.

Neff J R. 2002. Bioaeeumulation in marine organisms：Effeets of contaminants from oil well produeed water. The Netherlands. Elsevier，2002.

Osmar Abilio de Carvalho Jr，Paulo Roberto Meneses. Spectra Correlation Mapper (SCM)：An improvement on the spectral angle mapper (SAM).

Prangsma G J，Roozekrans J N. 1989. Using NOAA AVHRR imagery in accessing water quality paraineters：Int. J. Remote Sensing，10(4)：811-818.

Shanmugam P，Ahn Y，Ram P S. 2008. SeaWiFS sensing of hazardous algal blooms and their underlying mechanisms in shelf-slope waters of the northwest Pacific during summer：Remote Sensing of Environment，112 (7)：3248-3270.

Steven G，Acldeson，Partrick M. Holligan. 1989. AVHRR observation of a gulf coccolithophore bloom. Photogrammetric Engineering and Remote Sensing，473-474.

Strong A E. 1974. Remote sensing of algal blooms by aircraft and satellite in Lake Erie and Lake Utah. Remote sensing Environment，3(2)：99-107.

Tassan S. 1993. An algorithm for the detection of the white-tide phenomenon in the Adriatic Sea using AVHHR data. Remote Sensing Environment，45(1)：29-42.

Tingwei C，Jie Z，Yi M. 2002. Spectral characteristics analysis of red tide water in Mesocosm experiment：SPIE Proceedings-Ocean Remote Sensing and Applications.

第9章 卫星遥感渔船监测技术

我国是渔业大国,海洋渔业水域面积 300 多万平方千米,海洋渔业为振兴沿海经济发展、提高人民群众生活水平做出了重要贡献。我国渔船数量为世界之最,机动渔船数量达到 48 万余艘,其中近海和远海机动捕捞渔船约有 28 万艘,总吨位大约 600 万 t。此外,也有远洋渔船近 2 000 艘。近年来,随着我国近海海洋渔业资源的衰退,渔业资源与生产结构都发生了重大变化,众多群众个体渔船竞相争捕渔业资源,渔船安全事故频发,危及渔民生命与财产安全。此外,我国同周边邻国日本、韩国、越南等因海洋划界等问题,在渔业捕捞生产中,涉及许多渔业协作与共管问题,国际渔业管理问题突出。与此同时,我国远洋作业渔船亦面临着各沿海国不断加强的渔业活动限制以及国际公海渔业权益斗争加剧的困难局面,使得我国海洋渔船作业环境日益苛刻,面临更多的安全风险与经营风险,渔业行政部门的管理压力与执法难度和成本加大,渔业管理服务与安全保障受到巨大挑战。

为了保障海洋渔业的持续、健康、稳步发展,研究建立渔船跟踪监测系统成为加强渔船安全管理、促进渔船规范有序捕捞作业的主要技术手段。有效的渔船监控系统不仅将为海洋渔业安全提供基础信息,而且对于分析评估渔船作业行为、评估实际投入捕捞努力量等具有实际应用价值,可提高渔业管理的针对性和有效性,有效促进渔业管理的现代化。卫星遥感等空间观测技术以其对地观测所具有的大范围、准同步等独特的技术优势,20 世纪 70 年代以来在各领域得到广泛应用。应用卫星遥感技术的渔船监测主要包括利用卫星全球定位系统实现的渔船实时监测以及利用高分辨率卫星影像进行的渔船识别和地理定位监测。

9.1 卫星全球定位系统的渔船导航与监测

利用全球定位系统的渔船导航及监测应用主要是采用地理信息系统、全球定位系统、卫星通信技术与计算机网络技术等来实现渔船的自动导航、实时动态跟踪监测或生产船位监测,目前已经得到较为成熟的应用。

1. 基于 GPS 技术的渔船导航应用

1) 导航技术应用概况

导航是一个技术门类的总称,它是引导船舶、飞机、车辆及其个人安全、准确地沿着选定的路线,准时到达目的地的一种手段。最古老的航海导航的方法是罗盘和星历导航,人类通过观察星座的位置变化来确定自己的方位,最早的导航仪是中国人发明的指南针。20 世纪 60 年代卫星导航系统实现之前,无线电技术的发展,使得船舶先后实现了无线电测向仪(1921年)、雷达(1935年)、罗兰A(1943年)、台卡(1944年)、罗兰C(1958年)等导航技术的应用,1964年卫星导航系统及1993年全球定位系统的建立,使人类进入了高精度卫星导航定位时代。相应地,渔船也先后应用相关导航技术,捕捞作业区域从近海逐渐走向远洋区,渔船航行进入自动导航时代。

我国的渔船导航仪器,使用最早的是无线电测向仪。1962年渔船上装备的第一台无线电测向仪是上海海洋电讯仪器厂试制的红旗1型,1968年开始批量使用罗兰A双曲线时差定位仪,20世纪80年代后期,我国渔船开始逐步淘汰了罗兰A定位仪,配备GPRS导航仪。目前渔船常用的通导设备包括:渔用全球卫星导航仪(GPRS)、渔用无线电话、探鱼测深仪、雷达、船舶自动识别系统(AIS)、甚高频、中/高频/单边带无线电装置等一系列先进的导航仪器。中国渔船也从"天象航海"进入"信息化时代"。先进导航装置在渔船上的应用,使我国渔船具备了从近海走向大洋的能力。早在1985年,由中国水产总公司13艘渔船组成的第一支远洋船队,从福建马尾港开航赴西非,揭开了中国发展远洋渔业的序幕。

2)全球定位导航系统及渔船应用

全球卫星定位导航系统(global navigation satellite system,GNSS)是所有在轨工作的卫星导航定位系统的总称,目前主要包括GPS卫星全球定位系统、GLONASS全球导航卫星系统、北斗卫星导航系统、WAAS广域增强系统、EGNOS欧洲静地卫星导航重叠系统、DORIS星载多普勒无线电定轨定位系统、PRARE精确距离及其变率测量系统、QZSS准天顶卫星系统、GAGAN GPS静地卫星增强系统,以及正在建设的Galileo卫星导航定位系统、Compass卫星导航定位系统和IRNSS印度区域导航卫星系统。在国内应用较多的是GPS卫星定位导航系统和北斗导航定位系统。GPS系统和北斗系统的概况及原理,已有专门章节概述,这里不再赘述,重点分析说明渔船的导航应用。

GPS导航系统不仅定位精度高,而且可进行连续的导航、有很强的抗干扰能力,同时它可以提供三维的时空位置速度信息。它取代了陆基无线电导航系统,在航海导航中发挥了划时代的作用。今天无一例外所有的船舶都安装了GPS导航系统和设备,渔船也不例外。渔船的GPS导航应用,主要通过在渔船上安装GPS或北斗接收机终端和以电子海图为基础开发的导航仪来实现。其中GPS或北斗终端主要是硬件设备,实现高精度经纬度信息的接收与获取。而以电子海图为基础开发的导航仪则是渔船导航应用的核心部件,几乎所有的导航功能均依赖于导航仪的操作实现。

船用GPS或北斗接收机终端基本性能应当包括接收机的基本性能显示。主要有:卫星状态(卫星号、方位、仰角、卫星工作状态、信噪比)、可见卫星、可用卫星、精度(水平精度、速度精度、时间精度)、输出接收机序列号、软件版本号等。

(1)渔船导航仪的主要构成。导航仪通常由显示面板、中央处理器芯片、存储器和外部通信接口等组成。通用的导航仪多采用单片机芯片和显示面板,与功能键组合经过外观设计而形成(图9.1)。但随着计算机及通信技术的普及,也常见有采用计算机或工控机作为导航显示界面和处理系统,采用这种方式,操作的交互性和数据交换功能更强。

(2)渔船导航仪的主要接口。渔船导航仪通常因具体实现的功能不同而涉及多个功能接口,主要包括有GPS信号输入接口、电源接口、卫星通信接口、网络接口、VGA显示

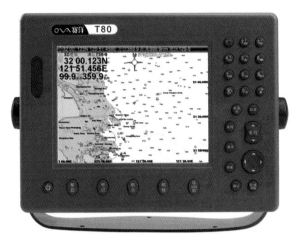

图 9.1　船用导航仪

接口、COM 通信接口、预留接口等。

　　（3）渔船导航仪的主要功能。导航仪的功能一般包括电子海图操作（如电子海图的导入、更新、显示、查询等功能），计划航线设计，航行监控和报警，航迹记录和回放。

　　①电子海图操作。电子海图数据导入、更新、删除、显示、查询等是必不可少的功能。菜单名称虽不相同，既有将电子海图数据管理单列菜单的情况，也有将电子海图作为系统设置的情况，但作用大同小异。海图载入及更新是各类显示软件均具有的功能，如可以查询到图库管理、图幅管理等菜单，通过调用该菜单可以导入或更新需要使用的电子海图。电子海图显示及查询主要包括海图显示的级别（基本显示、标准显示、全部显示）、水深显示的选择，显示的电子海图可缩放、平移、漫游，当本船船位移动到图边沿时会自动换图。海图要素设置主要指设置电子海图显示情况、状态等，包括基本要素、标准要素、全部要素等显示设置，以及等深线、水深设置等。海图标绘包括有船位显示、海图放大缩小、颜色配置、船舶标识等功能。

　　②计划航线设计。计划航线设计是电子海图应用系统的基本功能之一。可以通过人工输入航路点，建立计划航线，也可以通过图面选择航路点的方式建立计划航线，浏览已建立的计划航线等；与此同时还可以对已保存的计划航线进行修改建立新的计划航线。在完成计划航线建立、修改之后，可以通过列表等方式显示航线的具体信息，包括序号、航路点名称、点的位置（经纬度）、航向、航程、预计航行时间、预计到达时间等。

　　③航路点导航是船舶导航的基本方法。所谓航路点指的是计划航线中的各个转向点，包括出发点和到达点。这样的航路点串和任意的两航路点之间的连线就构成了航线。两相邻航路点之间的连线就构成了一航线段。航路点导航就是引导船舶依次到达航线中的各个航路点的一种导航方法。在一个航线段中，导航的具体任务就是引导船舶驶向当前航线段的目标点。因此，整条航线的导航就可以分解为各航线段的导航。要引导船舶驶向当期航线段的目标点，必须随时计算两个最基本的导航参数：到目标点的距离和目标点的方位。在引导船舶驶向当前航线段目标点的过程中，要使得船位始终保持在航线上，同时还必须随时算出船舶偏离航线的距离，即偏航量。到前方航路点的距离、方位、偏航

量这三个参数便是航路点导航的基本参数。除此之外还可以设定一些辅助参数，如偏航角、到下一航路点的时间、到达目的地的时间、距离、方位偏航报警阈值等。其具体导航示意图如图9.2所示。其中，A01、A02，…，A05为航路点，它们之间的连线组成航线，P点为船舶当前位置。前进方位角DTK为船舶当前点P与下一航路点A02的连线与正北方向之间的夹角。偏航角YAW指船舶当前位置点P与起始点的连线PA01和两航路点之间连线的夹角。偏航距XTE为船舶当前位置点到航路线的垂直距离，偏航距离和偏航角都是偏左为负，偏右为正。

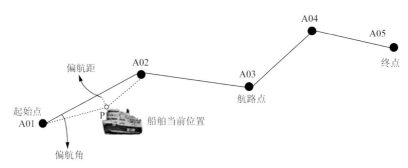

图9.2　　航路点导航示意图

④航行监控与报警。智能航海的重要作用就是对船舶航行的过程进行监控，对可能出现的危险状态进行警示。一般的电子海图应用系统都包括航行监控与报警的功能。航行监控与报警主要包括监控参数及报警参数的设置以及过程的记录保存。用户通过监控与报警的设置可以设定报警参数、报警方式等，适应航海者的要求与习惯。

⑤航迹记录和回放。船舶航行状况的记录及回访对与船舶监控是相当重要的，主要包括重要事件的记录、航迹记录以及航迹的回放。如记录航线数据、记录航线有关事件、选择需要回放的航线及航线时间、海图显示回放和航程的回放等。此外，也可以将航行过程数据记录导出，方便管理和查询。

船用导航仪主要通过实时接收GPS的位置与时间信号等，并依赖电子海图操作实现船舶导航功能。但实际应用中，导航仪通常还与其他船上设备进行通信或显示所接收的其他系统信息，如接收显示船舶自动避碰系统（AIS）信息、系统设置等。通过系统设置，可以设置海图管理、设备管理、设备连接等，可以理解AIS、GPS、ARPA雷达、航行测深仪、罗经等设备信息，从而更好地进行导航，确保船舶航行及作业安全。

2. 基于卫星全球定位系统的渔船监测

20世纪90年代后，由于世界性主要传统经济渔业资源的衰退，渔业活动监测和管制已成为保护海洋渔业资源的必要组成部分，国际社会要求加强渔业资源养护与管理，各沿海国对其所辖海域内渔业资源的管理也逐渐加强。《联合国海洋法公约》等要求船旗国发展与采用卫星通信的渔船监控系统（vessel monitoring system，VMS）。一些海洋资源大国与地区已经建立了比较完善的渔船监控系统，并运用于实际的管理和操作中。许多发展中国家与地区也建立了海洋渔船船位监测系统，收集船舶作业和渔获信息，用于海洋渔业和船舶的有效管理。我国随着北斗导航卫星的发射及组网,在近海渔船监测及资源管理中,北斗导航卫星也得到应用,如 2006 年南海区渔政管理局建立了南海渔船船位监测系统,2008 年浙江省应用北斗导航卫星建立了浙江海洋渔业船舶安全救助信息系统等。

　　渔船监控系统是 20 世纪 90 年代发展起来的一种渔业活动监测系统,该系统每 30 分钟或者 1 个小时记录一次船的位置、速度、方向和捕鱼状态,并将信息发送至渔业监测中心。渔船监控系统主要基于海事卫星通信(INMARSAT)系统、全球卫星定位系统(GPS)和地理信息系统(GIS)的综合应用,将 INMARSAT 卫星通信、GPS 定位、地理信息系统及数据库等多方面的技术结合在一起,实现全球范围内无缝隙的船舶定位通信和监控管理。

　　渔船监控系统组成如图 9.3 所示。渔船监控系统主要包括船载终端与岸上监控中心两部分。船载终端是安装在船舶上、具备全天候船舶定位及通信功能的设备,获取 GPS 定位信息并对其进行存储;对船舶运行状态信息进行实时采集、存储;把 GPS 定位信息、船舶运行状态信息等以卫星通信无线方式实时传送给监控中心,同时提供监控中心和船舶的信息交互。船载终端的结构如图 9.4。

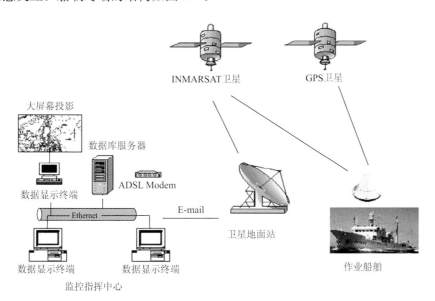

图 9.3　渔船监控系统组成示意图

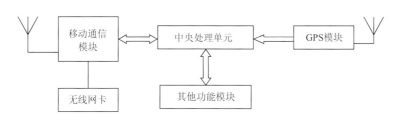

图 9.4　船载终端结构示意图

船载终端的功能及工作流程如下：

（1）登录和注销：船舶出航时必须向监控中心登录，归航时向监控中心注销。

（2）监控：当发生以下情况时，监控中心对船舶实施监控。

①与规定的行驶路线误差超过了允许的范围；

②船舶在行驶过程中停留时间超过了监控中心允许的时间；

③监控中心较长时间无法接收到船舶的信号；

④监控中心收到求助信号。

（3）紧急报警功能：遇到紧急情况时，通过船载终端向监控中心报警。

（4）行驶记录功能：按照预定的时间间隔，定时记录船舶运行情况，包括时间、经纬度、速度、方向、水位等。

（5）导航功能：配备了导航软件和电子地图的船载终端可以实现导航功能。

（6）数据管理。对用户信息数据的管理；对船舶信息数据的管理；对短消息或其他信息数据的管理。

监控指挥中心包括软件与硬件两部分组成。软件组成部分由电子海图、INMARSAT 通信子系统、GPS 子系统、GIS 子系统和信息处理数据库子系统组成。硬件组成由数据库服务器、操作终端（计算机）、上互联网设备（MODEM 拨号或 GPRS、ADSL 等）以及大屏幕投影。监控中心是具有船舶定位监控、语音通信、海图显示等基本功能的应用系统中心，实时接收来自渔船动态数据采集模块的数据；在电子地图上显示渔船运行轨迹；建立数据库管理和存储移动终端发送的信息，能重现选定终端的运行轨迹；可同独立终端通信。监控中心的主要功能包括：

定位功能。通过通信模块查询监控服务器上面的位置信息数据库，能够得到船的实时位置，并且通过 GIS 模块在电子地图上显示，这样就可以方便一些相关的单位或职能部门进行一些基本的监控和调度等工作。

传播查询功能。提供基于矢量图单目标查询、分组列表查询、逻辑条件查询等功能。

指挥调度。通过通信系统向船舶发出指挥调度信号。

紧急救援功能。当接受到船载终端发来的报警信号后，监控中心及时发送指挥调度指令，并通知海事救助部门和救援部门，实行统一协调行动。

预警功能。通过所得到的船舶位置信息，判断船舶行驶的水域是否安全，判断船舶之间的距离是否在安全范围以内，从而能够在船舶出现危险的时候，及时通知相关人员，调整船舶的行驶状况。

到港预报。通过所得到的船舶位置信息，计算船舶当前位置与将到港距离，预测到达时间，并发送相关信息到港口码头。

其他功能。船舶行驶轨迹记录、船况监听、系统管理等。

9.2 遥感影像渔船分布监测技术

利用全球定位系统实现渔船定位监测具有较强的实时性和准确性，但其监测效果依赖于船载 GPS 接收终端及通信设备。如果船载设备出现故障或由于渔船各自的商业利益,许多渔船不报告本船的真实作业区域或者不打开船载设备,则渔船将处于无法监测状态,这对打击渔船非法作业或非法渔船非常不利,也常对渔业资源管理和资源保护造成不利的影响。

高分辨率资源卫星遥感技术的渔船监测能够较准确获取渔船时空分布、渔船类型等信息,虽然无法像全球卫星导航系统那样进行渔船实时监测,但对于进行事后的渔业捕捞生产管理评估、渔船作业分布、渔业资源保护与管理、渔船生产效果评价等具有一定的科学价值和积极意义。因此利用遥感技术进行渔船的作业位置主动监测同样受到关注,并开展了相关研究及应用。

用于船舶或渔船检测定位的卫星遥感影像,根据成像机理的不同,一般可分为光学遥感影像和合成孔径雷达影像两类。光学遥感影像具有分辨率高、成像质量好、容易解译并可以获得多个光谱段的影像等优势,但容易受到天气等因素的影响,在阴雨天气、夜晚则无法获取影像。合成孔径雷达(synthetic aperture radar,SAR)是一种高分辨率成像传感器,具有全天时和全天候观测的能力,并且随着技术的发展也可以获取多波段、多极化以至全极化的影像数据。

利用遥感影像进行船舶定位和分布监测一般包括图像预处理、船舶提取和识别、船舶定位和分类几个步骤。

1. 图像预处理

遥感影像的成像过程中易受天气、设备、传输等因素干扰而产生噪声,影响影像的处理分析和目标解译质量。对图像进行预处理可提高图像质量,对目标检测和解译有重要意义。

光学遥感影像的预处理侧重于去噪声及对云雾的处理。对于薄云雾的处理一般采用基于同态滤波的算法。光学影像中的噪声主要为 CCD 探测器电路引起的椒盐噪声和数据传输产生的高斯白噪声。可以通过选择合适的滤波器对影像进行滤波处理去除噪声。对于椒盐噪声,可以应用中值滤波器对其进行滤除;而维纳滤波器和高斯滤波器在滤除高斯白噪声时的效果较好。

SAR 影像由于其成像机理的不同,影像具有强烈的相干斑噪声,对目标的提取和解译影响很大。SAR 影像的预处理主要是降低相干斑的噪声影响。SAR 影像的降噪处理一般可以采用多视方法和滤波方法。多视处理会降低 SAR 影像的分辨率,随着应用的普及和对 SAR 影像分辨率要求的提高,现一般采用滤波后处理方法。SAR 影像的滤波可分为空域滤波方法和频域滤波方法。空间域滤波可以不使用斑点噪声统计特性的均值、中值、顺序统计滤波器等以及基于最大后验概率等基于局部统计特征的滤波方法。频率域滤波可以采用小波软阈值方法、马尔可夫随机场理论等等方法实现斑点降噪。

2. 船舶目标提取

船舶目标在光学图像上的特征,取决于图像获取的时间、视角、空间分辨率、船舶速度、船舶颜色、海况特征等因素,利用光学遥感图像对船舶目标检测和分类的流程包括图像切片提取、水陆分离和去云处理、船舶目标检测、特征提取与分类等,所用到的关键技术是目标检测、聚类、特征提取和分类等技术。

光学遥感图像中,海洋背景的灰度较暗且变化平缓,而陆地和船舶灰度相对于海域普遍较亮。因此,在船舶目标检测中,要对图像进行两次分割,首先实现海陆分离,屏蔽陆地,然后再在海域背景中检测舰船,实现目标与背景的分离。光学遥感图像上船舶目标有的亮,有的暗。光学海域图像船舶目标检测可分为疑似目标提取和目标鉴别两个步骤。疑似目标提取主要是利用目标与背景的显著差异,如灰度或纹理特征进行图像分割。利用灰度的分割是根据海域背景与船舶目标的灰度存在较大差异,从而提取可疑目标,方法包括:不同准则下的灰度阈值法、对比度法等。利用纹理特征分割是针对包含目标的区域与无目标海域的纹理差异,对纹理粗糙度进行分析实现目标与背景的分离。对于处于运动状态的船舶还可以通过检测船舶运动形成的尾迹进行提取。光学图像上舰船尾迹的成像机制在于太阳反光,即海洋表面反射太阳光到光学传感器,而洋面上波(如开尔文尾迹波和小尺度的涟漪等)的倾斜会影响太阳反光。由于太阳和传感器之间的位置不同,光学影像上船舶的尾迹可能是亮的,也可能是暗的。

SAR 图像中的目标可分为点目标、线目标、面目标和硬目标。要实现 SAR 影像上船舶及其尾迹检测,首先要确定它们属于哪种目标类型。在 SAR 传感器对船舶目标成像时,船舶的船体与海洋表面构成角反射器,同时船体的上层结构也构成了许多的角反射器,因此船舶目标对雷达波具有极强的后向散射能力,从而在 SAR 图像上表现为几个至数十个像素构成的高亮度的点目标。当海面较平静时,海面对雷达波束表现为镜面反射,后向散射回波较弱,背景很暗;当风速较强烈时,海面发生 Bragg 共振散射,回波信号较强,背景偏亮。但在这两种情况下,船舶目标的后向散射回波均远强于海洋背景回波,船舶目标的检测实质上就是在存在杂波和噪声干扰的暗背景中检测高亮度的点目标。运动船舶的尾迹包括由船舶直接产生的表面波,由船体排水和螺旋桨喷射造成的湍流尾迹,以及船舶在一定层化条件下产生的内波尾迹。尾迹的尺度大于船舶本体。当船舶在 SAR 图像上存在尾迹时,对于小船或海况系数高时进行尾迹检测有助于舰船目标检测;有助于估计运动舰船的实际位置、航速和航向;有些船舶不存在尾迹,如正在捕鱼的渔船。船舶尾迹在 SAR 图像上为线目标,尾迹检测属于线性目标检测。

SAR 影像中的船舶检测也需要进行海陆分离和目标检测两次分割。海陆分离的目的是将海洋 SAR 图像中的陆地区域进行遮蔽或移除,使得船舶检测器仅仅作用于海洋区域而对陆地区域不做任何处理。这是因为陆地区域在 SAR 图像上通常具有较强的后向散射系数,同时陆地上的许多地物,在 SAR 图像上都表现为类似于海面船舶的强散射体,这些陆地地物会带来大量的虚警,使得后期目标辨识和虚警抑制的工作量大为增加,因此必须通过陆地掩膜来去除陆地区域的影响。一般来说,陆地掩膜主要有两类处理方法,一类是利用 SAR 图像处理的手段对海岸线进行提取,并利用所得的海岸线信息进行掩膜;另一类是利用 GIS 数据库中已有的海岸线信息对陆地区域进行掩膜。目前,后者是较为简便和有效的处理方法。

船舶目标检测是利用相应的船舶检测算法将海洋区域中可能是船舶目标的高亮度点目标从背景中分割出来。常用的目标检测算法,如简单阈值法、模糊决策法等不具有自适应能力(即检测阈值的选择自适应于不同图像海洋背景的变化),基于分割的模拟退火等算法适用性有限。恒虚警(CFAR)检测方法是雷达信号检测领域里最常用和最有效的一类检测算法之一,它属于自适应门限检测方法。这种方法也被大量地应用于星载 SAR 海洋舰船检测之中。大量的研究和实验指出,CFAR 检测具有极好的稳健性,即便在海况极为恶劣的情况下,CFAR 检测器仍然能够取得较好的检测结果。这个算法的核心思想是在保证虚警率为常数的同时,根据虚警率和 SAR 图像海洋杂波的统计特性计算得到检测舰船目标的阈值。CFAR 算法的关键问题在于所选择的杂波概率密度函数,使用不同的海洋杂波模型将得到具有不同形式和检测效果的 CFAR 检测器。对于分辨率较低的 SAR 图像,若背景杂波满足高斯分布,可得到双参数 CFAR 检测器,它能够自适应的根据背景杂波变化选择阈值。双参数 CFAR 检测器是一个复合滑动窗口,它是由目标窗口、警戒窗口和背景窗口组成。其中警戒窗口是为了防止有部分目标像素泄漏到背景窗口中,造成背景杂波统计量计算的错误。背景窗口用于背景杂波统计,其尺寸依赖于用户的选择。但该算法对于图像边缘的船舶目标将会造成漏检。此外,当背景窗口中存在两个目标时(两目标距离过近)或背景分布不连续时,算法不稳定。采用具有较长尾端的 K 分布概率密度函数能够更好的描述海洋杂波,可以构成基于 K-分布的 CFAR 算法,比较适用于 HH 极化的 SAR 影像。对于具有多极化或全极化 SAR 影像,可以采用多极化检测算法,例如盲信号处理算法等。船舶目标的尾迹在 SAR 影像中表现为线目标。可以采用基于 RADON 变换或 HOUGH 变换的检测算法检测船舶的尾迹。RADON 变换对图像中的直线非常敏感,被称作图像中直线特征的放大器。图像平面内的每一条亮线对应于变换平面内的一个峰,而每一条暗线对应于一个谷,从而将图像平面中探测线形特征的问题转化为变换平面中探测峰或谷的问题。采用适当的阈值进行截断或采用增强峰谷信号的方法对变换平面进行处理,而后进行 RADON 反变换就可以获得线形特征得到增强的图像。将标准 HOUGH 变换改进为归一化灰度 HOUGH 变换,可以检测尾迹的线状特征,并能够对舰船航速和航向进行反演。

影响船舶目标检测能力的物理因素有舰船因素、SAR 系统因素和海洋因素。船舶因素主要是船舶目标雷达截面积;SAR 系统因素包括系统极化方式、工作模式和雷达观测条件等;海洋因素主要指海况,不同的海况条件,舰船目标检测能力不同。在通常的处理过程中,检测算法主要是针对船舶目标本身,而对舰船尾迹的检测则仅仅被作为一种辅助手段来增加舰船检测的准确性。这主要是因为部分船舶目标受各种原因的影响,无法观测到尾迹的存在或者其尾迹极不明显,单纯借助尾迹进行船舶目标检测无法满足实际应用的需要。

3. 船舶识别与定位

通过以上步骤初步提取得到的目标不仅包括船舶目标,还可能包含一些非船舶目标。可以基于先验知识和经验,采用人工智能和模式识别算法将预分割得到的目标进行筛选,从中剔除非船舶目标的干扰信息。常用的先验知识主要包括舰船目标的尺寸、形状、结构、散射特性等。常见的模式识别方法包括模板匹配方法、结构模式识别和统计模式识别三大类。统计模式识别是目前研究和应用的比较多的方法。模式识别整个过程实质上是实现如图 9.5 所示的由数据空间经特征空间到类别空间的映射。

船舶的识别分类,也可以分为数据预处理、特征提取、特征选择和模式分类等几个步骤。常用的船舶特征包括船舶长度概率密度分布、船舶长宽比(长宽比定义为船舶目标最

图 9.5　模式识别过程

小外接矩形的长与宽之比)、面积、排水量、雷达后向散射特性和光谱特性(不同波段之间的颜色、灰度、亮度比)等重要参数。这些特征参数对于船舶目标的分类识别具有重要作用。通过以上的处理,已实现了数据的预处理。通过区域跟踪或数学形态学等图像处理算法,可以得到已初步提取的目标像素分布等信息。通过计算提取目标的几何形状参数、纹理指标、亮度统计特性等特征值,并可以通过主分量变换、独立分量变换等转换实现目标的特征变换,使变换后的特征空间可以更加容易区分目标。式(9.1)~式(9.6)为目标区域常用参数计算公式。

区域直方图:$H(i) = \mathrm{card}\{\mathrm{Pxl} \mid \mathrm{Pxl}$ 的灰度为 $i\}$, $i = 0,\cdots,255$ \hfill (9.1)

区域面积:$\mathrm{AREA} = \sum\limits_{i=0}^{255} H(i)$ \hfill (9.2)

区域灰度均值:$\mathrm{MEAN} = \dfrac{1}{\mathrm{AREA}} \sum\limits_{i=0}^{255} (H(i) \times i)$ \hfill (9.3)

灰度标准差:$\mathrm{SD} = \sqrt{\dfrac{1}{\mathrm{AREA}} \sum\limits_{i=0}^{255} H(i) \times (i - \mathrm{MEAN})^2}$ \hfill (9.4)

直方图峰值灰度级:$\mathrm{MAIN} = \mathrm{argmax}_i(H(i))$ \hfill (9.5)

熵值:$\mathrm{ENTROPY} = -\sum\limits_i [p(i) * \log(p(i))]$, $p(i) = H(i)/\mathrm{AREA}$ \hfill (9.6)

特征的提取与选择可以采用基于粗糙集、遗传算法以及 BP 神经网络、径向基神经网络、自组织特征映射神经网络等智能方法。对于目标的像素集合,可以计算其直方图、矩、中心矩、绝对矩、熵等一阶统计特征和灰度共生矩阵、角二阶矩、倒数差分矩等二阶统计特征以及对比度、均匀度、纹理粗糙度等特征。利用计算或经过特征变换后的特征值,通过模式分类算法,可以得到目标的分类,实现船舶目标和非船舶目标的分离。可以采用神经网络、支持向量机、分类树等机器学习模型,通过样本的训练得到模型的参数,然后利用建立好的模型实现目标的分类。在特征转换机模式分类算法中,可以引入核方法把非线性问题转化为线性问题。为了得到更好的分类精度和泛化推广性能,可以采用学习机集成的方式,通过多个 VC 维较低的简单机器学习模型的集成,来分解学习特征空间的不同区域,避免采用过于复杂模型对训练样本的过学习问题,从总体上保证了集成后模型的泛化能力。通过模式分类可以剔除非船舶目标,得到渔船目标的像素集合。由之前计算的目标的各阶矩即可知道船舶的中心位置坐标、主轴方向等信息,其目标中心坐标即可视作渔船的地理位置。

为了提高遥感影像分析解译的准确性,提高渔船遥感监测的精度,可以利用多种遥感传感器在空间、时间、光谱、方向和极化等不同方面对于同一区域进行成像观测,构成多源的遥感影像数据。多源遥感图像数据的主要特点是具有冗余性和互补性。一方面,冗余性能够减少系统总的不确定性;另一方面,各遥感传感器因信息来源具有独立性可以获得互补信息。这样,通过多源遥感图像的融合,可以充分利用直观的光学图像信息和丰富的 SAR 图像信息,相互补充、互相证实,有效地提高信息提取能力。通过综合多源影像获取更多的信息,减小对图像信息理解的模糊和误判,提高渔船监测的准确性。

4. 卫星遥感渔船监测应用

在卫星遥感的渔船主动监测技术应用方面,目前国内开展了卫星遥感影像处理及船舶的监测技术研究,但缺少实际的应用案例,尤其渔船的监测应用。目前,在加拿大、美国和欧盟,星载 SAR、VMS 系统以及海洋巡逻船构成了对违规渔船监测的一套完整的体系和工作流程,并且已有成熟的系统处于运行之中,这里仅对国外的部分研究应用情况进行分析。

围绕船舶遥感探测技术在渔业监测的应用,从 2002 年至今,欧盟组织多家单位开展了一系列的研究工作。其中影响最大的是 IMPAST(improving fisheries monitoring through integrating passive and active satellite based technologies)研究项目和欧盟第 5 框架 DECLIMS(detection and classification of marine traffic form space)项目。IMPAST 和 DECLIMS 项目的开展有力地推动了船舶遥感探测技术的发展。2001 年,Kourti 研究指出了将 SAR 与 VMS 数据相结合进行渔业监测的可能性。与此相关的研究结论包括:①如果 VMS 数据可以保证每小时获取一次的频率,综合 SAR 和 VMS 数据,对非法船舶的正确识别率最高可达 92%;②SAR 数据探测到的船舶位置与 VMS 记录值的平均差异不超过 0.16 km。

IMPAST 和 DECLIMS 项目所涉及的遥感数据包括光学和 SAR 遥感数据,对光学遥感数据的试验表明(Marre,2004),高分辨率光学遥感图像适用于小范围天气较好时的船舶探测,在人为干预的情况下,利用 SPOT5、IKONOS、QuickBird 等高分辨率光学遥感数据可探测出 5 m 左右的船舶,并可对大于 15 m 的船舶目标分类,但对长度小于 10~15 m 的船舶分类仍十分困难。

由于光学影像具有较高的分辨率,利用光学遥感数据对船舶分类和识别具有一定的优势,但也只有当图像分辨率与目标尺寸相匹配时才能获得理想结果。较高的空间分辨率有利于反映船舶目标的纹理和结构特征,但同时也使得水面背景更为复杂,可能会引起更多的虚警。总的来说,目前基于光学遥感数据的船舶目标自动检测算法相对较少,且光学传感器易受天气影响,覆盖范围有限,因此更适用于港口、近海区域的渔船监测。

IMPAST 项目的主要数据源是 Radarsat1 和 EnvisatASAR 数据,主要解决近实时的卫星遥感图像分析以及 SAR 遥感数据检测结果与 VMS 船位数据的整合。DECLIMS 项目则主要发展了船舶目标直接探测的算法,主要有:恒虚警率(constant false alarm rate,CFAR)算法,基于模板匹配的船舶目标检测算法,基于小波分析的船舶目标检测算法,子孔径分析及 Split-look 图像交叉相关技术等。渔船的检测除了直接目标识别外,也可以采用基于尾迹的检测方法实现,并且尾迹的相关特征可用于船舶航速、航向的估算。尾迹在 SAR 图像上的特征主要考虑三个方面的因素:船舶因素(船体类型、发动机系统和航速)、SAR 系统因素(波长、极化、飞行与观测方向)和海洋环境因素(海面风速、风向、海

流）。目前常用的尾迹探测方法包括 Hough 变换、Radon 变换和基于扫描的算法。由于
SAR 图像船舶探测率取决于诸多因素，如船舶特性（船舶尺寸、材质、形状和行驶速度
等）、雷达特性（分辨率、有效视数、入射角、极化方式、雷达方位）以及环境因素（风速、风
向，以及波浪长度、高度和方向）等。因此在众多因素的影响下，精确探测的效果是非常困
难的，目前技术条件下，探测准确性大约可达到 80% 左右。

　　加拿大是较早使用星载 SAR 数据辅助海洋渔船监测和管理的国家，它们使用 OMW
系统利用 Radarsat 数据对海洋渔船进行监测。OMW 系统是由 Satlantic 公司应加拿大
海洋及水产部要求而开发的。Vachon 于 2000 年研究指出，加拿大海洋及水产部对该系
统的监测结果用于辅助海上执法以及渔业监测方面的性能进行了评估，在加拿大海洋及
水产部的实验中，系统监视的重点区域是 332 km 经济区外的北大西洋渔业组织协议有
效海域。

　　法国最早于 1996 年起在南印度洋的 Kerguelen 岛上开始建设并使用 CLS 公司的系
统，主要利用星载 SAR 数据和 VMS 结合对非法捕鱼进行监测，为海上巡逻艇在远洋区
域执法提供指导（Marre，2004）。该系统利用 Argos 卫星接收渔船上安装的 GPS 设备发
射的信号来获取渔船的位置信息，同时在 Kerguelen 岛配置了 IOSAT 公司生产的便携式
SENTRY 地面站，该地面站可自动获取 Radarsat1 和 Envisat SAR 数据，并对其进行分
析处理。CLS 公司的系统在 Radarsat 和 Envisat 过境时接收卫星数据，并利用相应的监
测算法对数据进行自动处理和分析，然后将其结果以图像的形式发送到信息中心进行目
视解译，可疑目标将在 Kerguelen 岛与 Argos 报告的舰船位置信息进行比对，非法作业的
渔船将被锁定。该系统每天可以生成 4 次报告，现在该系统被用于在南印度洋海域，距
Kerguelen 岛 360 km 的法属专属经济区内对违禁捕鱼渔船进行监测，以保护濒危的智利
鲈鱼等。据报道 CLS 系统可帮助渔业部门减少 90% 的非法捕鱼渔船。

　　美国也将星载 SAR 用于对周边海域和专属经济区内渔船的监测和管理（Wacke-
man，2001）。NASA 研制的 AKDEMO 系统被用于对阿拉斯加附近海域的渔业管理和资
源保护，这个系统可识别那些在美俄边界捕鱼时误入对方边境的渔船，并通知相关部门进
行处理，也可以限制捕鱼区内的船只数量以保护濒危鱼类。此外，挪威、澳大利亚、日本等
国也在星载 SAR 海洋渔业资源监测和保护方面做了大量的研究应用，不再一一赘述。

9.3　　渔船动态监测与决策管理信息系统

　　渔船动态监测与决策管理信息系统是在综合集成应用了卫星导航、渔船船位监测、地
理信息系统、AIS 技术、移动通信等技术的基础上而开发构建的，可以弥补单项技术应用
的不足。我国渔船动态监测与决策管理信息系统的建设应结合国家信息化建设和农业信
息化发展战略和我国目前渔业管理和监管系统建设现状，充分利用社会公共通信资源，统
筹渔船监管与渔民的日常通信，统筹陆地岸台建设与渔船通信设备配备，融合卫星、
RFID、AIS、视频、雷达、计算机网络等技术，逐步构建覆盖所有渔船、渔港及邻近海域，连
接市、区（县）、村各级渔业管理部门的一体化监控信息网络和管理系统。同时，需要建立
标准体系，形成渔船监管信息系统开发共享机制；完善渔船数据标准体系，形成全国渔船

基础数据库和数据标准。整合各地渔船船位监测系统,制定全国渔船动态监管信息系统建设规范和标准,包括系统数据格式、通信接口协议、信息共享及网络与信息安全的标准等,实现与相关部门数据共享。因此,应集成现有的数据资源和通信手段,融合 AIS 基站、北斗卫星监控设备、船载电台、船载 GPS 手机、海事卫星定位、手机通信等各种现有船舶定位和信息传输系统,结合岸基基础数据库、渔场及禁捕区域 GIS 信息、地图数据库、电子海图显示、船位及航迹显示及回放分析、岸基及遥感卫星探测和网络信息查询管理系统,建立整个基础数据完备、信息传输通畅、查询检索快速的渔船动态监测与决策管理信息系统。

1. 渔船动态监测与决策管理系统功能概述

一般来说,开发构建的渔船动态监测与决策管理信息系统,应具有渔船船位监控、自动预警、遇险报警与救助、指挥调度、渔船管理以及船岸各类信息沟通等功能,同时,系统也留有与其他系统连接扩展接口功能。系统整体构成如图 9.6 所示,系统所包含的功能模块很多,具体可以在开发实现过程中根据应用区域或管理目的进行适当的取舍。主要的功能模块分述如下。

1) 渔船船位监控功能模块

渔船船位监控主要利用 GPS、北斗卫星定位与多种通信手段相结合,通过对船舶位置信息获取,实现对监控渔船进行位置报告、求助及与位置相关的增值信息服务;实现对监控目标位置和状态的及时获取;实现对渔船海上生产活动的有效控制和遇险营救指挥;通过该系统获得的渔业生产状况、渔业行业需求和价格信息,使渔业交易各方能够更有效地进行渔货物的及时调配,向参与渔业交易的各方和渔业物流企业提供渔业电子交易服务和交易后期的物流监控服务。

船位监控能实时处理船台终端报告的信息,并在电子海图上显示船舶位置、航行尾迹和航行方向及其他相关信息,如经度、纬度、航向、航速等。船舶实时监控、跟踪、历史数据回放。监控模块利用电子海图进行显示管理,随时或定时调取渔船船位信息,将船位实时、准确地显示在电子海图上,并通过不同颜色图标区分正在作业或航行状态。

用户可以选择某一时间段内的某一艘(组)船或者某个区域的船舶,并选择回放速度进行回放船舶的历史航迹和运动状态,以便于根据回放信息对船舶航行态势进行分析,掌握和支配交通流,为海难事故的分析、船舶的监管、计划的安排等提供参考依据。

2) 渔船定位系统模块

定位方式包括 GPS 定位和北斗定位。尤其北斗卫星导航定位系统是我国自行研发的利用地球同步卫星为用户提供快速定位、数字报文通信和授时服务的一种新型、全天候、区域性的卫星定位与通信系统。具备双向报文通信和定位功能的"北斗一号"卫星导航定位系统可以充分支持我国海洋船舶指挥监控的功能。北斗卫星系统对渔船的有效监控管理、指挥调度、信息服务,提高渔民的安全系数和政府主管部门的安全监管能力以及加快海洋渔业的信息化建设步伐将有重要意义。根据北斗卫星通信系统的特点以及已有

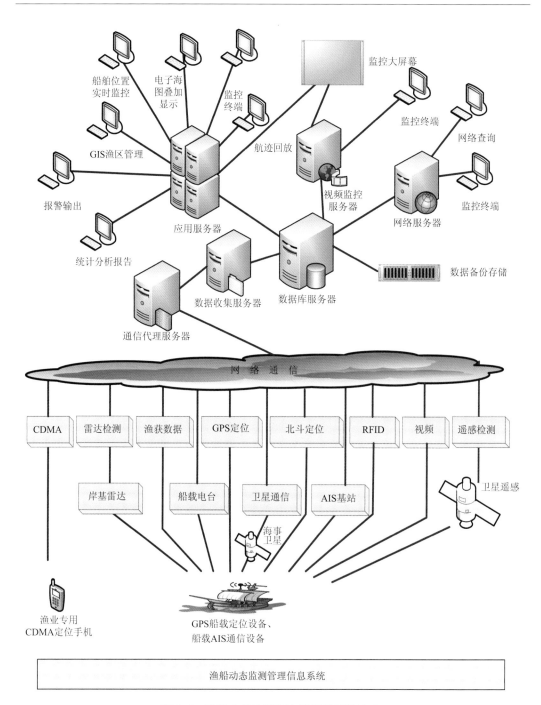

图 9.6　渔船动态监测与决策管理系统构成

的北斗用户机现状,结合海洋渔业的实际应用要求,在信息终端中将利用北斗和 GPS 两种技术的组合定位和嵌入式系统的无损数据压缩方法,可以大大加强北斗系统的应用领域,特别是对于目前渔业生产作业中,将充分利用已有 GPS 设备,大大降低终端设备成本、扩大定位范围、提高定位精度、节省使用费用。

系统利用"北斗一号"和 GPS 定位系统作为数据传输通道实现渔业船台位置、通信数据落地,再由北斗地面总站通过互联网到达各监控中心。陆地监控台站根据需要对船台终端或船台终端组发送点名定位指令,通信控制中心保存指令并通过北斗星通运营服务中心和北斗卫星发送给指定的船台终端,船台终端将通过北斗卫星导航系统向运营中心发送当前的 GPS 位置信息或北斗定位信息,由运营中心转发给陆地监控台站,陆地监控台站接收船台终端位置信息,并显示在电子海图上。

3) 渔船自动避碰系统(AIS)功能模块

渔业 AIS 基站布局针对渔业 AIS 接收的特点和沿海的地形地貌特点,结合海事 AIS 系统建设的经验和沿海目前布局的现状,并考虑到与海事 AIS 系统互补的原则,全海区沿海布设几十个 AIS 基站,基本可以实现全海区海域的无缝覆盖。

在全国沿海部署 AIS 接收基站进行船舶 AIS 信息的采集,通过租用的专线将 AIS 数据接入到总监控中心进行数据的解析、处理、过滤后保存到数据库并转发至相应的下一级监控中心,各级监控中心通过船舶动态监控软件实时的进行显示、监控、覆盖区内在线的 AIS 船舶,回放船舶的历史数据;同时系统平台还预留接口用于二次开发和扩展,并规划设计中间件软件用于与其他系统间数据的交互。

4) 遥感影像监测模块

卫星遥感影像数据可以对渔船位置和分布进行实时监测,其独特的获取方式和直观的信息表达,为无证非法渔船的监管、敏感水域的监护、合法水域捕鱼生产监控提供了参考数据。随着卫星遥感数据的不断丰富和其处理技术的快速发展,遥感手段也将是渔船监管信息的一个主要来源。因此,基于系统的可扩展性,渔船监控管理信息系统的总体设计将包括为卫星遥感影像数据成果信息预留的数据接入接口。

5) 渔船进出港录入模块

针对渔船进出港口活动而开发。主要通过在进出航区的船舶上安装有源电子标签,标签内可以存储与船舶有关的个体信息或者货运信息,并自动统计该船航次、出海天数、航程等数据,也可随时查询历史船位,年终综合、分类统计打印。

为了保证渔船渔港的安全生产,对渔船的进出港进行统计分析,记录渔船的进出港时间,发现有未进行船舶年检的危险船舶出港时进行报警,防止渔船违法违规出港作业。进出港报告信息除了带有出港或入港信息外,还带有当前船位、航速、航向信息,电子海图上能够显示当前出入港报告的船台终端位置。

6) 电子海图可视化模块

电子海图显示平台是最底层的显示管理层,是用户操作和数据显示的基础,GIS 应用的基础平台。主要功能包括:放大缩小、海图漫游、中心移动、自动换图、海图分层、矢量打印、海图标注、图上要素查询、图上方位量算等功能。电子海图显示可以应用 eMonitor 海图引擎,该引擎完全符合国际显示标准 S52、数据交换标准 S57、数据保护方案标准 S63 的要求;满足国家内河航道图显示标准的要求;支持电子海图(ENC)和电子海图改正数据(ER)自动下载和更新;兼容渔区图层的导入和显示要求(独立图层);可实现陆地图层的导入和物标的显示。

电子海图上可以显示船舶位置、航行尾迹、航行方向、船舶分布、台风路径、渔场范围标定、特殊区域标定及其他相关信息。

7) 船队分组管理模块

系统能实现渔船分组管理功能,船台终端上能保存分组数据,一个船台终端可以被多次分组,同时属于多个不同的组。经过分组后,陆地监控台站将能够用通播通信、组呼点名定位、组呼短消息通信的方式对已分组的船队进行监控指挥管理,以实现一对多船和一对局部的管理控制。

系统为用户提供所有作业的渔船以及渔政船的基本档案资料管理功能。船舶基本信息中包括了船名、隶属单位、船舶参数、人员配置、图片等信息。船舶档案资料信息由渔政局提供,并分别录入各监控台站;用户根据船舶档案资料有关内容录入到通信控制中心主数据库;各监控台站也可以通过远程的增删和修改,具有查询、打印等功能,并与船位监控软件配合使用,实现对监控船舶的自动识别。船舶资料查询统计功能为加强渔船管理提供有力的支持,查询统计结果可供指挥调度时做统计、参考,可以提高监控的效果。系统提供按船号、船长、船主、船台终端编号等信息的精确和模糊查询,并对查询结果输出。

8) 渔船报警及信息发布模块

渔船紧急报警是针对渔船遇到台风、碰撞等紧急情况下发生的报警。当渔船遇险紧急情况下,向指挥中心发送紧急报警信息。通信控制中心接收到遇险紧急报警信息后,能把遇险信息自动转发到陆地监控台站,陆地监控台站能发出紧急声光提示值班人员,自动把报警渔船动态航迹,当地海域情况同时在电子海图上叠加显示。同时,在值班人员确认的情况下,自动将报警船船位,动态播发给遇险船周围的所有作业渔船。

陆地监控台站的指挥人员可以根据在电子海图上显示的各船实时船位情况,了解求救船状况、附近救援船、渔政船分布情况,同时参考船舶档案库中各船的基本资料,制定出一套应急救援方案,通过救援专用通信通道,分发给各救援船、渔政船。此外,指挥人员也可以连接到交通部搜救中心、交通部所属参与救援的救捞船。

船舶区域报警主要针对渔船捕捞作业敏感海域而开发实现的渔船作业区域报警功能。系统能通过卫星链路远程设置管理渔业船台的区域数据(渔区、禁渔区、海底输油线、海底光缆边界线等特殊的区域)。船台定位时,自身软件根据保存的区域数据进行越界或靠近区域的判断,当渔船靠近(拟驶出)我国传统疆界线海域或靠近外国占领岛礁、石油平台等一定的距离(根据需要设定)时,将越界报警信息发送到通信控制中心,并转发到对应的控制台站,由监控台站在监控界面上显示报警信息,并能将报警信息发送到对应值班员手机上。陆地监控台站在接收船台的报警时,通过救援通信功能,将救援信息发送到船台。

利用渔船船位监测系统的通播、群呼功能,陆地监控台站可以向海上作业渔船提供公众信息、发布服务;这种发布可以是针对某一船、某一个或几个分组后的船队、全部作业渔船,或指定当前某一地理区域内的作业渔船;发布的信息既可以是为了保证海上航行安全的航行警告、灾害天气气象预报等公众性服务信息,也可以是为渔民提供方便的鱼市行情等有偿服务信息;所有信息以中文文字方式发布给海上船台终端;同一信息连续多次发送,海上船台终端将能够在准确接收第一遍后即屏蔽掉其他次的接收。

9) 渔船通信与数据解析模块

主要对具有通信功能的多种数据传输方式进行通信集成。包括 AIS 系统、VTS、GPS、北斗定位、海事卫星等系统间数据结构、接入方式、开发软/硬件平台及其通信和接口协议存在很大不同,通过建立通信代理模块,协调实现多个系统平台的资源整合和数据交互共享。

通过数据解析组件,建立统一的数据解析接口,实现各种接收数据的解析,并可通过此接口方便功能扩展,增加新系统的接入和解析。解析结果通过数据收集服务器(DCS)写入数据库,以充分利用数据库连接资源,降低数据库系统的连接压力。

10) 渔业信息服务模块

在常用监控功能的基础上,需要考虑渔船捕鱼状态、渔获数据的快速同步传输。渔获数据作为渔船作业的实际收获数据,不仅是对渔业资源分布的实际反映,也是对渔汛预报的客观比对验证数据。渔船监控管理信息系统不仅对渔船位置状态进行监测管理,在对渔船进行信息传送发布相关天气预报、渔汛预报等信息的同时,渔船向系统回放渔获数据将为渔业研究和渔汛预报的数据比测和数模推演公式修正提供重要基础数据。

2. 基于北斗导航系统的海洋渔船监控及管理系统应用

渔船动态监测与决策管理系统作为海洋渔业信息化建设的重要组成部分,对保障渔民生命财产安全,渔船捕捞作业管理、渔业资源保护等均具有重要意义。目前我国已经应用自主的北斗导航卫星,建立了区域性的渔船安全与监控应用系统,可以实现对渔船的有效监控管理、指挥调度、信息服务;有助于提高渔民的安全系数和政府主管部门的安全监管能力;对加快海洋渔业的信息化建设步伐也有重要意义。

应用北斗导航系统进行渔船监测与管理应用,我国主要有南海区渔政局负责进行了南海区的渔船监控系统建设,东海区的浙江省等省地市级海洋与渔业局也分别建立了各自管辖海区的基于北斗导航系统的渔船监测系统。下面根据已经投入应用的北斗导航渔船安全监控与决策管理系统,说明北斗导航系统的具体应用。

1) 系统构成

系统主要利用北斗卫星定位与多种通信手段相结合,实现对监控载体进行位置报告、求助及与位置相关的增值信息服务;实现对监控目标位置和状态的及时获取,实现对渔船海上生产活动的有效控制和遇险营救指挥;通过该系统获得的渔业生产状况、渔业行业需求和价格信息,使渔业交易各方能够更有效地进行渔货物的及时调配,向参与渔业交易的各方和渔业物流企业提供渔业电子交易服务和交易后期的物流监控服务。该系统由一个北斗卫星海洋渔业安全生产与交易信息服务中心（该中心包含为集团用户提供监控服务的远程监控系统）、两个营业网点以及向渔船提供导航定位和增值信息服务的北斗海洋渔业船载终端系统三大部分组成，如图 9.7 所示。

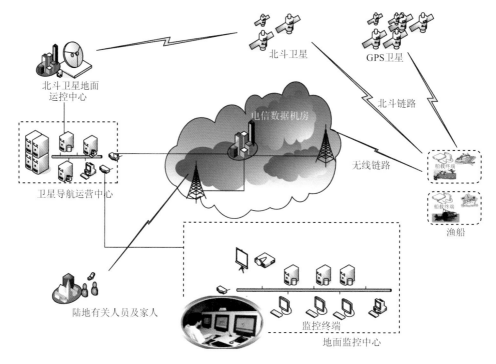

图 9.7　基于北斗的渔船监控管理系统示意图

　　监控信息服务中心是该系统的核心，配置于海洋渔业管理服务部门，负责所属用户的入网注册、监控管理、信息服务、服务计费等，具备与北斗卫星、运营服务中心、手机移动通信网络系统、公众电话网以及信息服务分中心相连接的接口。

　　船载终端是渔船的直接用户终端，配置于各渔业船舶，具有导航定位、通信、遇险求助、信息接收以及越界告警功能。通信链路是实现信息在系统中正确传输的必要通道，用于信息服务中心与渔船、渔船与渔船、信息服务中心与北斗运营服务中心、信息服务中心与信息服务分中心的连接。信息服务分中心是信息服务中心的延伸，配置于各渔船分管机构，为各分管中心提供其所属渔船的相关信息。

　　海上用户主要包括渔船、补给船、运输船等船舶。海上用户安装北斗海洋渔业船载终端，使用户可以实现自导航和与岸上系统的信息通信功能以及接收增值信息和航海通告信息的功能。海上用户通过北斗海洋渔业船载终端向信息服务中心系统发送其位置信息和作业状态信息，也可实现海上用户和陆上用户的信息通信以及订阅信息服务中心的增值信息，在遇到紧急情况时向信息服务中心发送求助报警。

　　与海上用户有关的个人用户在获得海上用户的授权情况下，用手机和互联网络通过信息服务中心和海上用户进行交互，包括海上用户的家人、有关获得授权人员、岸边代理人等。手机用户通过信息服务中心可以订阅所关心渔船的位置信息和情况报告信息,并通过信息服务中心接收自海上用户发来的或向海上用户发送的短信息。通过互联网获得授权使用该系统的用户,可利用该系统提供的 WebGIS 功能获得对所关心渔船的实时位置信息和状态信息。

与渔业交易有关用户包括渔业交易买方和卖方,该用户通过手机和互联网获取信息服务。通过互联网实现渔业有关产品的电子交易和支付,交易后利用 WebGIS 功能,实时监控陆上物流载体的位置及状态信息,保障交易的安全性。集团用户包括各地区的海洋渔业管理部门、渔业生产公司、渔业物流公司。集团用户通过信息服务中心系统提供的集团用户远程监控系统实现和信息服务中心系统的连接。海洋渔业管理部门通过该系统可实现对下属渔船的有效监管,通过设定禁渔区、休渔区和边界划分来实现对作业渔船的有效监管;同时在渔船发生报警后,实时组织临近渔船进行救援指挥调度。渔业生产公司通过该系统获取下属渔船位置、捕捞量等信息,并可对渔船进行指挥调度和引导。

移动通信网络系统的启用,可大大增加移动通信网络系统的用户数量。为此,系统提供和移动通信网络系统的对账功能,从而成为移动通信网络的一个增值服务运营商。增值业务内容提供商包括气象信息提供商、海况信息提供商、渔情信息提供商、娱乐信息提供商等。

语音呼叫中心为各类用户提供语音呼叫、统一消息等增值服务。子系统具有接受主叫号、话务分配、数据库检索、电话转移的功能。子系统通过自动语音方式或 TTS 合成方式为用户提供渔船位置服务、消息留言以及渔业信息查询服务,也可通过人工转接功能实现各类信息应用业务。

2) 系统主要功能

系统主要功能包括:①船位监控:监控中心能根据需要实时获知所属渔船位置;②信息报告:渔船能随时向监控中心上报作业状况等相关信息;③信息发送:监控中心能向渔船定时发送气象、渔情、渔汛及渔产品价格等广播信息;④遇险求救:渔船遇到危险时能及时向监控中心或其他渔船及时发出求助信号;⑤定位导航:为渔船提供 GPS 导航服务;⑥短信服务:渔船与渔船之间、渔船与陆地手机用户之间能够进行短信互通;⑦越界报警:监控中心能对越界渔船警告,防止越界、进入休渔区等事件发生;⑧指挥调度:对所属渔船作业海域、作业时间、作业内容等渔业活动进行统一的指挥调度,特别是在收到渔船遇险求助信号及时协助主管单位搜救;⑨服务计费:根据注册用户的使用情况,进行服务费用统计、结算;⑩信息查询:授权管理人员和用户可通过网络登陆系统查询渔船位置、航迹、属性、作业状况以及港口、渔政等信息;⑪档案管理:系统数据库的船舶档案资料为渔业执法提供了科学管理手段。

参 考 文 献

黄韦艮,周长宝,厉冬玲. 1997. 我国星载 SAR 海洋应用的现状与需求. 中国航天,12: 5-9.

刘永坦. 1999. 雷达成像技术. 哈尔滨:哈尔滨工业大学出版社.

舒士畏,赵立平. 1988. 雷达图像及其应用. 北京:中国铁道出版社.

田巳睿，王超，张红. 2007. 星载 SAR 舰船检测技术及其在海洋渔业监测中的应用. 遥感技术与应用，22(4)：503-512.

种劲松，朱敏慧. 2002. 合成孔径雷达图像舰船目标检测算法与应用研究. 中国科学院研究生院（电子学研究所）博士学位论文.

Copeland A C，Ravichandran G，Trivedi M M. 1995. Localized radon transform-based detection of ship wakes in SAR images. Geoscience and Remote Sensing，IEEE Transactions on，33(1)：35-45.

Eldhuset K. 1998. Automatic ship and ship wake detection in spaceborne SAR images from coastal regions，IEEE.

Henderson F M，Lewis A J. 1998. Principles and applications of imaging radar. Manual of Remote Sensing，volume 2. John Wiley and Sons.

Irving W W，Novak L M，Willsky A S. 1997. A multiresolution approach to discrimination in SAR imagery. Aerospace and Electronic Systems，IEEE Transactions on，33(4)：1157-1169.

Kourti N，Shepherd I，Schwartz G. 2002. Integrating space borne SAR imagery into operational systems for Fisheries monitoring. Canadian Journal Remote Sensing，27 (4)：291-305.

Marre F. 2004. Automatic vessel detection system on SPOT-5 optical imagery：A neuro-genetic approach. The Fourth Meeting of the DECL IMS Project. Toulouse，France.

Melsheimer C，Lim H，Shen C. 1999. Observation and analysis of ship wakes in ERS SAR and SPOT images.

Staples G C，Stevens W，Jeffries B，et al. 1997. Ship detection using RADARSAT SAR imagery：Geomatics in the Era of RADARSAT，Ottawa，Canada.

Vachon P W，Adlakha P，Edel H，et al. 2000. Canadian progress toward marine and coastal applications of synthetic aperture radar. Johns Hopkins APL Technical Digest，21(1)：33-40.

Wackerman C C，Friedman K S，Pichel W G，et al. 2001. Automatic detection of ships in Radarsat-1 SAR Imagery. Canadian Journal of Remote Sensing，27 (5)：568-577.